はじめての化学反応論

はじめての化学反応論

土屋荘次［著］

岩波書店

はしがき

　化学反応論は，構造論・物性論と並ぶ物質科学の三本柱の1つである．反応論が構造論・物性論と異なるのは，時間の関数で物質の変化を研究対象とする点である．このことが反応論の実験・理論の両方に固有な困難さをもたらす原因となっている．

　化学反応論には，2つの方法論がある．1つは，物質の変化をマクロな見方で観測するもので，多くは反応の出発点から終点までどのくらい時間がかかるかを調べる速度論である．もう1つは，化学反応が反応分子どうしの化学結合の組み替えであるというミクロな観点に立つ方法論である．この方法論による化学反応論では，量子力学の化学への応用が始まった1930年代に理論的な研究が始まっているが，実験面での探究が始まったのは，1950年代後半からであって，1970年代になっていわゆる反応ダイナミックスの新分野が生まれた．それを支えたのは，レーザーを導入した分子分光学，分子線，コンピューターによるデータ処理などの新技術である．これによって，従来，反応物と生成物の化学であった反応論が，反応の途中をも研究対象とするように革新され，実験と理論との距離もより短くなった．この教科書は，反応論のこのような変革を反映するよう企画されたものである．

　本教科書は，大学初年級で量子化学や熱力学の基礎を学んだ学部3, 4年生の学生を対象としている．第2, 3章でマクロな速度論を最初に学ぶが，反応ダイナミックスの視点を必要とするような反応に重点を置いた．反応ダイナミックスは，分子衝突と励起分子についての知識を基礎としているので，第4章と第5章でそれらについての基本を学ぶよう考慮した．第6, 7章が分子レベルの視点での化学反応論で，本書の中心をなす事項である．最後の2章は，溶液，固体表面という特別な反応場における反応ダイナミックスを対象とした．なお，全章にわたって物理量には国際単位系(SI)を採用した．

　第1章を除く各章には，学んだ事項の理解を確認するための例題を配置した．これらの例題の中には，その章に示された式の各記号に数値を代入して計算するだけという課題が多い．それは一見やさしそうに見えるが，物理定数にどのような単位の数値を選ぶかを考えることや問題とする現象を具体的に把握することを目標にした課題である．読者は数値計算によって改めて式の物理的意味を学びとることができよう．例題があまりに初等的であると考える読者はそれをとばして読まれてよいと思う．

　反応ダイナミックスを柱とする化学反応論の教科書がわが国においてきわめて少ないことが，本書の執筆を計画した1つの動機となっている．この教科書が少しでも化学系学部教育のために，また，反応論未修の大学院学生や若い研究者の視野を広めるために役立つことを願っている．この教科書がそのような役割を果たすことができるかどうかを判断していただくために，化学反応論を専門とされている次の方々，松為宏幸，鷲田伸明，梶本興亜(第8章)，岩澤康裕(第9章)，川崎昌博，越光男，三好明，山崎勝義の各氏にあらか

じめ原稿を読んでいただいた．さまざまなご指摘をいただいたことをこれらの方々に心から感謝する．とくに，山崎勝義氏は第2から第7章までのすべての例題を検算され，また，きわめて丁寧な校閲をしていただいた．同氏の協力がなければ本書の完成はなかったと考えている．また，第3章の H_2/air 燃焼反応の電算機シミュレーションを越光男氏から，振動反応の実験データを藤枝修子氏から，第6章のポテンシャルエネルギー曲面の図を武次徹也氏から，提供を受けた．そのほか，第4章のイオン–分子反応について小谷野猪之助氏より，第5章南極オゾンホールについて中根英昭氏より，第8章電子移動反応について吉原経太郎氏よりそれぞれ適切な助言をいただいた．これらの方々に改めて感謝を述べたいと思う．この教科書が完成したのは，岩波書店編集部濱門麻美子氏の粘り強い励ましと理解しやすくするためのさまざまな指摘のおかげである．心から感謝する．

なお，この教科書の執筆中に妻陽子を失った．彼女は生物化学の専攻であったが，大学院学生時代に東京大学航空研究所で行われた H. Eyring の "Theory of Rate Processes" の勉強会に参加していた．筆者の反応ダイナミックスの研究を支えたのはその縁からであった．やや私的なことであるが，ここに妻陽子の寄与についても謝辞を述べたいと思う．

2003年8月

土屋荘次

目　次

はしがき

1　化学反応論を学ぶにあたって ……………………………………………………… 1

2　化学反応の速度 ……………………………………………………………………… 7
　§1　反応速度の表現 ……………………………………………………………… 7
　　　　1次反応 10　　2次反応 12
　§2　反応速度定数の温度依存性 ………………………………………………… 14
　§3　反応速度の測定 ……………………………………………………………… 17

3　複合反応と素反応 …………………………………………………………………… 21
　§1　複合反応の基本形式 ………………………………………………………… 21
　　　　逐次反応 22　　並列反応 25　　可逆反応 25
　§2　素反応のケーススタディ …………………………………………………… 27
　　　　単分子反応：リンデマン機構 27　　2分子反応：引き抜き反応 30
　　　　2または3分子反応：付加／会合反応 32　　3分子反応：原子の再結合反応 35
　§3　いろいろな複合反応 ………………………………………………………… 40
　　　　連鎖反応 40　　連鎖分岐：燃焼・爆発 42　　複合反応の電算機シミュレーション 44　　酵素反応 46　　振動する化学反応 50

4　分子の衝突と化学反応 ……………………………………………………………… 53
　§1　気体分子の運動 ……………………………………………………………… 53
　　　　運動エネルギー 53　　速度分布関数 55　　分子衝突の頻度 59
　§2　分子衝突のダイナミックス ………………………………………………… 62
　　　　衝突断面積 62　　分子衝突の運動軌跡 67
　§3　化学反応速度の衝突論 ……………………………………………………… 71
　　　　反応を伴う衝突 71　　反応の衝突断面積と速度定数の関係 74

5　光化学 ……………………………………………………………… 77

§1　光エネルギー・吸収・発光 ……………………………………… 77
光エネルギー 77　　光の吸収と発光 79　　ランベルト–ベールの法則 82　　レーザー 83

§2　原子分子の分光学 ………………………………………………… 85
原子の電子状態 86　　2原子分子の電子状態 88　　2原子分子の振動状態 90　　分子の回転 94　　電子状態遷移バンド 96

§3　光化学反応 ………………………………………………………… 99
電子状態励起・蛍光・りん光 99　　励起原子の蛍光とその消光 101　　光増感反応 104　　光解離反応 105　　高層大気の光化学 107

6　反応ダイナミックス ……………………………………………… 111

§1　ポテンシャルエネルギー曲面 …………………………………… 111
ab initio 量子化学計算 113　　ポテンシャルエネルギー曲面の関数表示・LEPS法 115　　座標の直交化・skew角 117

§2　反応ダイナミックスを探る実験 ………………………………… 119
化学発光 119　　統計的エネルギー分配（ミクロカノニカル分布）123　　交差分子線反応 127

§3　分子エネルギー移動 ……………………………………………… 129
分子間エネルギー移動 131　　分子内エネルギー移動 134

7　化学反応の統計理論 ……………………………………………… 137

§1　遷移状態理論 ……………………………………………………… 137
初期遷移状態理論 137　　反応経路の対称性 141　　遷移状態理論の熱力学的表現 144　　化学反応速度の同位体効果 146　　トンネル効果 149　　遷移状態理論の改良 150

§2　単分子反応 ………………………………………………………… 151
リンデマン機構の問題点 151　　RRK理論 153　　RRKM理論・ミクロカノニカル反応速度 158　　強い衝突の仮定 162

8　溶液中の化学反応 ………………………………………………… 165

§1　溶液反応の律速過程 ……………………………………………… 165
§2　拡散律速反応 ……………………………………………………… 168
イオン間の反応 170

§3　溶媒効果 …………………………………………………………… 172

　　　　遷移状態理論の適用 172　　イオン強度の効果 174　　圧力効果
　　　　・活性化体積 175
　§4　電子移動反応 ……………………………………………………………… 176

9　固体表面上の化学反応 ………………………………………………………… 181
　§1　固体表面の特徴 …………………………………………………………… 181
　　　　結晶の基本構造 181　　結晶面 182　　表面のミクロ構造 183
　§2　吸着と脱離 ………………………………………………………………… 185
　　　　物理吸着と化学吸着 185　　吸着平衡 186　　吸着エンタルピー
　　　　188　　吸着・脱離の速度 190　　吸着分子の移動 191
　§3　表面上の反応速度論 ……………………………………………………… 192
　　　　吸着分子の単分子反応 192　　表面上の2分子反応 193　　触媒
　　　　反応 195

付　　録 …………………………………………………………………………… 199
　§A1　ボルツマン因子と分配関数 …………………………………………… 199
　　　　並進運動の分配関数 201　　回転運動の分配関数 202　　振動運
　　　　動の分配関数 202　　理想気体中の分子集団の分配関数 202
　§A2　化学反応速度の測定方法 ……………………………………………… 203
　　　　静置法 203　　流通法 203　　化学緩和法 204　　分子変調
　　　　法(位相差検出法) 205　　衝撃波法 206　　閃光分解法 207
　　　　流通停止法 208

参考書 ……………………………………………………………………………… 211
索　引 ……………………………………………………………………………… 213

物理定数

真空中の光速度（定義）	$c = 299\,792\,458\ \mathrm{m\,s^{-1}}$
プランク定数	$h = 6.626\,0755(40) \times 10^{-34}\ \mathrm{J\,s}$
素電荷	$e = 1.602\,177\,33(49) \times 10^{-19}\ \mathrm{C}$
電子の静止質量	$m_\mathrm{e} = 9.109\,389\,7(54) \times 10^{-31}\ \mathrm{kg}$
原子質量単位	$m_\mathrm{u} = 1.660\,540\,2(10) \times 10^{-27}\ \mathrm{kg}$
アボガドロ定数	$N_\mathrm{A} = 6.022\,136\,7(36) \times 10^{23}\ \mathrm{mol^{-1}}$
ボルツマン定数	$k_\mathrm{B} = 1.380\,658(12) \times 10^{-23}\ \mathrm{J\,K^{-1}}$
気体定数	$R = 8.314\,510(70)\ \mathrm{J\,K^{-1}\,mol^{-1}}$
ボーア半径	$a_0 = 5.291\,772\,49(24) \times 10^{-11}\ \mathrm{m}$
リュードベリ定数	$R_\infty = 1.097\,373\,153\,4(13) \times 10^{7}\ \mathrm{m^{-1}}$

注）括弧内の数字は，定数の最後の 2 桁に対する誤差の標準偏差値を示す．

エネルギー換算

波数 $\tilde{\nu}$	分子当たりエネルギー		モル当たりエネルギー	温度
$\mathrm{cm^{-1}}$	$\mathrm{aJ}\ (10^{-18}\ \mathrm{J})$	eV	$\mathrm{kJ\,mol^{-1}}$	K
1	$1.986\,447 \times 10^{-5}$	$1.239\,842 \times 10^{-4}$	$1.196\,266 \times 10^{-2}$	$1.438\,769$
$50\,341.1$	1	$6.241\,506$	$602.213\,7$	$7.242\,92 \times 10^{4}$
$8\,065.54$	$0.160\,217\,7$	1	$96.485\,3$	$1.160\,45 \times 10^{4}$
$83.593\,5$	$1.660\,540 \times 10^{-3}$	$1.036\,427 \times 10^{-2}$	1	120.272
$0.695\,039$	$1.380\,659 \times 10^{-5}$	$8.617\,38 \times 10^{-5}$	$8.314\,51 \times 10^{-3}$	1

注）$\varepsilon = hc\tilde{\nu} = k_\mathrm{B}T,\ E = N_\mathrm{A}\varepsilon$

数学記号と定数

$\ln = \log_e \qquad \log = \log_{10} \qquad \ln x = 2.303\,\log_{10} x \qquad \pi = 3.14159 \qquad e = 2.71828$

国際単位系（SI）

物理量	温度	物質量	長さ	質量	時間	電気量
記号	T	n	L	m	t	Q
単位	K	mol	m	kg	s	C

物理量 ＝ 数値×単位
数値 ＝ 物理量/単位

接頭語

a(アット)	f(フェムト)	p(ピコ)	n(ナノ)	μ(マイクロ)	m(ミリ)	c(センチ)	d(デシ)
10^{-18}	10^{-15}	10^{-12}	10^{-9}	10^{-6}	10^{-3}	10^{-2}	10^{-1}
E(エキサ)	P(ペタ)	T(テラ)	G(ギガ)	M(メガ)	k(キロ)	h(ヘクト)	da(デカ)
10^{18}	10^{15}	10^{12}	10^{9}	10^{6}	10^{3}	10^{2}	10

1
化学反応論を学ぶにあたって

　化学反応論が何を対象とし，どのような方法論による学問であるか，また，何を目指しているかを最初に考えておこう．化学反応論は物質の化学変化の速度やそのメカニズムを研究対象とする学問である．化学反応論には，大きく分けて2つの方法論がある．1つは，物質の化学変化をmolという単位で測定するマクロな立場に立つものである．その場合には，化学反応の速さを反応物のモル濃度や温度・圧力などの関数で議論する．もう1つは，化学反応を原子分子の衝突による化学結合の組み替えの過程として考えるものである．そこでは，特定の量子状態にある反応分子の衝突のミクロな過程を探る．この章では，化学反応論の成り立ちを考え，この本の構成を概観する．

　われわれの身のまわりにあるすべての物質，もっと広い立場に立てば，宇宙のすべての物質は変化の過程にある．たとえば，地球を取り巻く大気の組成は，各成分の生成と消滅のバランスで定まっている．生成速度に比べて消滅速度の大きい成分は，寿命が短い化学種であって，その濃度は小さい．しかし，短寿命の化学種は反応活性に富んでおり，大気の化学では大変重要な成分である．したがって，そのような化学種が関与する化学反応の速度を正しく評価することによって，大気全体の物質循環とそのバランス，つまり，大気中のいろいろな化学反応の進行の釣り合いによって決まる平衡組成を調べることができる．

　化学反応速度の研究には，およそ2つの方向がある．第1は，化学反応機構の研究である．一般に化学反応は，何段階もの過程を経て進むことが多い．たとえば，水素分子と酸素分子の反応

$$H_2 + \frac{1}{2}O_2 \longrightarrow H_2O \tag{R1.1}$$

を考えよう．この化学反応式は化学量論的な関係を示すだけである．

▶ 化学種
化学的に同定される純粋物質．

▶ ノリッシュ，ポーターはアイゲン（M. Eigen）とともに「短時間エネルギーパルスによる高速化学反応の研究」により1967年度ノーベル化学賞を受賞した．
▶ 閃光分解法
反応系に強い光パルスを与えて反応を開始させ，短時間で進む反応を追跡する実験法（付録§A2参照）．

遊離基，フリーラジカル，ラジカル

化学結合では結合に関わる電子が対となっているが，電子を1つずつ分けあって結合が解離すると，解離生成分子は1つの不対電子をもつことになる．このような分子を**遊離基**，**フリーラジカル**（free radical），また，単に**ラジカル**という．ラジカルは他の分子と反応して不対電子を電子対にして新しい結合を作ろうとする傾向をもつから反応活性に富んでいる．

不対電子をもつ原子が反応途中の中間体として重要な役割を果たしているという予想は，ネルンスト（W. Nernst 1864-1941）が1881年にH_2とCl_2の混合気体の光化学反応で述べたのが最初である．有機ラジカルの反応中間体は，テイラー（H. S. Taylor 1890-1974）が$H+C_2H_4 \rightarrow C_2H_5$の反応で提案した．しかし，化学反応においてラジカルの存在を直接的に実証したのはずっと後のことで，ノリッシュ（R. G. W. Norrish 1897-1978），ポーター（G. Porter 1920-）らが1950年代に閃光分解法によってラジカルのスペクトルを初めて示した．現在では，宇宙空間にまでラジカルの存在が確かめられている．

実際の水素と酸素の反応では，H原子，O原子やHOラジカルの反応が主役となっている．このことは，水素と酸素の混合気体を室温に保ったままでは反応が起こらない事実からわかることである．高い温度にするとか，電気火花などで着火したときに水素と酸素の烈しい反応が起こる．ここで，着火という操作は，原子やラジカルを微量であるが発生させて，反応をスタートさせることを意味している．反応を推進する主な反応は，

$$H_2 + HO \longrightarrow H_2O + H \qquad (R1.2)$$
$$O_2 + H \longrightarrow O + HO \qquad (R1.3)$$
$$H_2 + O \longrightarrow HO + H \qquad (R1.4)$$

である．これらの反応は，実際に反応分子どうしが衝突して1段階の反応を行うという意味で**素反応**（elementary reaction）という．水素と酸素の反応は50以上の素反応の組み合わせから成っている．したがって，(R1.1)のような化学反応式で書ける見かけの**総括反応**（overall reaction）がどのような素反応から成り立っているかを究明する反応論の分野がある．それについては第3章で学ぶ．

この本では，第2章で化学反応速度が反応物の濃度のどのような関数となるかを実験的に扱う方法を学んだ上で，素反応の反応速度について

（1）反応速度を支配している因子は何か？

（2）圧力や温度の変化によって反応速度はどう変化するか？

などの問題を特徴的な反応について第3章§2で学ぶ．とくにエネルギー過剰な反応中間体が生成する付加反応・会合反応では，第3

体気体の存在が反応を支配する場合があることも学ぶ．現在までに多くの素反応の反応速度が求められ，それらはデータベースとして整備されるようになった．また，そのデータベースを用いて大気汚染や燃焼のような複雑な反応をシミュレーションできるようになっている．

反応研究の第2のテーマは，反応する原子や分子がどのように運動して衝突し，反応に至るのかを探究することである．第4章では，はじめに，反応分子を固い球のように考えた衝突の頻度の計算から反応速度を推定する単純なモデルを考え，次に分子間力を考慮した一般的な衝突をとり扱う．それは，反応速度を衝突という視点で観察するとどう表現できるかを学ぶものである．分子どうしの衝突が単位時間にどの位の頻度で起こるか，また，衝突の結果，化学反応がどの位の確率で起こるかなどが課題である．衝突は反応する原子分子の1つ1つが関係するミクロな現象である．これに対して，第2,3章で学ぶ化学反応速度は，反応物の化学変化をモル濃度の単位で測るマクロな量である．マクロな化学反応はミクロな衝突の立場で表現できる．それは，ちょうど熱力学を統計力学によって説明するのと同じである．

▶ 化学におけるミクロとマクロ
原子分子1つ1つの立場から化学現象をとりあげるのがミクロな観点で，それがアボガドロ定数個の程度集まった集合体の化学現象をとりあげるのがマクロな観点である．

化学反応は分子が光を吸収して励起状態となることによっても引き起こされる．光化学反応は，われわれの環境にとっても鍵となる反応で，たとえば，光化学スモッグや高層大気のオゾン層の問題などがある．その上，レーザー光を使った分子の状態の選択励起や生成分子の量子状態の検出は，化学反応論のミクロな基礎を与える重要な方法となっている．第5章では，その準備のために，光エネルギーと化学結合エネルギーとの関係，光吸収の確率，原子分子の量子状態，光化学反応のメカニズムを学ぶ．

▶ 遷移状態
反応物から生成物へ至る途中のエネルギー最高の状態で，反応速度を実質的に支配している．（第7章§1参照）

▶ 分子線法
分子をビームとして真空中を飛行させ，他の分子と衝突反応を観察する方法．（第6章§2参照）

▶ レーザー分光法
位相のそろった単色性・指向性の大きい光のビームで分子の量子状態を選択・検知する方法．（第5章§1参照）

実際の化学反応は，反応分子どうしが互いに近づき，化学結合の組み替えを行うダイナミックな過程である．反応物から生成物に至る途中には遷移状態がある．反応研究の始まった当初には，遷移状態は仮想的な存在であった．しかし，近年の分子線法とレーザー分光法の2つの研究方法の組み合わせによって遷移状態を実際に観測できるようになった．また，より重要なことは，反応物から遷移状態を経由して生成物へ至る道筋を追跡する実験情報が得られるようになったことである．図1-1に示すように，反応分子は反応に必要なエネルギーを獲得して，遷移状態を通って，生成物に至る．われわれが答えるべき問いは次のようになる．

(1) 反応分子のどのような運動自由度にどのようなエネルギー（活性化エネルギー）を注入すれば遷移状態に到達できるか？

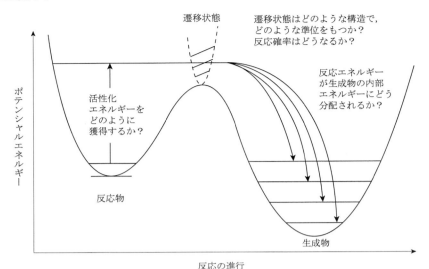

図 1-1　反応分子どうしの衝突や光励起による反応物の活性化と遷移状態を経由する化学反応過程のモデルおよび反応ダイナミックスの研究課題.

▶ 分子は，並進運動，回転運動，振動運動，電子運動が可能で，それぞれの運動に対して量子エネルギーが規定できる．(第5章§2参照)

（2）遷移状態の分子の構造はどうなっているか？
（3）反応分子が遷移状態を通って生成分子へ至る確率はいくらになるか？
（4）反応の余剰エネルギーは，生成分子の内部運動自由度にどう分配されるか？

　以上の疑問に答えるような実験が可能になったのは，それほど昔のことではない．それは分子分光学の進歩と密接な関係があって，反応の中間体，ラジカル，励起分子などの実験が，反応ダイナミックスという研究分野をもたらした．第6章では，化学反応のダイナミックス理論を裏付ける最近の実験，とくに，レーザー分光学による化学反応研究の革新の一部を紹介したいと思う．それは，化学反応がポテンシャルエネルギー曲面上の運動であることを裏付ける実験データである．その運動は基本的に量子化学の方法論で理解することができる．

▶ ポテンシャルエネルギー曲面
反応分子どうしが互いに近づいて作る反応錯体の構造（結合距離や結合角）の関数でそのエネルギーを描いた曲面．(第6章§1参照)

　量子化学の研究対象は時間的に変化しない定常状態を問題にすることが多い．しかし，化学反応は時間の関数で反応分子が変化するわけで，これを正面から量子化学の手段で取り扱うのは大変難しい．そのために，上述した(1)〜(4)の課題に答えるのに，平衡論を中心にして，その一部に反応の進行を取り入れるという近似的な考え方に立った理論が，ちょうど量子力学が誕生した直後に生まれた．それは化学反応の本質を図 1-1 のように描くものであった．第7章がこの理論の説明に当てられる．

> ▶ 反応場
> 触媒・酵素などが反応分子に対して与える特定の化学反応を進行させる環境をいう．

　第8,9章では，化学反応が進行する環境の違いによる反応性の特徴をとり上げる．有機化学反応の多くは溶媒中で進行する．そこでは反応における溶媒の役割を考える必要がある．また，表面反応，触媒反応では，反応を媒介する環境，たとえば，固体表面が反応場としてどのように機能するかという課題に答える予定である．

　化学反応は，反応分子の化学結合の組み替えの過程である．したがって，当然，分子構造論，量子化学がその基礎となる．その上，反応では，分子どうしや分子と反応場の間でエネルギーの授受が行われる．これらは熱力学や統計力学に関係している．本書では，量子化学や熱力学の初歩を前提として話を進めるが，統計力学の初歩的な解説は付録に与え，理解に支障のないように配慮する．

＊　　＊　　＊

　この教科書の利用の仕方についてのいくつかの助言を述べておく．

(1) **例題**は主として化学反応の具体的な実験結果の解析を理解する目的で配置されている．したがって，それらの問題の解答を確かめることによって，反応論の基本をより深く理解できると考えている．しかし，例題の理解が次の章節の前提となっているわけではないので，個々人の判断でとばしてもよい．

(2) **囲み記事**では本文で述べられている事項に関連する歴史的事実や発見・応用を説明している．場合によるとより進んだ内容を解説していることもある．しかし，囲み記事はそれ以後の章節の前提とはしていないので，興味をもたない読者はとばしてよい．

(3) 化学反応論基礎のみの学習，とくに，反応速度論を学ぶ目的には，次の各章各節を読むことを勧める．

　　第2章，第3章，第4章§1～2，第7章§1，第8章，第9章

(4) 第5章§1～2は，化学反応を分子レベルのダイナミックスとしてより深く探究する場合の準備として，分子運動とその光励起状態について学ぶものである．しかし，この章を第6～7章の理解のための前提としているわけではない．第5章をとばして，第6～7章にとりかかり，必要を感じた読者が第5章を参照する利用の仕方も1つの方針であろう．

(5) 第4章§3～5は，反応ダイナミックスのより進んだ勉強のための基礎となるよう配置されている．したがって，反応論の基礎のみの学習を望む場合には，これらの節をとばしてよい．

2 化学反応の速度

　化学反応論は，物質の化学組成が時間の関数としてどのように変化するのかを研究対象とする学問である．この章では，化学組成がどんな速さで変化するかを定量的に表現するために，反応速度を定義する．反応速度は，反応系を構成する化学種の濃度の関数であり，また，系の温度，圧力，反応容器などに依存する．反応化学種が単位濃度の場合の反応速度を反応速度定数という．反応速度定数をどのように求めるか，また，それがどのような意義をもっているかを考えよう．

§1　反応速度の表現

　ポイント　化学反応の速度が，反応する化学種の濃度のどんな関数で表現できるか，反応の進行とともに化学種の濃度がどう変化するかを学ぶ．

　反応物 A, B, ⋯ が相互に反応し，生成物 A′, B′, ⋯ を生成する反応式を

$$a\mathrm{A} + b\mathrm{B} + \cdots \longrightarrow a'\mathrm{A}' + b'\mathrm{B}' + \cdots \quad (\mathrm{R}2.1)$$

とする．ここで，$a, b, \cdots, a', b', \cdots$ は，化学変化の量的関係を表す化学量論係数である．A と B は $a:b$ の物質量比で反応して，$a':b'$ の物質量比の A′ と B′ を生成する．**反応速度**(reaction rate)は，反応に関わる化学種 A, B, ⋯ の濃度の減少速度，また，A′, B′, ⋯ の濃度の増加速度で表すことができる．つまり，$-\mathrm{d}[\mathrm{A}]/\mathrm{d}t$, $-\mathrm{d}[\mathrm{B}]/\mathrm{d}t$, $\mathrm{d}[\mathrm{A}']/\mathrm{d}t$, $\mathrm{d}[\mathrm{B}']/\mathrm{d}t$ のいずれを反応速度として採用してもよいが，(R2.1)の化学量論比が保たれて反応することに注意する必要がある．したがって，

$$-\frac{1}{a}\frac{\mathrm{d}[\mathrm{A}]}{\mathrm{d}t} = -\frac{1}{b}\frac{\mathrm{d}[\mathrm{B}]}{\mathrm{d}t} = \cdots = \frac{1}{a'}\frac{\mathrm{d}[\mathrm{A}']}{\mathrm{d}t} = \frac{1}{b'}\frac{\mathrm{d}[\mathrm{B}']}{\mathrm{d}t} = \cdots \quad (2.1)$$

の関係が成立する．ここで，[A], [B], … は，化学種 A や B の濃度を表す記号である．この式で，化学量論係数を省略して $-\mathrm{d}[\mathrm{A}]/\mathrm{d}t$ で(R2.1)の反応速度を表現することもできる．その場合，他の化学種の濃度変化は化学量論比を考え，たとえば，

$$-\frac{\mathrm{d}[\mathrm{B}]}{\mathrm{d}t} = -\frac{b}{a}\frac{\mathrm{d}[\mathrm{A}]}{\mathrm{d}t}$$

となる．

反応速度を表現するための濃度の単位は，気相反応では $\mathrm{mol\,cm^{-3}}$ か $\mathrm{molecule\,cm^{-3}}$，液相反応では $\mathrm{mol\,dm^{-3}}$ が慣用的に用いられている．ここで，molecule は無次元数であるから，それを記す必要はないが，反応速度定数の単位としてそれを入れることが慣習となっている．また，本来であれば，SI(国際単位系)に従って，$\mathrm{mol\,m^{-3}}$ か $\mathrm{molecule\,m^{-3}}$ を使うべきであるが，大部分の実験データはそうなっていない．

一般に，反応速度は温度などの反応条件と反応系を構成する化学種の濃度の関数である．それは，反応する化学種どうしの出会いによって化学反応が起こるからである．ある一定の反応条件を考えると，反応物濃度が高い場合，出会いの確率は大きいものとなり，反応速度は大きくなる．反応速度の反応物濃度への依存性は様々であって，一般化することはできない．しかし，次のような簡単な形式で書けることが多い(反応形式については，第 3 章で改めて学ぶこととする)．すなわち，反応系の化学種の濃度を [A], [B], … のように表すと，反応速度は

$$-\frac{\mathrm{d}[\mathrm{A}]}{\mathrm{d}t} = k[\mathrm{A}]^{n_\mathrm{A}}[\mathrm{B}]^{n_\mathrm{B}}\cdots \qquad (2.2)$$

のように反応物濃度の関数となる．ここで，$n_\mathrm{A}, n_\mathrm{B}, \cdots$ は，正の整数となることが多く，

$$n = n_\mathrm{A} + n_\mathrm{B} + \cdots \qquad (2.3)$$

を**反応次数**(reaction order)という．反応次数が n の反応は **n 次反応**とよばれる．また，比例定数 k は**反応速度定数**(rate constant)で，反応系の各化学種が単位濃度となっている場合の反応速度であって，それぞれの化学反応にとって濃度によらない普遍的な定数である．もちろん，温度などの反応条件を変えると k は変化する．式(2.2)の左辺の反応速度の単位が

$$[濃度]\,[時間]^{-1}$$

であるから，反応速度定数 k の単位は

$$[濃度]^{1-n}\,[時間]^{-1}$$

▶ SI(国際単位系)
国際度量衡委員会の制定した単位系．長さ，質量，時間の基本単位にメートル，キログラム，秒を用い，力，エネルギー，…などの誘導単位を定義した単位系(système international d'unités, SI)．

表 2-1　n 次反応の速度定数の単位

反応次数	0	1	2	3
k の単位	$\mathrm{mol\,cm^{-3}\,s^{-1}}$	$\mathrm{s^{-1}}$	$\mathrm{cm^3\,mol^{-1}\,s^{-1}}$	$\mathrm{cm^6\,mol^{-2}\,s^{-1}}$
	$\mathrm{molecule\,cm^{-3}\,s^{-1}}$		$\mathrm{cm^3\,molecule^{-1}\,s^{-1}}$	$\mathrm{cm^6\,molecule^{-2}\,s^{-1}}$

となる．表2-1に速度定数の単位をそれぞれの反応次数の反応について与えた．

式(2.2)のように反応速度を反応に関わる化学種の濃度の関数で表した式を**反応速度の微分形**という．これに対して，反応物または生成物の濃度が時間とともにどのように変化するかを表す式を**反応速度の積分形**という．

例題 2.1　反応速度定数の単位の変換　$\mathrm{mol\,cm^{-3}}$ で求めた 2 次反応速度定数を $\mathrm{molecule\,cm^{-3}}$ の濃度単位の速度定数へ変換するための因子を求めよ．また，その逆の場合はどうなるか？

［答］ $1\,\mathrm{mol\,cm^{-3}} = 6.02 \times 10^{23}\,\mathrm{molecule\,cm^{-3}}$ である．したがって，2次反応速度定数は

$$a\,\mathrm{cm^3\,mol^{-1}\,s^{-1}} = a \times (1/6.02 \times 10^{23})\,\mathrm{cm^3\,molecule^{-1}\,s^{-1}}$$
$$= a \times 1.66 \times 10^{-24}\,\mathrm{cm^3\,molecule^{-1}\,s^{-1}}$$
$$b\,\mathrm{cm^3\,molecule^{-1}\,s^{-1}} = b \times 6.02 \times 10^{23}\,\mathrm{cm^3\,mol^{-1}\,s^{-1}}$$

2次反応速度定数の典型的な値を例にとると，$1 \times 10^{-10}\,\mathrm{cm^3\,molecule^{-1}\,s^{-1}}$ $= 6.02 \times 10^{13}\,\mathrm{cm^3\,mol^{-1}\,s^{-1}}$ となる． □

例題 2.2　分圧表示の濃度を用いた 2 次反応速度定数の単位変換
$a\,\mathrm{Torr^{-1}\,s^{-1}}$ ($1\,\mathrm{Torr} = 133.3\,\mathrm{Pa}$) の 2 次反応速度定数を $\mathrm{cm^3\,molecule^{-1}\,s^{-1}}$, $\mathrm{cm^3\,mol^{-1}\,s^{-1}}$ の単位へ変換せよ．ただし，理想気体を仮定し，温度は T とする．

［答］ 理想気体の状態方程式によれば，1 Torr の気体の濃度 c は

$$c/\mathrm{mol\,m^{-3}} = 133.3/(R/\mathrm{J\,K^{-1}\,mol^{-1}})(T/\mathrm{K})$$
$$= 133.3/8.3145\,(T/\mathrm{K}) = 16.03/(T/\mathrm{K})$$
$$c/\mathrm{mol\,cm^{-3}} = 1.603 \times 10^{-5}/(T/\mathrm{K})$$

である．また，

$$c/\mathrm{molecule\,m^{-3}} = 133.3/(k_\mathrm{B}/\mathrm{J\,K^{-1}})(T/\mathrm{K})$$
$$= 133.3/1.3806 \times 10^{-23}\,(T/\mathrm{K}) = 9.655 \times 10^{24}/(T/\mathrm{K})$$
$$c/\mathrm{molecule\,cm^{-3}} = 9.655 \times 10^{18}/(T/\mathrm{K})$$

である．したがって，温度 T における 2 次反応速度定数の変換は次のようになる．

$$a\,\mathrm{Torr^{-1}\,s^{-1}} = a \times (1.603 \times 10^{-5}/(T/\mathrm{K}))^{-1}\,\mathrm{cm^3\,mol^{-1}\,s^{-1}}$$
$$= a \times 6.238 \times 10^{4}\,(T/\mathrm{K})\,\mathrm{cm^3\,mol^{-1}\,s^{-1}}$$
$$= a \times (9.655 \times 10^{18}/(T/\mathrm{K}))^{-1}\,\mathrm{cm^3\,molecule^{-1}\,s^{-1}}$$
$$= a \times 1.036 \times 10^{-19}\,(T/\mathrm{K})\,\mathrm{cm^3\,molecule^{-1}\,s^{-1}}$$

□

1次反応

1次反応の場合，反応する化学種は1種類で，反応速度はその濃度に比例する．すなわち，式(2.2)は

$$-\frac{d[A]}{dt} = k[A] \tag{2.4}$$

となる．この式を書き直すと

$$-\frac{d[A]}{[A]} = k\,dt$$

となり，反応開始の $t=0$ のときの濃度を $[A]_0$ として，反応開始の $t=0$ から時刻 t まで両辺を積分すると，時刻 t における濃度 $[A]$ を求めることができる．すなわち，

$$\int_{[A]_0}^{[A]} -\frac{d[A]}{[A]} = \int_0^t k\,dt \tag{2.5}$$

を計算して

$$-\ln\frac{[A]}{[A]_0} = kt \tag{2.6}$$

または

$$[A] = [A]_0\,e^{-kt} \tag{2.6'}$$

である．反応物濃度 $[A]$ またその対数の反応時間の経過にともなう変化を図 2-1 に示す．1次反応では，反応物濃度は反応時間とともに指数関数的に減少する．したがって，反応物濃度に比例する物理量の時間変化を測定すれば，反応速度定数を求めることができる．濃度に比例する物理量，たとえば，吸光度を測定し，その対数をとると反応時間に対して直線的に減少するので，その勾配から速度定数を決定できる．

時刻 t における反応物濃度 $[A]_t$ が $1/e = 1/2.72$ となる時刻 $t=\tau$ を定義すると，式(2.6')より

$$\tau = 1/k \tag{2.7}$$

が得られ，それを反応物の**寿命**(lifetime)とよぶ．寿命の短い反応物は反応速度定数が大きく，その化学種は反応によって短い時間内に消滅する．反応物濃度がある時刻の値の 1/2 となるための反応時間を**半減期**(half-life) $\tau_{1/2}$ という．式(2.6)より

$$\tau_{1/2} = \frac{\ln 2}{k} = \frac{0.693}{k} \tag{2.8}$$

となる．半減期を実験で求めて，速度定数を決定することもある．

▶ $\ln = \log_e$

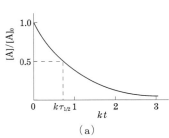

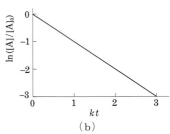

図 2-1 1次反応で反応する反応物 A の濃度の時間変化．(a)は $[A]$ vs. t，(b)は $\ln[A]$ vs. t．

年代決定

放射性元素の壊変は1次反応である．いろいろな核種について半減期が壊変の速度として与えられている．たとえば，炭素の同位体 ^{14}C は半減期5730年である．したがって，^{14}C を標識にして発掘した木材の年代決定ができる．

^{14}C は大気中 CO_2 中に一定量含まれている．その比率は，場所，時代に関係なく一定である．大気を呼吸する生物体中にも大気 CO_2 と同じ比率の ^{14}C が含まれているが，生物が死ぬと新しい CO_2 の補給が無くなるので，^{14}C の量は1次反応に従って減少する．したがって，発掘木材の ^{14}C の比率を標準試料の比率と比較すると木材が植物として生存していた年代を決めることができる．たとえば，^{14}C の量が標準試料のそれの半分であれば，^{14}C の半減期5730年前に生存していた木材ということになる．

例題 2.3　スクロースの加水分解の1次反応速度定数の決定　スクロース（ショ糖）はその酸性水溶液において加水分解され，次式に示すようにグルコースとフルクトースに転化する．

$$C_{12}H_{22}O_{11} + H_2O \longrightarrow C_6H_{12}O_6 + C_6H_{12}O_6 \quad (R2.2)$$

これらの糖類は光学活性体で，その水溶液における比旋光度 $[\alpha]_D^{20}$ は，スクロース，D-グルコース，D-フルクトースについてそれぞれ $+64.5°$，$+52.7°$，$-92°$ である．これら3種の化学種の混合溶液では，それぞれの比旋光度に濃度を掛けたものの和が混合溶液の旋光角となる．したがって，反応の進行とともに旋光角は変化する．いま，20℃，$0.10\,\mathrm{mol\,dm^{-3}}$ の塩酸水溶液中でスクロースの転化反応を行い，一定時間後に塩基で水溶液を中和して反応を停止し，その旋光角 α を測定し，表2-2に与えた．加水分解の1次反応速度定数を求めよ．

▶ 比旋光度
20℃において，単位濃度，単位長さあたり，NaD線の直線偏光の光に対する旋光角の100倍．

▶ グッゲンハイム法
反応時間 t と $t+\Delta$ の反応物濃度から1次反応の速度定数を求める方法をグッゲンハイム法という．

表 2-2　スクロース水溶液の旋光角の時間変化

反応時間/h	0.00	2.00	4.00	6.50	22.0	24.0	26.0	28.0	30.5	48.0	50.0	54.5
旋光角/°	8.16	7.49	6.89	6.17	3.20	2.96	2.73	2.54	2.28	1.18	1.10	0.94

[答]　反応時刻 $0, \infty$ のときの旋光角をそれぞれ α_0, α_∞ とすれば，

$$\alpha_0 - \alpha_\infty \propto [\text{スクロース}]_0, \quad \alpha - \alpha_\infty \propto [\text{スクロース}]$$

の関係にある．したがって，式(2.6′)を用いれば

$$\frac{\alpha - \alpha_\infty}{\alpha_0 - \alpha_\infty} = e^{-kt} \quad (2.9)$$

となる．α_∞ を正確に求めるのは難しいので，時間 t と一定時間間隔 Δ を隔てた $t+\Delta$ の旋光度をそれぞれ α, α' とすると式(2.9)より

$$\frac{\alpha - \alpha'}{\alpha_0 - \alpha_\infty} = e^{-kt}(1 - e^{-k\Delta})$$

となる．いま，Δ は一定であるから，

$$\ln(\alpha - \alpha') = -kt + 定数 \quad (2.10)$$

である．図2-2は，$\Delta = 24\,\mathrm{h}$ として，旋光度の変化を反応時間の関数でプロットしたものである．この直線の勾配から $k = 1.24 \times 10^{-5}\,\mathrm{s^{-1}}$ と求められた．　□

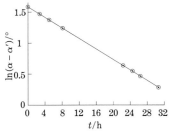

図 2-2　スクロースの転化（20℃，$0.1\,\mathrm{mol\,dm^{-3}}$ の塩酸溶液中）を旋光度の時間変化で観測した例．α' は α よりも24hだけ遅れた時点の旋光度．[E. A. Guggenheim and A. Wiseman, *Proc. Roy. Soc.* **A 203**, 17(1950)]

2次反応

化学反応は，2種類，または，同種類の反応分子が互いに衝突することによって進行する．したがって，反応速度の基本は反応物濃度の積に比例する2次反応となる．2種類の反応物AとBが反応する

$$A + B \longrightarrow 生成物 \qquad (R2.3)$$

の2次反応を考えよう．速度式の微分形は

$$-\frac{d[A]}{dt} = k[A][B] \qquad (2.11)$$

である．ここで，AとBは反応によって互いに等しいモル濃度だけ減少する．したがって，$[A]_0, [B]_0$をそれぞれA,Bの初期濃度とすれば，$-d[A] = -d[B]$，または，$[A]_0 - [A] = [B]_0 - [B]$である．すると，式(2.11)は

$$-\frac{d[A]}{dt} = k[A]\{[A] - ([A]_0 - [B]_0)\}$$

となり，その積分形は

$$\frac{1}{[A]_0 - [B]_0} \int_{[A]_0}^{[A]} \left\{ \frac{d[A]}{[A] - ([A]_0 - [B]_0)} - \frac{d[A]}{[A]} \right\} = \int_0^t k\,dt$$

$$\frac{1}{[A]_0 - [B]_0} \ln \frac{[A]_0[B]}{[A][B]_0} = kt \qquad (2.12)$$

となる．

反応(R2.3)で$[A]_0 = [B]_0$の場合，または，反応が

$$A + A \longrightarrow 生成物 \qquad (R2.4)$$

の場合，

$$-\frac{d[A]}{dt} = k[A]^2 \qquad (2.13)$$

となる．したがって，

$$\int_0^{[A]} -\frac{d[A]}{[A]^2} = \int_0^t dt$$

$$\frac{1}{[A]} - \frac{1}{[A]_0} = kt \qquad (2.14)$$

の積分形を得る．

2次反応の速度定数を求めるためには，反応物濃度の絶対値の時間変化を知る必要がある．この点が2次反応の速度定数の測定を困難なものにしている．そこで，2次反応を実質的に1次反応と同じにする近似方法がある．すなわち，反応(R2.3)において，$[B]_0 \gg [A]_0$となる条件を設定する．すると，反応時間が経過しても$[B] \fallingdotseq [B]_0 =$一定，が成立する．したがって，式(2.14)は

$$-\frac{d[A]}{dt} = k[B]_0[A] \tag{2.15}$$

と近似でき，式(2.15)は $k[B]_0$ を速度定数とする1次反応と同じ形である．これを**擬1次反応**(pseudo-first-order reaction)という．その積分形は

$$-\ln\frac{[A]}{[A]_0} = k[B]_0 t \tag{2.16}$$

となる．この場合，[A]の減少は事実上1次反応と同じで，その速度定数は $k[B]_0$ である．速度定数の決定のためには，反応相手の化学種Bの絶対濃度を反応開始以前に定め，反応物濃度[A]に比例する物理量を測定すればよい．

▶ 閃光分解
パルス光を反応系に照射して，高速光化学反応を実験する方法．付録A2参照．

▶ シリルラジカルの反応は，後続反応も考えに入れると Si_2H_6 以外に SiH_4, SiH_2 などを生成する．しかし，SiH_3 の反応は基本的に2次反応である．

例題 2.4 シリルラジカルの再結合反応速度定数の測定　シリルラジカル SiH_3 はシラン SiH_4 から H 原子を引き抜くことによって生成する．いま，Cl原子を CCl_4 の閃光分解で発生させると，瞬間的にシランと

$$Cl + SiH_4 \longrightarrow SiH_3 + HCl \tag{R2.5}$$

と反応することによって SiH_3 を発生する．発生した SiH_3 は HCl と等量であるからその赤外吸収係数を較正して絶対濃度を決定できる．表2-3は SiH_3 の濃度の時間変化の測定結果である．シリルラジカルの反応

$$SiH_3 + SiH_3 \longrightarrow Si_2H_6 \tag{R2.6}$$

の反応速度定数を求めよ．

表 2-3　シリルラジカル濃度の時間変化

$t/10^{-6}$ s	0	50	100	150	200	250	300	350	400	500	600
$[SiH_3]/10^{13}$ molecule cm^{-3}	5.83	4.08	3.08	2.49	1.94	1.68	1.39	1.23	1.04	0.81	0.65

[S. K. Loh, D. B. Beach and J. M. Jasinski, *J. Chem. Phys.* **95**, 4914 (1991)]

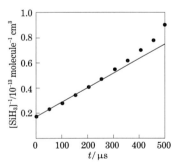

図 2-3　シリルラジカル濃度の逆数を反応時間に対してプロットした図．実線は反応が純粋に2次反応であると仮定したときの変化．

[答]　SiH_3 の濃度の逆数をとって，反応時間に対してプロットしたものを図2-3に示す．式(2.14)で予想されるように反応時間に対して比例するはずである．図2-3をみると $1/[SiH_3]$ のプロットは少しカーブしている．これは，SiH_3 が2次反応以外に1次反応で消滅する反応の寄与があるからである．反応初期には，1次反応の寄与が小さいので，その勾配から

$$k = 1.2 \times 10^{-10}\ cm^3\ molecule^{-1}\ s^{-1}$$

の2次反応速度定数が決定される．　□

例題 2.5 擬1次反応による2次反応速度定数の決定　石英セル中に SO_2 1.0 mTorr，シクロヘキサン c-C_6H_{12} 0〜116.9 mTorr の分圧の混合気体に He を加え，298 K において全圧 25.5 Torr とした気体に 193 nm の波長の紫外レーザーパルスを照射すると SO_2 が瞬間的に光解離して SO と O を生成する．すると反応

$$O + c\text{-}C_6H_{12} \longrightarrow HO + c\text{-}C_6H_{11} \tag{R2.7}$$

が起こる．この場合，O原子の濃度は c-C_6H_{12} の濃度に比べて非常に小さい．したがって，c-C_6H_{12} の濃度は初期濃度を保つと見なすことが

できる．O原子の濃度の相対的な時間変化を原子吸光分析法によって測定した結果を下記の表に与える．反応(R2.7)の反応速度定数を求めよ．

$c\text{-}C_6H_{12}$ 分圧/mTorr	反応時間/ms									
	0	0.2	0.4	0.6	0.8	1.0	1.4	1.8	2.2	2.6
0	1.00	.965	.934	.904	.877	.845	.789	.737	.687	.642
37.2	1.00	.920	.847	.785	.727	.675	.577	.495	.422	.359
66.3	1.00	.883	.789	.709	.631	.568	.455	.362	.286	.230
116.9	1.00	.837	.713	.600	.505	.431	.309	.218	.153	.101

[A. Miyoshi, K. Tsuchiya, N. Yamauchi and H. Matsui, *J. Phys. Chem.* **98**, 11452(1994)]

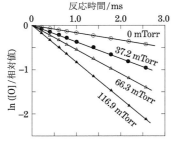

図 2-4 O＋シクロヘキサン系におけるO原子濃度の相対値の反応時間変化の測定値．圧力はシクロヘキサンの分圧．

［答］ シクロヘキサンが過剰に存在すると仮定すると，擬1次反応である．したがって，式(2.16)が適用でき，

$$-\ln[O] = (k[c\text{-}C_6H_{12}] + k_0)t$$

となる．ここで，k_0 はシクロヘキサン濃度がゼロになったときのO原子の減少の速度定数である．それは，反応容器の壁との反応や不純物との反応によるものと考えられる．表のO原子濃度の相対値の自然対数を反応時間に対してプロットしたのが，図2-4である．シクロヘキサンの濃度の異なる混合気体中のO原子の濃度は指数関数的に減少していることがわかる．図の直線の勾配を最小二乗法で求めた値を表にまとめた．

$c\text{-}C_6H_{12}$ 分圧/mTorr	$k[c\text{-}C_6H_{12}]+k_0/\text{ms}^{-1}$	$k[c\text{-}C_6H_{12}]/\text{ms}^{-1}$	$k/\text{mTorr}^{-1}\text{ms}^{-1}$
0	0.1773	0	—
37.2	0.4068	0.2295	0.00617
66.3	0.5866	0.4093	0.00617
116.9	0.9011	0.7238	0.00616

例題2.2に従って，反応速度定数の単位変換を行う．

$$k = 0.00617\,\text{mTorr}^{-1}\,\text{ms}^{-1} = 6.17 \times 10^3\,\text{Torr}^{-1}\,\text{s}^{-1}$$
$$= 6.17 \times 10^3 \times 1.036 \times 10^{-19}(T/\text{K})\,\text{cm}^3\,\text{molecule}^{-1}\,\text{s}^{-1}$$
$$= 1.90 \times 10^{-13}\,\text{cm}^3\,\text{molecule}^{-1}\,\text{s}^{-1}$$

を得る．ただし，反応温度は298Kである． □

§2 反応速度定数の温度依存性

ポイント 反応速度定数の温度依存性から反応機構の基本を探る．

アレニウス(S.A. Arrhenius 1859-1927)は，反応(R2.2)のスクロースの転化反応の速度をいろいろな温度で測定し，速度定数 k が絶対温度 T の関数で

$$k = A\exp\left(-\frac{E_a}{RT}\right) \qquad (2.17)$$

の式でよく表されることを1889年に発表した．式(2.17)をアレニ

ウスの反応速度式または単にアレニウス式という．ここで，A を頻度因子(frequency factor)，E_a を活性化エネルギー(activation energy)という．指数関数は無次元であるから，A は反応速度定数と同じ単位をもつ．また，式(2.17)の両辺の自然対数をとると

$$\ln k = -\frac{E_a}{RT} + 定数 \tag{2.18}$$

となる．縦軸に測定された速度定数の対数を，横軸に $1/T$ をとってプロットしたものをアレニウスプロットという．式(2.18)によれば，温度変化 dT に対する速度定数の変化が

$$\frac{d \ln k}{dT} = \frac{E_a}{RT^2} \tag{2.19}$$

の微分方程式で表される．この式は，速度定数を平衡定数 K に置き換えるとファント・ホッフ(J. H. van't Hoff 1852-1911)の式(化学熱力学の教科書を参照)

$$\frac{d \ln K}{dT} = \frac{\Delta_r H}{RT^2} \tag{2.20}$$

と似ている．ここで，$\Delta_r H$ は反応のエンタルピー変化である．アレニウスはこのことを論文の中で引用して，次のように述べた．化学平衡は，正方向の反応速度と逆方向の反応速度とが釣り合うとき成立する．いま，仮に

$$A + B \underset{k_-}{\overset{k_+}{\rightleftarrows}} C + D \tag{R2.8}$$

の化学平衡を考える．正逆方向の速度定数をそれぞれ k_+, k_- とすると，正逆反応の釣り合いの条件は，それぞれの反応速度が等しいこと，すなわち，

$$k_+ [A]_{eq}[B]_{eq} = k_- [C]_{eq}[D]_{eq}$$

▶ 頻度因子に温度依存を考え，$A = A'T^m$ とすることもある．

――― アレニウスについて ―――

化学反応論でアレニウス式は頻繁に現れる式である．アレニウス(Svante August Arrhenius 1859-1927)がファント・ホッフの式を反応速度に応用した1889年の論文は大変有名であるが，彼は化学反応速度をさらに深くは研究しなかった．彼はスウェーデンに生まれ，ウプサラ大学で研究者としての出発をしたが，そのときの電解質溶液の電導の研究(1884年の博士論文)はきわめて低い評価しか受けなかった．彼はその後オストワルド(F. W. Ostwald)，コールラウシュ(F. W. G. Kohlrausch)，ボルツマン(L. Boltzmann)，ファント・ホッフらと共同研究をし，電解質溶液における電離説を提唱し，これによって1903年第3回ノーベル化学賞を受けた．彼は，1905年にストックホルムのノーベル研究所所長に任命され，免疫化学，宇宙学，生命の起源，気象学など多方面に興味をもった．

▶ 厳密に考えるとエンタルピーとエネルギーは，反応にともなって分子数が変化する場合，体積変化にともなう仕事の分だけ違っている．しかし，その仕事は反応エネルギーに比較して小さいので，ここでは無視している．

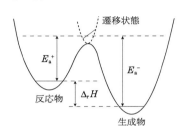

図 2-5 反応エンタルピーと正逆反応の活性化エネルギーの関係．(分子のエネルギー状態は量子化されている．もっとも低い量子エネルギーはポテンシャルエネルギー曲線の極小ではなく，不確定性原理のため零点エネルギーだけ高い位置となる．)

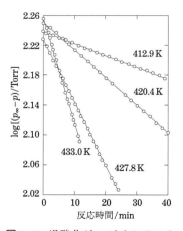

図 2-6 過酸化ジ-t-ブチルのいろいろな温度における分解反応による圧力の時間変化の測定値．高い温度において圧力の時間変化の程度は大きくなっている．つまり，反応速度が大きい．[J. H. Taley, F. Rust and W. E. Banghan, *J. Am. Chem. Soc.* **70**, 88(1948)]

である．ここで，[ ]$_{eq}$ は平衡濃度を表す．すると，

$$\frac{[C]_{eq}[D]_{eq}}{[A]_{eq}[B]_{eq}} = \frac{k_+}{k_-} \quad (2.21)$$

となる．左辺は平衡定数 K である．つまり

$$K = \frac{k_+}{k_-} \quad (2.21')$$

である．この式をファント・ホッフの式(2.20)とアレニウスの式(2.19)に代入すると，

$$\Delta_r H = E_a^+ - E_a^- \quad (2.22)$$

の関係が成立する．つまり，反応エンタルピー $\Delta_r H$ は，正反応の活性化エネルギー E_a^+ と逆反応の活性化エネルギー E_a^- との差に等しい．このことは，活性化エネルギーを反応のために越えなければならないエネルギーの障壁(barrier)と考えると理解しやすい．正反応の障壁と逆反応のそれとが共通であるとすれば式(2.22)が成り立つ．その様子を図 2-5 に模式的に示す．反応のエネルギー障壁は，反応物から生成物へ，また，生成物から反応物への変化に際して越えなければならないポテンシャルエネルギーの山と考えることができる．その山の上の状態は反応にとって重要な状態で，反応の進行速度を支配する．この状態を**遷移状態**(transition state)と呼び，第 6, 7 章で詳しく論ずる．

例題 2.6　活性化エネルギーを求める実験　過酸化ジ-t-ブチルの熱分解反応は

$$(CH_3)_3COOC(CH_3)_3 \longrightarrow 2(CH_3)_2CO + C_2H_6 \quad (R2.9)$$

のように進む．反応は分子数が増えるので，反応を閉じた容器内で行わせると圧力が増加する．したがって，圧力の測定を時間の関数で行えば，反応の進行にともなう過酸化ジ-t-ブチルの濃度 c を知ることができる．いまその初期濃度を c_0 とすると，初期圧力 p_0 と最終圧力 p_∞ を用いて

$$\frac{c}{c_0} = \frac{p_\infty - p}{p_\infty - p_0} \quad (2.23)$$

の関係が得られる．反応が(R2.9)のみであれば，$p_\infty = 3p_0$ である．反応が 1 次反応で進むのであれば

$$\ln(3p_0 - p) = -kt + 定数 \quad (2.24)$$

の関係を満たす．図 2-6 にいくつかの反応温度での過酸化ジ-t-ブチルの熱分解反応による圧力変化を時間の関数でプロットした．結果は，式(2.24)を満足しており，直線の勾配から反応速度定数 k を求めることができ，それを表 2-4 に示した．(R2.9)の活性化エネルギーを求めよ．

表 2-4 過酸化ジ-t-ブチルの熱分解反応速度定数の測定値

T/K	412.9	420.4	427.8	433.0
$k/10^{-4}\,s^{-1}$	0.60	1.43	3.22	5.53

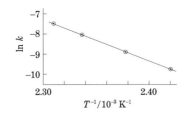

図 2-7 過酸化ジ-t-ブチルの熱分解反応の速度定数のアレニウスプロット．図 2-6 のデータによる．

[答] 速度定数の対数を $1/T$ に対してプロットしたのが，図 2-7 である．アレニウス式 (2.18) をよく満足している．勾配は $-E_a/R$ であって $E_a = 163.6\,\mathrm{kJ\,mol^{-1}}$ を得た．この値は過酸化物結合 –O–O– の結合エネルギーにほぼ等しい．反応式 (R2.9) は総括的な反応を表しているが，求められた反応速度は –O–O– 結合の切断の第 1 段階

$$(CH_3)_3COOC(CH_3)_3 \longrightarrow (CH_3)_3CO + OC(CH_3)_3 \quad (R2.10)$$

を反映している．この段階が総括反応の速度に等しい．つまり，後続する反応の速度は非常に速く，(R2.8) の初期反応の速度が全体の反応速度を決めている．つまり，この反応が律速 (rate-determining) となっている．したがって，活性化エネルギーは –O–O– 結合が解離するためのエネルギーと解釈してよい． □

§3 反応速度の測定

ポイント 反応速度を測定するための原理を学ぶ．

化学反応の速度の測定は，反応システムにおいて一定の時刻に反応を開始させ，反応物または生成物の濃度が時間の経過とともにどのように変化するかを調べることによってなされる．すなわち，反応に関与する化学種を時間の関数で定量分析し，その結果を前節に述べた速度式にあてはめればよい．

化学反応速度を規定するもっとも重要な因子は，温度である．アレニウスの反応速度定数の温度変化式 (2.19) によれば，反応温度が T から $T+\Delta T$ へ変化したときの速度定数の変化 Δk は

$$\frac{\Delta k}{k} = \frac{E_a}{RT}\frac{\Delta T}{T} \quad (2.25)$$

となる．したがって，速度定数の温度依存性の比例定数は E_a/RT であり，この値が大きい低温における反応実験では温度の制御にとくに注意を払う必要がある．反応系の均一さも反応速度に影響するところが大きい．系内の不純物が微量であっても反応機構を変えるほどの効果をもつことがある．また，反応容器の材質や表面の状態によって反応機構が変わることがある．たとえば，爆発が起こる圧力の下限 (低圧限界) は容器の表面の状態や形状によって変わる．また，反応には直接関与しない反応媒体 (溶媒や第 3 体気体) が反応の進行を支配することもある．したがって，このような反応環境を制御することも反応速度の測定実験には大切である．

▶ 第 3 体
第 3 章 §3 を参照．反応気体中の不活性気体などの直接反応に関係しない気体が熱浴のような役割を果たす．

例題 2.7 反応速度定数の温度変化 反応速度定数がアレニウス式で与えられ，頻度因子が温度によらないと仮定できるとき，速度定数が 2 倍になるための温度変化を $T = 300, 1000\,\mathrm{K}$，$E_a = 100, 200$,

400 kJ mol^{-1} の場合について計算せよ．

[答] $k = A\exp(-E_a/RT)$ で，k が 2 倍となる温度 $T + \Delta T$ を定義すると
$$2 = \exp\left[-\frac{E_a}{R}\left(\frac{1}{T+\Delta T} - \frac{1}{T}\right)\right]$$
である．この式より与えられた E_a, T について計算すると下表のようになる．

表 2-5　反応速度定数が 2 倍となるための温度上昇 ΔT

T/K \ $E_a/\mathrm{kJ\,mol^{-1}}$	100	200	400
300	5.3	2.6	1.3
1000	61.1	29.7	14.6

活性化エネルギーが大きい反応の速度定数は，とくに低温で小さい温度変化によって大きく変わる．　□

化学反応の速さはさまざまである．反応速度定数のアレニウス式によると速度定数の上限は頻度因子 A に等しい．その値は反応によって異なるが，その上限値のおよそを表 2-6 に示す．

表 2-6　頻度因子のおよその上限値

反応次数	A の上限値
1 次	$10^{12\sim 13}\,\mathrm{s^{-1}}$
2 次	$10^{-9\sim -10}\,\mathrm{cm^3\,molecule^{-1}\,s^{-1}}$ または $10^{14\sim 15}\,\mathrm{cm^3\,mol^{-1}\,s^{-1}}$
3 次	$10^{-32\sim -31}\,\mathrm{cm^6\,molecule^{-2}\,s^{-1}}$ または $10^{15\sim 16}\,\mathrm{cm^6\,mol^{-2}\,s^{-1}}$

1 次反応の場合，頻度因子の大きさは反応分子の分子内振動の振動数に匹敵しており，活性化エネルギーがゼロであれば，$10^{-13} \sim 10^{-14}\,\mathrm{s}$（$10 \sim 100\,\mathrm{fs}$，フェムト秒）という短い時間内に反応を行うことになる．そのような高速反応の過程を追跡するためには，フェムト秒の時間スケールで反応開始を行い，かつ，反応化学種の超高速分析を行わねばならない．しかし，たとえば過酸化ジ-t-ブチルの熱分解反応のように活性化エネルギーが大きく，反応がゆっくりと進行する場合には，反応開始のための活性化の速度は遅くてもよい．2 次反応や 3 次反応の場合，反応物濃度を小さくすれば反応の進行を遅らせることができる．しかし，反応物化学種の分析が精度よくできる程度の濃度を保つ必要がある．したがって，反応活性の大きい化学種の 2 次反応では多くの場合，高速で反応を追跡する必要がある．

例題 2.8　1 次反応の半減期　1 次反応の速度定数が頻度因子 $10^{13}\,\mathrm{s^{-1}}$ のアレニウス式で表されると仮定して，活性化エネルギーが $100, 200, 400\,\mathrm{kJ\,mol^{-1}}$，温度が $300, 1000, 2000\,\mathrm{K}$ の場合の半減期を計算せよ．

[答] アレニウス式より速度定数 k を求め，式(2.8)によって半減期を計算する．結果を表 2-7 に示す．

表 2-7 1 次反応 ($A=10^{13}\,\mathrm{s}^{-1}$) の速度定数と半減期

$E_a/\mathrm{kJ\,mol}^{-1}$	100			200			400		
T/K	300	1000	2000	300	1000	2000	300	1000	2000
k/s^{-1}	3.9×10^{-5}	6.0×10^{7}	2.4×10^{10}	1.5×10^{-22}	3.6×10^{2}	6.0×10^{7}	2.3×10^{-57}	1.3×10^{-8}	3.6×10^{2}
$\tau_{1/2}/\mathrm{s}$	1.8×10^{4}	1.2×10^{-8}	2.9×10^{-11}	4.6×10^{21}	1.9×10^{-3}	1.2×10^{-8}	3.0×10^{56}	5.3×10^{7}	1.9×10^{-3}

活性化エネルギーが低く，高温度であれば，半減期は活性化エネルギーゼロの極限値 $(\ln 2)/A=6.9\times10^{-14}\,\mathrm{s}$ に近づく． □

化学反応を開始するには，1 次反応では反応物の活性化，2 次以上の反応では 2 種以上の反応物の混合と活性化が必要である．活性化の第 1 の方法は，反応系に熱エネルギーを与えるものである．遅い反応であれば，反応物を高温の反応容器へ導入して反応を開始させればよい．高速反応の反応開始には，立ち上がり時間の短い加熱方法が必要である．衝撃波やパルス電流によるジュール加熱などが対応する方法である．活性化の第 2 の方法は，光パルスの照射によるものである．反応分子を励起状態に遷移させることによって反応を開始させる．このような反応を光化学反応とよぶが，いろいろな初期反応メカニズムが考えられる．第 3 の方法は，大きな内部エネルギーをもつ励起原子分子と反応分子とを衝突させ，エネルギー移動によって反応分子を活性化するものである．いわゆる光増感反応がこの範疇に入る．その反応では，増感剤が光を吸収して励起状態になり，その励起エネルギーを反応分子に移動させるものである．第 4 の方法は，放射線による活性化で，高速電子，陽子，中性子などの粒子や γ 線のような短波長の電磁波の照射によって反応分子を高いエネルギー状態にするものである．この分野は放射線化学とよばれ，本書では取り上げない．

2 次反応の反応物の混合については，遅い反応であれば，普通の手段で反応容器に反応物を順次加え，混合すればよい．しかし，高速反応の場合には，混合に特別の工夫を必要とする．気相反応の高速流通法の場合，ヘリウムなどのキャリアーガスとともに高速に流れる一方の反応物に対し，流れの途中でもう一方の反応物を細孔から流れに噴出させて混合する．混合が短時間で完結するよう噴出孔にはいろいろな工夫がなされている．溶液反応の場合，2 つの反応溶液を筒の中に入れ，これを急激に押し出し，2 つの流れを合流させる混合器を経て，反応管に導く．これらの混合には，$1\sim0.1\,\mathrm{ms}$ 程度の時間を要する．したがって，$1\,\mathrm{ms}$ 以上の半減期をもつ反応が研

究対象となる．混合をより短時間に行うには，光パルス照射による光化学反応で原子やラジカルを反応系内に一様に生成させればよい．原子やラジカルの前駆体となる化合物を準備しておき，これに光パルスや放射線パルスを照射して，前駆体の分解反応を瞬時に行って，あらかじめ混合しておいた光分解を受けない反応物と原子やラジカルとの反応開始をさせることができる．この方法であれば，1 μs 以下の時間に反応を開始させることができる．たとえば，メチルラジカルの前駆体にはアゾメタン $(CH_3)_2N_2$，酸素原子には二酸化イオウ SO_2 や亜酸化窒素 N_2O が用いられる．

反応物や生成物の濃度の定量分析を時間の関数で行って反応を追跡するために，測定するべき物理量を分類すると次のようになる．

（1）状態に関連する量：圧力，体積，密度
（2）熱的性質を示す量：熱容量，反応熱，熱伝導率
（3）光学的性質に関連する量：光吸収，屈折率，旋光角
（4）電磁気的性質に関連する量：電気抵抗，誘電率，透磁率

このうち，反応速度測定にもっともよく用いられるのは，光吸収測定である．それは，化学種を同定して定量分析する能力が高く，また，反応系を乱すことなく，ごく短時間に分析できるからである．

化学反応速度測定には，反応分子の活性化の方法によっていろいろな研究手法が可能である．その代表的な方法を表 2-8 にまとめると同時に，付録 § A 2 に原理の詳細を説明する．

表 2-8　化学反応速度の測定方法の概要

方法	分析方法	反応時間/s	特徴
静置法	化学分析・物理分析	$>10^2$	総括反応速度しか求められない可能性が大きい．容器表面の反応に注意する必要がある．
流通法	化学分析・物理分析	$10^{-3} \sim 10^2$	高速反応であっても定常状態が実現し，反応途中の試料を取り出して時間のかかる分析方法が応用できる．
温度ジャンプ法（化学緩和法）	物理分析，分光分析	$10^{-7} \sim 10^0$	溶液のパルス的加熱で反応を開始させる．ジュール加熱とレーザー照射とがある．
衝撃波法	物理分析，分光分析	$10^{-6} \sim 10^{-3}$	1000 K 以上の温度での反応速度測定．
分子変調法（位相差検出法）	物理分析，分光分析	$10^{-8} \sim 10^{-3}$	一定周波数で変調した光で周期的反応を引き起こす．超音波の吸収分散は溶液反応に応用される．
閃光分解法	分光分析	$10^{-14} \sim 10^{-3}$	極超短レーザーパルスの応用により超高速の光化学反応の追跡が可能となった．
流通停止法	分光分析	$10^{-3} \sim 10^{-4}$	2 つの反応溶液を急速に混合して反応開始を行い，反応の進行を追跡する．

3
複合反応と素反応

　化学反応は反応物から生成物へ化学変化をする過程であるが，その過程は1段階で進むとは限らない．ほとんどの化学反応において，反応物は何段階もの反応の組み合わせによって生成物に至る．つまり，反応初期の反応物からいくつもの反応中間体を経て最終的な生成物に至る．ここで，1つの段階の反応を素反応という．また，反応物から生成物に至る素反応の組み合わせを複合反応という．この章では，いろいろなタイプの複合反応がどのような素反応の組み合わせによって可能となるか，その反応速度式はどうなるか，さらに，複合反応の基本となる素反応はどんなメカニズムで進むのか，また，その速度を定める因子は何かなどを学ぶ．さらに，われわれの身近にある燃焼・爆発，酵素反応などについて，素反応の組み合わせによってその反応の進行を考える．

§1　複合反応の基本形式

　ポイント　反応の基本形式について，その速度式を扱う際の基本的事項を学ぶ．

　化学反応は何段階もの反応の組み合わせから成るのが普通である．つまり，反応初期の反応物から最終生成物へ至る途中には，いくつもの反応中間体が存在する．ここで，1段階の反応が**素反応**(elementary reaction)，一方，いくつかの素反応の組み合わせから成る反応が**複合反応**(complex reaction)である．たとえば，第1章で話題にした水素と酸素から水を生成する反応の場合，まず，水素分子が解離して水素原子ができ，素反応(R1.3)～(R1.4)によって酸素原子やHOラジカルが生成し，素反応(R1.2)によって最終生成物の水を生成する．水素と酸素の反応では，他の反応，たとえば，HO_2ラジカルの反応などの寄与もあり，関係する素反応の数は50くらいであ

る．汚染大気中の化学反応のように関係する化学種の数が多い場合，非常に多くの素反応の組み合わせによって反応が進行する．ここでは，まず典型的なタイプの複合反応を取り上げ，反応の進行についての基本的な取り扱い方を学ぶことにする．

逐次反応

2つ以上の素反応が継続して起こる反応を**逐次反応**(consecutive reaction)という．2つの1次反応の組み合わせの場合を考えると

$$A \xrightarrow{k_1} B \xrightarrow{k_2} C \tag{R3.1}$$

のようにAからCを生成する．速度式は

$$\begin{aligned}\frac{d[A]}{dt} &= -k_1[A] \\ \frac{d[B]}{dt} &= k_1[A] - k_2[B] \\ \frac{d[C]}{dt} &= k_2[B]\end{aligned} \tag{3.1}$$

の連立微分方程式で表される．反応の初期 $t=0$ において $[A]=[A]_0$, $[B]=0$, $[C]=0$ とする．すると，(3.1)の第1の微分方程式から

$$[A] = [A]_0\, e^{-k_1 t}$$

を得るので，これを第2式に代入して積分すれば

$$[B] = [A]_0 \frac{k_1}{k_1 - k_2}(e^{-k_2 t} - e^{-k_1 t}) \tag{3.2}$$

となる．さらに，$[C] = [A]_0 - [A] - [B]$ であるから

$$[C] = [A]_0 \left[1 + \frac{1}{k_1 - k_2}(k_2\, e^{-k_1 t} - k_1\, e^{-k_2 t})\right] \tag{3.3}$$

の解が得られる．

> **例題 3.1 ラプラス変換によって微分方程式を解く** 微分方程式(3.1)より積分形の式(3.2)を導け．

[答] ラプラス変換は微分方程式を解く有力な方法である．関数 $F(t)$ のラプラス変換 $f(s)$ は次のように定義される．

$$f(s) = \mathcal{L}[F(t)] = \int_0^\infty e^{-st} F(t)\, dt \tag{3.4}$$

ただし，$F(t)$ は $t<0$ のときゼロである．微分関数 $dF(t)/dt$ のラプラス変換を考えると

$$\begin{aligned}\mathcal{L}\left[\frac{dF(t)}{dt}\right] &= \int_0^\infty \left[\frac{dF(t)}{dt}\right] e^{-st}\, dt \\ &= [F(t)\, e^{-st}]_0^\infty - \int_0^\infty F(t)\, d(e^{-st}) \\ &= -F(t=0) + s\int_0^\infty F(t)\, e^{-st}\, dt \\ &= -F(t=0) + s f(s) \end{aligned} \tag{3.5}$$

式(3.1)の第2式にラプラス変換を応用する．第2式に第1式の結果を代入すると

$$\frac{d[B]}{dt} = k_1[A]_0 e^{-k_1 t} - k_2[B] \tag{3.6}$$

となる．この式の両辺のラプラス変換をとると

$$sb(s) - [B]_0 = \frac{k_1[A]_0}{s+k_1} - k_2 b(s) \tag{3.7}$$

を得る．ここで，$\mathcal{L}(e^{at})=1/(s-a)$ の関係を用いた．また，$b(s)$ は $[B]$ のラプラス変換である．いま，$[B]_0=0$ であるから

$$b(s) = k_1[A]_0 \frac{1}{s+k_1} \frac{1}{s+k_2} \tag{3.8}$$

となる．ここで，

$$\mathcal{L}\left[\frac{1}{a-b}(e^{at}-e^{bt})\right] = \frac{1}{(s-a)(s-b)}$$

の関係があるから，式(3.8)の両辺の逆ラプラス変換をとると

$$[B] = [A]_0 \frac{k_1}{k_1-k_2}(e^{-k_2 t} - e^{-k_1 t}) \quad (=\text{式}(3.2))$$

の結果を得る．なお，$k_1 = k_2$ の場合，

$$\mathcal{L}[t\,e^{at}] = \frac{1}{(s-a)^2}$$

の関係より

$$[B] = [A]_0 k_1 t\, e^{-k_1 t} \tag{3.9}$$

となる．

　ラプラス変換は有用であるが，微分方程式の各項が変数に比例する線形微分方程式にしか応用できない．2次反応を含む複合反応の反応方程式は非線形連立微分方程式なので，その積分形を関数の形で得ることは一般的にはできない．　□

　逐次反応(R3.1)の各成分の時間変化を図3-1に与える．Aが指数関数的に減少するのに対応してBが生成するが，B→Cの反応が同時に起こるためBの濃度はある反応時間の経過後にピークとなる．Cの生成はBがある程度蓄積されるのを待って起こるので，$t=0$ において $d[C]/dt=0$ で，変曲点をもつ曲線に沿って $[C]$ が時間変化をする．つまり，Cの生成には**誘導期**(induction period)が必要である．

　反応の第1段階と第2段階の速度定数の相対的な大きさが $k_1 \ll k_2$ の場合，

$$[B] \approx 0$$
$$[C] \approx [A]_0(1-e^{-k_1 t})$$

となる．B→Cの反応速度は非常に大きく，したがって，Bは反応活性に富む反応中間体であり，Bの濃度は非常に小さい．AからC

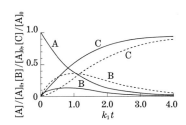

図 3-1　A→B→C の逐次反応における A, B, C の濃度変化．実線は，$k_1 = k_2/10$，破線は，$k_1 = k_2$ の場合の計算値．

を生成する速度は k_1 で決まり，A → B が**律速段階**（rate-determining step）となっている．この場合，反応の始めと終わりだけに着目しているだけでは，反応中間体 B の存在を見過ごす可能性がある．実際，反応中間体であるラジカル，イオン，エネルギー過剰中間体などの多くは，反応速度研究の進歩にともなって見出されたものである．反応の第 1 段階と第 2 段階の速度定数が逆に $k_1 \gg k_2$ の場合，

$$[B] \approx [A]_0 e^{-k_2 t}$$
$$[C] \approx [A]_0 (1 - e^{-k_2 t})$$

となって，反応があたかも B から出発したようになる．すなわち，A から C を生成する過程において，B → C が律速段階となっている．

活性な反応中間体が重要な役割を果たす複合反応について，反応中間体の濃度に対して**定常状態**（stationary state）**の近似**をすることがある．（R3.1）の反応の場合，B が反応中間体で

$$\frac{d[B]}{dt} = 0 = k_1[A] - k_2[B] \qquad (3.10)$$

の近似が成立する．すると，

$$\begin{aligned} [B] &= [A]_0 \frac{k_1}{k_2} e^{-k_1 t} = \frac{k_1}{k_2}[A] \\ [C] &= [A]_0 \left[1 - \left(1 + \frac{k_1}{k_2}\right) e^{-k_1 t}\right] \end{aligned} \qquad (3.11)$$

となる．これと正確な解である(3.2),(3.3)と比較すると，

$$k_2 \gg k_1, \quad t \gg \frac{1}{k_2}$$

の条件が満たされるとき，式(3.11)の近似が成立することがわかる．第 1 の条件は，定常濃度を仮定した反応中間体の反応速度が大きい，つまり，反応活性に富んでいることを意味している．第 2 の条件は，反応中間体の濃度が定常に達した後の時間領域で定常状態の仮定を適用すべきことを意味している．なお，複合反応において，反応を支配する活性な反応中間体に対する定常状態の仮定は，反応機構について見通しを得るのに有効な場合が多い．

▶ 定常状態近似
反応中間体の生成と消滅のバランスを仮定して，その濃度を一定とする近似．実際には反応中間体の濃度は時間とともに変化しているが，その変化は小さい．

例題 3.2 放射性元素の壊変定数の決定 自然界に存在する放射性元素の壊変は定常状態となっている．いま，ウラニウム鉱物瀝青ウラン鉱を分析したところ Ra と U の原子比は 3.40×10^{-7} であった．U の放射壊変の半減期を求めよ．なお，Ra の半減期は 1590 年と決定されている．

[答] ^{238}U から ^{226}Ra への崩壊は ^{238}U $\xrightarrow{k_1}$ ^{234}Th $\xrightarrow{k_2}$ ^{234}Pa $\xrightarrow{k_3}$ ^{234}U $\xrightarrow{k_4}$ ^{230}Th $\xrightarrow{k_5}$ ^{226}Ra $\xrightarrow{k_6}$ のように進むが，定常状態では，初段と各段の物質濃度比は，それぞれの壊変速度定数比となる．すなわち，[Ra]/[U] $= k_1/k_6$．したがって，U の半減期は $1590\,y / 3.40 \times 10^{-7} = 4.68 \times 10^9\,y$ である． □

並列反応

ある反応物 A が複数の異なる化学種 B, C を生成する反応を**並列反応**(parallel reaction)という．それらが 1 次反応であれば

$$A \xrightarrow{k_1} B$$
$$A \xrightarrow{k_2} C \tag{R3.2}$$

のように書ける．反応速度式は，

$$-\frac{\mathrm{d}[A]}{\mathrm{d}t} = (k_1 + k_2)[A]$$
$$\frac{\mathrm{d}[B]}{\mathrm{d}t} = k_1[A] \tag{3.12}$$
$$\frac{\mathrm{d}[C]}{\mathrm{d}t} = k_2[A]$$

である．したがって，$[A]_0$ を $t=0$ における A の濃度とすれば，

$$[A] = [A]_0\, \mathrm{e}^{-(k_1+k_2)t}$$
$$[B] = \frac{k_1}{k_1+k_2}[A]_0[1 - \mathrm{e}^{-(k_1+k_2)t}] \tag{3.13}$$
$$[C] = \frac{k_2}{k_1+k_2}[A]_0[1 - \mathrm{e}^{-(k_1+k_2)t}]$$

の濃度変化が得られる．[B] および [C] の生成速度はともに k_1+k_2 である．ただし，生成物濃度の比率は，つねに

$$[B] : [C] = k_1 : k_2$$

のようにそれぞれを生成する速度定数の比率となっている．これを**分岐比**(branching ratio)ということもある．

可逆反応

反応物から生成物へ向かう反応と逆方向の反応がともに起こる場合，**可逆反応**(reversible reaction)とよばれる．1 次反応を仮定すると

$$[A] \underset{k_-}{\overset{k_+}{\rightleftarrows}} [B] \tag{R3.3}$$

である．反応速度式は

$$\frac{\mathrm{d}[A]}{\mathrm{d}t} = -k_+[A] + k_-[B] \tag{3.14}$$

となる．いま，$t \to \infty$ の場合，平衡状態に達するので上式は 0 で

$$\frac{[B]_{\mathrm{eq}}}{[A]_{\mathrm{eq}}} = \frac{k_+}{k_-} = K \tag{3.15}$$

となる．ここで，$[A]_{eq}, [B]_{eq}$は平衡濃度，Kは平衡定数である．ここで，$[A]+[B]=$一定の条件があるからxを変数として

$$[A] = [A]_{eq} + x$$
$$[B] = [B]_{eq} - x$$

と書くことができる．反応速度式(3.14)は

$$\frac{dx}{dt} = -(k_+ + k_-)x \tag{3.14'}$$

と書き直せる．積分形は

$$x = x_0 e^{-(k_+ + k_-)t} \quad \text{または} \quad [A] - [A]_{eq} = ([A]_0 - [A]_{eq})e^{-(k_+ + k_-)t} \tag{3.16}$$

となる．反応初期の$[A]_0$と$[A]_{eq}$との差が時間とともにゼロに近づく．その差が$1/e$となる時間を**緩和時間**(relaxation time)といい，

$$\tau = \frac{1}{k_+ + k_-} = \frac{1}{k_-(1+K)} \tag{3.17}$$

と定義される．これは平衡状態へ到達するための時間と考えてよい．図3-2に反応初期において$[A] = [A]_0, [B] = 0$の場合の平衡状態への接近の様子を示した．

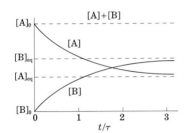

図3-2 正逆反応($t=0$において$[A]=[A]_0$，$[B]=0$の場合)の反応物濃度の時間変化．反応物，生成物とも指数関数的にそれぞれ平衡値$[A]_{eq}, [B]_{eq}$へ近づく．

例題 3.3 $H^+ + OH^-$の中和反応の速度定数を求める 純水(23℃)の温度を急激に微小変化させたとき(温度ジャンプ法)，電導度の変化の緩和時間τは3.7×10^{-5} sであった．中和反応の速度定数を求めよ．ただし，水のイオン積は1.008×10^{-14} mol^2 dm^{-6}である．

[答] 水のイオン解離の平衡反応は

$$H^+ + OH^- \underset{k_{-1}}{\overset{k_1}{\rightleftharpoons}} H_2O \tag{R3.4}$$

である．いま，$x = [H^+] - [H^+]_{eq} = [OH^-] - [OH^-]_{eq} = [H_2O]_{eq} - [H_2O]$とする．ここで，eqのついた濃度は平衡濃度である．温度ジャンプ後の反応速度式は

$$-\frac{dx}{dt} = k_1([H^+]_{eq} + x)([OH^-]_{eq} + x) - k_{-1}([H_2O]_{eq} - x)$$
$$= k_1 x^2 + (k_1[H^+]_{eq} + k_1[OH^-]_{eq} + k_{-1})x$$

となる．ここで平衡定数Kの関係式$K = k_1/k_{-1} = [H_2O]_{eq}/[H^+]_{eq}[OH^-]_{eq}$を使用している．第1項の$x^2$の寄与は小さいものとして無視すると，速度式は緩和方程式

$$-\frac{dx}{dt} = \frac{x}{\tau}, \quad \frac{1}{\tau} = k_1([H^+]_{eq} + [OH^-]_{eq} + K^{-1})$$

に帰着する．ここで$[H^+]_{eq} = [OH^-]_{eq} = 1.00\times 10^{-7}$ mol dm^{-3}，$[H_2O]_{eq} = 55.5$ mol dm^{-3}である．したがって，$K = 5.51\times 10^{15}$ dm^3 mol^{-1}で，その逆数K^{-1}は無視できるほど小さい．したがって，$k_1 = 1/(3.7\times 10^{-5}$ s$)(2\times 1.00\times 10^{-7}$ mol dm$^{-3}) = 1.34\times 10^{11}$ dm^3 mol^{-1} s^{-1}となる．この値の意義については，第8章§2で議論をする．□

§2 素反応のケーススタディ

ポイント 化学反応の基本をなす素反応の特徴，とくに速度定数を支配している因子を探る．

前章では，反応速度が反応物の濃度の何乗に比例するかで反応次数を定義した．それは実験結果に基づく定義であった．素反応の場合には，反応に関わる分子の数という意味で，反応次数を**分子数**（molecularity）とよぶ．素反応は反応分子どうしの衝突によって起こるので，その分子数は2となる．ただし，第3体の存在下での分子衝突による反応については分子数は3である．

素反応を分子数および反応形式によって分類すると次のようになる．

単分子反応（unimolecular reaction）
　異性化反応（isomerization）　$A \longrightarrow B$　　　　　　　（R3.5）
　解離反応（dissociation）　　　$AB \longrightarrow A+B$　　　　（R3.6）

2分子反応（bimolecular reaction）
　置換反応（substitution）・引き抜き反応（abstraction）
　　　　　　　　　　　　　　　$A+BC \longrightarrow AB+C$　（R3.7）
　交換反応（exchange）　　　　$AB+CD \longrightarrow AC+BD$　（R3.8）
　付加反応（addition）・会合反応（association）
　　　　　　　　　　　　　　　$A+B \longrightarrow AB$　　　　（R3.9）
　解離反応（dissociation）　　　$AB+M \longrightarrow A+B+M$　（R3.10）

3分子反応（termolecular reaction）
　再結合反応（recombination）・会合反応（association）
　　　　　　　　　　　　　　　$A+B+M \longrightarrow AB+M$　（R3.11）

ここで，Mは**第3体**（third body）で，反応過程においてエネルギー移動を媒介する役割を演ずる．

単分子反応：リンデマン機構

解離反応や異性化反応では，反応分子は活性化エネルギーを第3体分子との衝突によって獲得する．衝突による活性化や脱活性化を含めた解離や異性化反応を**単分子反応**という．単分子反応の機構を最初に提案したのは，リンデマン（F. A. Lindemann）で1922年のことであった．

いま，反応分子を記号Aで表すこととする．反応がAだけの系で行われれば，衝突相手はAであるが，Aの反応を第3体気体中で

行う場合，Aの衝突相手はAまたはMである．ここではAの衝突相手をMの記号で代表して書くこととする．リンデマンの提案した機構のうち，活性化，脱活性化の過程は

$$A + M \underset{k_{-1}}{\overset{k_1}{\rightleftarrows}} A^* + M \tag{R3.12}$$

で，活性分子A^*が解離や異性化をする反応過程は

$$A^* \xrightarrow{k_2} \text{生成物} \tag{R3.13}$$

である．単分子反応の速度定数k_{uni}は

$$-\frac{d[A]}{dt} = k_{\mathrm{uni}}[A] \tag{3.18}$$

で定義される．リンデマン機構を仮定して，k_{uni}を求めよう．活性分子は，生成と消滅のバランスによってその濃度は定常状態の条件を満足している．したがって，

$$\frac{d[A^*]}{dt} = k_1[A][M] - k_{-1}[A^*][M] - k_2[A^*] = 0$$

が成立し，A^*の定常濃度は

$$[A^*] = \frac{k_1[A][M]}{k_{-1}[M] + k_2} \tag{3.19}$$

となる．Aの濃度の減少速度はA^*の反応する速度に等しいから

$$-\frac{d[A]}{dt} = k_2[A^*] = \frac{k_1 k_2[A][M]}{k_{-1}[M] + k_2}$$

である．したがって，単分子反応の速度定数は

$$k_{\mathrm{uni}} = \frac{(k_1/k_{-1})k_2}{1 + (k_2/k_{-1}[M])} \tag{3.20}$$

である．リンデマン機構によって単分子反応速度の圧力依存性を理解することができる．すなわち，高圧の極限，$[M] \to \infty$では，

$$k_{\mathrm{uni}}^{\infty} = \left(\frac{k_1}{k_{-1}}\right)k_2 \tag{3.21}$$

となって，1次反応で反応が進行する．一方，低圧の極限，$[M] \to 0$では，

$$k_{\mathrm{uni}}^0 = k_1[M] \tag{3.22}$$

となって，反応は活性化過程が律速となって2次反応で進行する．

リンデマン機構は，反応分子の活性化状態のエネルギー分布や反応速度のエネルギー依存を考えない簡単な機構である．したがって，それは単分子反応速度の圧力依存を定性的に説明はするが，実際の反応を解釈することはできない．単分子反応理論の発展については，第7章§2で改めて議論することとする．

例題 3.4 シクロプロパンの異性化反応にリンデマン機構を当てはめる

764 K におけるシクロプロパンの異性化反応

$$\underset{CH_2 — CH_2}{\overset{CH_2}{\diagup\diagdown}} \longrightarrow CH_3CH=CH_2 \tag{R3.14}$$

の単分子反応速度定数をいろいろな圧力で測定し，表 3-1 に示した．リンデマン機構があてはまるかどうかを確かめよ．

表 3-1　シクロプロパンの異性化反応速度定数の測定値（764 K）

p/Torr	660	348	187	84.1	31.9	10.7	3.17	1.00	0.25	0.10
$k_{\mathrm{uni}}/10^{-4}\,\mathrm{s}^{-1}$	5.49	5.41	5.16	4.76	4.28	3.45	2.48	1.72	0.945	0.573

[M. C. Lin and K. J. Laidler, *Trans. Faraday. Soc.* **64**, 927 (1968)]

[答]　リンデマン機構の単分子反応速度定数を示す式(3.20)によれば，

$$\frac{1}{k_{\mathrm{uni}}} = \frac{k_{-1}}{k_1 k_2} + \frac{1}{k_1[\mathrm{M}]} = \frac{1}{k_{\mathrm{uni}}^{\infty}} + \frac{1}{k_1[\mathrm{M}]} \tag{3.23}$$

である．k_{uni}^{-1} を圧力の逆数の関数でプロットすると直線関係が得られるはずである．表 3-1 のデータから k_{uni}^{-1} を p^{-1} の関数でプロットすると，図 3-3 に示すようにリンデマン機構から予想されるような直線関係は成立しない．リンデマン機構の欠点とその改良については，第 7 章 §2 を参照されたい．リンデマン機構は，問題を単純化しすぎているが，問題の本質を突いた考え方である．したがって，エネルギー移動が反応の進行を支配する場合，リンデマン機構を採用して反応速度の圧力依存性を説明することが多い．□

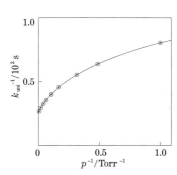

図 3-3　シクロプロパンの異性化反応速度の圧力依存性．k_{uni}^{-1} vs. p^{-1} のプロット．

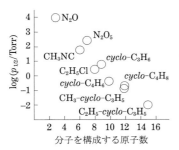

図 3-4　単分子反応の漸下圧を，反応分子を構成する原子の数でプロットした図．

どんな分子でも第 3 体圧力を選べば，単分子反応的な解離や異性化反応を行うであろうか？　その程度を表す圧力として，単分子反応速度が高圧極限値 $k_{\mathrm{uni}}^{\infty}$ の 1/2 となる第 3 体圧力を定義する．これを**漸下圧**（fall-off pressure）という．式(3.20)，(3.21)によれば，$k_{\mathrm{uni}} = k_{\mathrm{uni}}^{\infty}/2$ となる第 3 体濃度は

$$[\mathrm{M}]_{1/2} = k_2/k_{-1} \tag{3.24}$$

である．脱励起の衝突速度定数が大きい反応の漸下圧は低く，それが小さい場合，漸下圧は高い．図 3-4 に単分子反応を行う分子の漸下圧をその構成原子数でプロットした．複雑な分子の漸下圧は低く，

表 3-2　単分子反応の速度定数（高圧極限値）の例

反応物	生成物	A/s^{-1}	E_{a}/kJ mol^{-1}	温度範囲/K
開環異性化				
シクロプロパン	プロペン	1.41×10^{15}	272	690 - 1450
シクロブタン	2C$_2$H$_4$	8.4×10^{15}	266	666 - 1280
脱離				
C$_2$H$_5$F	C$_2$H$_4$+HF	1.26×10^{13}	241	683 - 1659
C$_2$H$_5$Cl	C$_2$H$_4$+HCl	2.70×10^{13}	234	675 - 1400
解離				
エタン	CH$_3$+CH$_3$	1.52×10^{15}	339	750 - 2500
アゾメタン	2CH$_3$+N$_2$	4.65×10^{15}	212	513 - 626
ジメチルペルオキシド	CH$_3$O+CH$_3$O	1.72×10^{15}	160	383 - 454
異性化				
cis-2-ブテン	*trans*-2-ブテン	3.6×10^{13}	258	683 - 1325
CH$_3$NC	CH$_3$CN	3.8×10^{13}	161	393 - 600

単純な分子のそれは高い．もっとも単純な 2 原子分子では，どんな圧力でも 2 分子反応であって単分子反応の振る舞いをしない．これらの理由については，第 6 章で改めて学ぶこととする．

2 分子反応：引き抜き反応

原子またはラジカルによる水素引き抜き反応

$$R + R'H \longrightarrow RH + R' \qquad (R3.15)$$

が典型例である．反応活性に富む原子やラジカルの反応では，活性化エネルギーが小さく，速度定数は衝突の頻度に近くなる．表 3-3 には，4 種類のラジカル，原子の水素引き抜き反応の速度定数が比較されている．活性化エネルギーは，HO_2, O, HO, F の順に小さくなり，反応活性の度合いを反映している．HO, F の水素引き抜き反応はほとんど衝突頻度に近い速度で進行する．

表 3-3 引き抜き反応の速度定数の例

反応	$A/\mathrm{cm}^3\,\mathrm{molecule}^{-1}\,\mathrm{s}^{-1}$	$E_\mathrm{a}/\mathrm{kJ\,mol}^{-1}$	温度範囲/K
$HO_2 + H_2 \to H_2O_2 + H$	2.2×10^{-11}	85.6	500 – 1000
$HO_2 + C_2H_6 \to H_2O_2 + C_2H_5$	5×10^{-11}	108.9	300 – 2500
$O + H_2 \to OH + H$	$8.49 \times 10^{-20}(T/\mathrm{K})^{2.67}$	26.3	300 – 2500
$O + C_2H_6 \to OH + C_2H_5$	$1.66 \times 10^{-15}(T/\mathrm{K})^{1.5}$	24.3	300 – 1200
$HO + H_2 \to H_2O + H$	$1.7 \times 10^{-16}(T/\mathrm{K})^{1.6}$	13.8	300 – 2500
$HO + C_2H_6 \to H_2O + C_2H_5$	$1.2 \times 10^{-17}(T/\mathrm{K})^2$	3.6	250 – 2000
$F + H_2 \to HF + H$	1.4×10^{-10}	4.1	200 – 375
$F + C_2H_6 \to HF + C_2H_5$	7.1×10^{-10}	2.9	210 – 363

▶ O 原子の基底状態は ^3P 状態である．第 5 章 §2 参照．

▶ 共鳴原子線
原子の電子基底状態から第 1 励起状態への遷移スペクトル線．それは基底状態原子に共鳴的に吸収される．第 5 章参照．

例題 3.5　C-H 結合の引き抜き反応速度定数の加算性の検証　NO_2 や SO_2 とアルカンの混合気体に紫外光を照射すると NO_2 や SO_2 が解離して電子基底状態の O 原子を生成する．O 原子は過剰に存在するアルカンとの水素引き抜き反応の擬 1 次反応によって消滅する．したがって，共鳴原子線励起による蛍光測定，または，質量分析などの手段で O 原子の濃度変化を求めることによって(R3.16)の速度定数を決定できる．1000 K における反応

$$O + n\text{-}C_nH_{2n+2} \longrightarrow HO + n\text{-}C_nH_{2n+1} \qquad (R3.16)$$

の速度定数を表 3-4 に与えた．反応速度定数が第 2 級 C-H 結合について加算性があるかどうかを確かめよ．

表 3-4　$O + n\text{-}C_nH_{2n+2} \to HO + n\text{-}C_nH_{2n+1}$ の反応速度定数(1000 K)

n	2	3	4	5	6
$k/10^{-11}\,\mathrm{cm}^3\,\mathrm{molecule}^{-1}\,\mathrm{s}^{-1}$	0.42	0.97	2.30	2.69	3.15

[A. Miyoshi, K. Tsuchiya, N. Yamauchi and H. Matsui, *J. Phys. Chem.* **98**, 11452(1994)]

[答]　もし，第 1 級 C-H 結合と第 2 級 C-H 結合の水素引き抜き反応速

度定数について加算性があれば，$k = 6k_{\text{pri}} + (2n-4)k_{\text{sec}}$ となるはずである．図 3-5 に速度定数をプロットした．n-アルカンの反応では，第 2 級 C-H 結合の数と速度定数の間におよその相関の存在がわかる．

O 原子によるアルカンからの水素引き抜き反応において，アルカンの第 1 級，第 2 級，第 3 級 C-H 結合のそれぞれの速度定数への寄与を総和したものと解釈できる．実験で求められた O 原子のアルカン各 C-H 結合からの H 原子引き抜き反応の速度定数を次に示す．

$$\begin{aligned}
&k_{\text{pri}}/\,\text{cm}^3\,\text{molecule}^{-1}\,\text{s}^{-1}\\
&\quad = 2.30 \times 10^{-22}(T/\text{K})^{3.469} \exp(-12.94\,\text{kJ mol}^{-1}/RT)\\
&k_{\text{sec}}/\,\text{cm}^3\,\text{molecule}^{-1}\,\text{s}^{-1}\\
&\quad = 9.37 \times 10^{-22}(T/\text{K})^{3.269} \exp(-6.918\,\text{kJ mol}^{-1}/RT)\\
&k_{\text{ter}}/\,\text{cm}^3\,\text{molecule}^{-1}\,\text{s}^{-1}\\
&\quad = 4.17 \times 10^{-16}(T/\text{K})^{1.444} \exp(-6.826\,\text{kJ mol}^{-1}/RT)
\end{aligned} \tag{3.25}$$

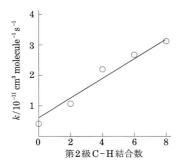

図 3-5 $O + n\text{-}C_nH_{2n+2} \rightarrow OH + n\text{-}C_nH_{2n+1}$ の反応速度定数 (1000 K) と第 2 級 C-H 結合の数との相関．

□

例題 3.6 活性化エネルギーと反応エネルギーとの関係を探る　O 原子によるアルカンなどの C-H 結合からの H 原子引き抜き反応において，図 3-6 に示すように活性化エネルギー E_a と C-H 結合エネルギー $D(\text{C-H})$ の間には相関がある．この関係はポラニ-エバンス (Polanyi-Evans) 規則とよばれ，

$$E_a = \alpha D(\text{C-H}) - \text{定数} \tag{3.26}$$

のように表される．ここで，α は定数．この関係はどのような機構に基づくものか？

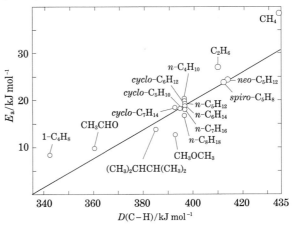

図 3-6 反応 $O + RH \rightarrow HO + R$ の活性化エネルギーと C-H 結合エネルギーの関係．n-アルカン，1,2-テトラメチルエタン，1-ブテンでは第 2 級 C-H の H 引き抜きが，アセトアルデヒドではアルデヒド基の H 引き抜きが起こるとする．[J. T. Herron and R. E. Huie, *J. Phys. Chem. Ref. Data* **2**, 457(1973)]

[答]　　$O + H\text{-}R \longrightarrow (O\cdots H\cdots R)^{\ddagger} \longrightarrow HO + R$

において，反応系と遷移状態とのエネルギー差が活性化エネルギー E_a で，反応系と生成系のエネルギー差が反応エネルギー (R-H と H-O の結合

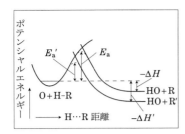

図 3-7 O+HR → HO+R の反応のポテンシャルエネルギー曲線と反応エネルギーとの相関を説明する概念図. O と HR, HR' との反応の活性化エネルギーの差は, 反応エネルギーの差に帰着できる.

エネルギーの差)である. この間の関係を粗い近似で説明しよう. 反応系から遷移状態へ至るポテンシャルエネルギー曲面の勾配は, R の種類によってあまり変わらないが, 遷移状態から生成系に至るポテンシャルエネルギーの曲面は, 反応が発熱的になるほど, つまり, D(C-H) が小さくなるほど, エネルギーの低い方へ平行移動する. その結果, 図3-7に示すように活性化エネルギーは低くなる. ポラニ–エバンス規則は, O 原子とアルカンの反応に限ったものではなく, 原子やラジカルが同種の原子を一連の化合物から引き抜く場合に提案された経験則である. □

2 または 3 分子反応：付加／会合反応

ラジカル R と R' が会合して生成する分子 RR'* や原子・ラジカルが二重結合に付加して生成するラジカルは, エネルギーを過剰にもつ. したがって, このような反応を**化学活性化**(chemical activation)反応ということもある. 会合分子 RR'* や付加生成分子は第3体分子の衝突がないかぎり, もとのラジカルに戻るか, 別の解離・異性化反応を行うかのどちらかである. 反応機構は

$$\mathrm{R} + \mathrm{R}' \underset{k_{-1}}{\overset{k_1}{\rightleftharpoons}} \mathrm{RR}'^* \begin{array}{c} \overset{k_\mathrm{a}}{\nearrow} \mathrm{D}(\text{解離反応生成分子, dissociation product}) \\ \underset{k_\mathrm{s}[\mathrm{M}]}{\searrow} \mathrm{RR}'(\text{安定化分子, stabilized product}) \end{array}$$

(R3.17)

となる. ここで, k_a を RR'* の解離反応速度, k_s を RR'* の過剰エネルギーをとり去る安定化の衝突速度定数とする. RR'* の濃度に対して定常状態を仮定してよいから

$$[\mathrm{RR}'^*] = \frac{k_1[\mathrm{R}][\mathrm{R}']}{k_{-1} + k_\mathrm{a} + k_\mathrm{s}[\mathrm{M}]} \tag{3.27}$$

となり, 安定化分子の生成速度は

$$\frac{d[\mathrm{RR}']}{dt} = \frac{k_1 k_\mathrm{s}[\mathrm{R}][\mathrm{R}'][\mathrm{M}]}{k_{-1} + k_\mathrm{a} + k_\mathrm{s}[\mathrm{M}]} \tag{3.28}$$

で, 解離生成物の生成速度は

$$\frac{d[\mathrm{D}]}{dt} = \frac{k_1 k_\mathrm{a}[\mathrm{R}][\mathrm{R}']}{k_{-1} + k_\mathrm{a} + k_\mathrm{s}[\mathrm{M}]} \tag{3.29}$$

である. したがって, 解離生成物(D)と安定化分子(RR')の濃度比は,

表 3-5 付加・会合反応の速度定数の例(低圧および高圧極限値)

反応	低圧極限値/cm^6 molecule^{-2} s^{-1}	高圧極限値/cm^3 molecule^{-1} s^{-1}	温度範囲/K
H+C$_2$H$_4$ $\xrightarrow{\text{He}}$ C$_2$H$_5$	$1.39 \times 10^{-29} \exp(-4.7\,\text{kJ mol}^{-1}/RT)$	$4.39 \times 10^{-11} \exp(-9.0\,\text{kJ mol}^{-1}/RT)$	285–600
Cl+C$_2$H$_4$ $\xrightarrow{\text{N}_2}$ C$_2$H$_4$Cl	1.6×10^{-29}	3.05×10^{-10}	295
O+O$_2$ $\xrightarrow{\text{N}_2}$ O$_3$	$4.83 \times 10^{-27} (T/\text{K})^{-2.8}$	2.8×10^{-12}	200–300
CH$_3$+O$_2$ $\xrightarrow{\text{N}_2}$ CH$_3$O$_2$	$1.19 \times 10^{-19} (T/\text{K})^{-3}$	$1.8 \times 10^{-12} (T/\text{K})^{1.7}$	200–300
CH$_3$+CH$_3$ $\xrightarrow{\text{Ar}}$ C$_2$H$_6$	$3.5 \times 10^{-7} T^{-7} \exp(-11.5\,\text{kJ mol}^{-1}/RT)$	6×10^{-11}	300–2000

$$\frac{[D]}{[S]} = \frac{k_a}{k_s[M]} \tag{3.30}$$

となる．衝突頻度は圧力に比例するから高圧極限では $[D]/[S]=0$ となるはずである．どのような第3体分子の圧力で高圧極限に達するかは，RR'^* の寿命に依存する．寿命が長ければ比較的低い圧力で高圧極限に達する．

例題 3.7 塩化メチレンラジカルの再結合反応の $[D]/[S]$ の解析 塩化メチレンラジカルを光化学反応によって生成させると，再結合反応

$$CH_2Cl + CH_2Cl \rightleftharpoons CH_2ClCH_2Cl^* \begin{array}{c} \xrightarrow{k_a} CH_2CHCl + HCl \\ \xrightarrow{k_s[M]} CH_2ClCH_2Cl \end{array}$$

(R3.18)

が起こる．反応系(298 K)には，第3体として H_2 が過剰に存在し，その圧力の関数で生成物の $[CH_2CHCl]/[C_2H_4Cl_2]$ の比率を求めた．結果を表 3-6 に示す．いま，安定化の衝突の速度定数を $k_s = 2.2 \times 10^{-10}\,\mathrm{cm^3\,molecule^{-1}\,s^{-1}}$ とするとき，$CH_2ClCH_2Cl^*$ の寿命の上限を求めよ．

表 3-6 $CH_2Cl + CH_2Cl$ の反応における生成物比 $[CH_2CHCl]/[C_2H_4Cl_2]$ の圧力依存

p/Torr	52	26	12	7.0	4.8
$[CH_2CHCl]/[C_2H_4Cl_2]$	0.24	0.58	1.25	2.03	2.85

[J. C. Hassler, D. W. Setser and R. L. Johnson, *J. Chem. Phys.* **45**, 3231(1966)]

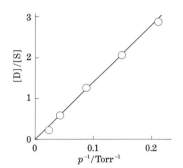

図 3-8 CH_2Cl ラジカル会合反応における生成物比 $[CH_2CHCl]/[C_2H_4Cl_2] = [D]/[S]$ を第3体(H_2)圧力の逆数の関数でプロットした図．

［答］表 3-6 の $[CH_2CHCl]/[C_2H_4Cl_2]=[D]/[S]$ を圧力の逆数でプロットすると，図 3-8 のように直線関係が得られ，式(3.30)が実証される．直線の勾配は 14.1 Torr となる．298 K, 1 Torr の気体の密度は，$(133.3\,\mathrm{Pa}/1.38 \times 10^{-23}\,\mathrm{J\,K^{-1}} \times 298\,\mathrm{K}) \times 10^{-6} = 3.2 \times 10^{16}\,\mathrm{molecule\,cm^{-3}}$ である．したがって，$k_a/k_s[M] = k_a/2.2 \times 10^{-10}\,\mathrm{cm^3\,molecule^{-1}\,s^{-1}} \times 3.2 \times 10^{16}\,\mathrm{molecule\,cm^{-3}\,Torr^{-1}} = 14.1\,\mathrm{Torr}$，よって，$k_a = 9.9 \times 10^7\,\mathrm{s^{-1}}$ となる．ラジカルのエネルギー過剰再結合錯体の寿命は，$1/(k_{-1}+k_a)$ であるから，寿命は $1/k_a = 1 \times 10^{-8}\,\mathrm{s}$ よりも短い． □

例題 3.8 会合反応の速度定数の高圧極限と低圧極限を求める 反応(R3.18)で RR' を生成する見かけの速度定数を定義し，その高圧極限と低圧極限を求めよ．

［答］式(3.28)に RR' 生成の速度式が与えられている．高圧極限 $[M] \to \infty$ の場合

$$\frac{d[RR']}{dt} = k_1[R][R']$$

となる．したがって，見かけの会合反応は2分子反応で，その見かけの速度定数は

$$k_{\mathrm{app}}^\infty = k_1 \tag{3.31}$$

である．$[M] \to 0$ の低圧極限では，式(3.28)は

$$\frac{\mathrm{d}[\mathrm{RR'}]}{\mathrm{d}t} = \frac{k_1 k_\mathrm{s}}{k_{-1}+k_\mathrm{a}}[\mathrm{R}][\mathrm{R'}][\mathrm{M}]$$

となり，会合反応は3分子反応で

$$k_\mathrm{app}^0 = \frac{k_1 k_\mathrm{s}}{k_{-1}+k_\mathrm{a}} \tag{3.32}$$

の速度定数をもつ． □

分子内振動エネルギー移動速度の決定

ラジカルが分子の二重結合に付加するとき，発生する過剰エネルギーは，反応初期の段階では付加反応の結果変化する構造部分に局在し，後にそれが生成分子全体に平衡分布すると考えるのが自然であろう．ラビノビッチ（B. S. Rabinovitch）と共同研究者は，メチレンの二重結合付加反応で，分子内で過剰エネルギーが移動して平衡分布状態となる速さを測定することに成功した．すなわち，次の化学活性化反応

$$\begin{array}{c}\mathrm{CF}_2\\|\\\mathrm{CH}_2\end{array}\!\!\!\!>\!\mathrm{CF\text{-}CF\!=\!CF_2} + \mathrm{CD}_2 \rightarrow \begin{array}{c}\mathrm{CF}_2\\|\\\mathrm{CH}_2\end{array}\!\!\!\!>\!\mathrm{CF\text{-}CF}\!<\!\!\!\begin{array}{c}\mathrm{CF}_2^*\\\\\mathrm{CD}_2\end{array} \xrightarrow{+\mathrm{M}} \begin{array}{c}\mathrm{CF}_2\\|\\\mathrm{CH}_2\end{array}\!\!\!\!>\!\mathrm{CF\text{-}CF}\!<\!\!\!\begin{array}{c}\mathrm{CF}_2\\\\\mathrm{CD}_2\end{array}$$

(I)↙ (II)↘

$$\begin{array}{c}\mathrm{CF}_2\\|\\\mathrm{CH}_2\end{array}\!\!\!\!>\!\mathrm{CF\text{-}CF\!=\!CD_2} + \mathrm{CF}_2 \qquad \mathrm{CH}_2\!=\!\mathrm{CF\text{-}CF}\!<\!\!\!\begin{array}{c}\mathrm{CF}_2\\\\\mathrm{CD}_2\end{array} + \mathrm{CF}_2$$

(R3.19)

の生成物(I)と(II)の比率を求めた．(I)の質量スペクトルには$\mathrm{C_3F_3H_2}$（質量数95）が，(II)のそれには$\mathrm{C_3F_3D_2}$（質量数97）のピークが出現する．それらのピーク強度の比率は(I)と(II)の濃度比に等しい．(I)は付加反応で生じた3員環に過剰エネルギーが局在した結果生成したものと考えることができる．一方，(II)は過剰エネルギーが付加して生成した3員環から反対側の元から存在する3員環へ移動した後に環が切断して生成したものである．(I)/(II)の比率は，0.8～310 Torr の圧力範囲で一定で，それ以上の圧力で急激に大きくなる．つまり，高い圧力では，分子内のエネルギー移動が衝突間の時間内で不完全にしか起こらなくなり，エネルギーが局在した中間体からの生成物(I)が多く生成する．データの解析からエネルギー移動は ps $(10^{-12}\,\mathrm{s})$ の単位で起きていると結論された．[J. D. Rynbrandt and B. S. Rabinovitch, *J. Phys. Chem.* **75**, 2164(1971)]

分子内でどの位の速さで振動エネルギーが移動するかは，化学反応の統計理論の前提となる大切な問題である．化学活性化の実験がその問題に最初の解答を与えたことは意義深い．その後，レーザーの進歩によって，光励起に伴うエネルギー移動が直接観測できるようになった．

▶化学活性化反応による分子内振動エネルギーをより詳しく勉強したい読者に次の参考文献を紹介しておく．I. Oref and B. S. Rabinovitch, "Do highly excited reactive polyatomic molecules behave ergodically?", *Acc. Chem. Res.* **12**, 166(1979).

例題 3.9　HO＋CO → H＋CO₂ 反応速度の圧力依存性を考える

この反応は燃焼反応においてきわめて重要である．HOとCOは準安定な錯体をつくり，低温では第3体との衝突によって安定化する．反応機

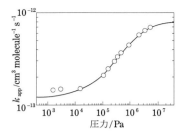

図 3-9 HO+CO の見かけの反応速度定数の 250 K における第 3 体気体の圧力依存性．M = He, Ar．実線は実験値を再現するモデル計算値．[D. Fulle, H. F. Hamann, H. Hippler and J. Troe, *J. Chem. Phys.* **105**, 983(1996) Fig. 6 を編集]

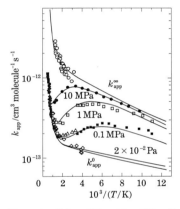

図 3-10 HO+CO → H+CO$_2$ の反応の見かけの 2 次反応速度定数のいろいろな第 3 体気体の圧力下の測定値と反応モデルによる最適化計算値(実線)．
実験値：
M = He, 6.5 MPa (○)，
M = He, 8 MPa (●)，
M = He, 1 MPa (□)，
M = He, 0.1 MPa (■)，
M = Ar, 50 Torr (◇)，
衝撃波実験(▽)．[D. Fulle, H. F. Hamann, H. Hippler and J. Troe, *J. Chem. Phys.* **105**, 983(1996) Fig. 11 を編集]

構は

$$\text{HO} + \text{CO} \underset{k_{-1}}{\overset{k_1}{\rightleftarrows}} \text{HOCO}^* \quad (\text{R3.20})$$

$$\text{HOCO}^* \xrightarrow{k_2} \text{H} + \text{CO}_2 \quad (\text{R3.21})$$

$$\text{HOCO}^* + \text{M} \xrightarrow{k_3} \text{HOCO} \quad (\text{R3.22})$$

である．見かけの反応速度定数の第 3 体圧力依存性を説明せよ．

［答］ [HOCO*] について定常状態を仮定してよい．したがって，

$$[\text{HOCO}^*] = \frac{k_1[\text{HO}][\text{CO}]}{k_{-1} + k_2 + k_3[\text{M}]} \quad (3.33)$$

を得る．見かけの反応速度を [HO] の減少速度で表すと

$$-\frac{d[\text{HO}]}{dt} = k_1[\text{HO}][\text{CO}] - k_{-1}[\text{HOCO}^*] = k_{\text{app}}[\text{HO}][\text{CO}] \quad (3.34)$$

と定義できる．式(3.33)の結果を代入すると

$$k_{\text{app}} = \frac{k_1(k_2 + k_3[\text{M}])}{k_{-1} + k_2 + k_3[\text{M}]} \quad (3.35)$$

となり，見かけの 2 次反応速度定数を定義することができる．[M] → ∞ の高圧極限では

$$k_{\text{app}}^{\infty} = k_1 \quad (3.36)$$

で，[M] → 0 の低圧極限では

$$k_{\text{app}}^0 = \frac{k_1 k_2}{k_{-1} + k_2} \quad (3.37)$$

である．この圧力依存性は実験によって図 3-9 のように実証されている．

HO+CO の見かけの速度定数をアレニウスプロットすると直線から大きくはずれる．それは，高温では HOCO の錯体が安定に存在せず，反応は H+CO$_2$ 生成が主となるからである．図 3-10 に示すように高温では活性化エネルギーが大きくなり，低温では錯体形成のため活性化エネルギーは小さい．中圧力の領域では，錯体形成と H+CO$_2$ 生成とが競合し，負の温度依存性を示す． □

3 分子反応：原子の再結合反応

2 原子分子の結合切断によって生じた原子どうしが再び結合する反応は，3 分子反応で進行する．原子を X の記号で表すと，反応式は

$$\text{X} + \text{X} + \text{M} \longrightarrow \text{X}_2 + \text{M} \quad (\text{R3.23})$$

である．2 つの原子が衝突すると，分子 X$_2$ が生成するが，図 3-11 に示すように解離エネルギーを過剰にもつ X$_2^*$ である．X$_2^*$ はそのままでは，再び解離状態となる．したがって，原子の再結合反応が起こるためには，第 3 体 M が X$_2^*$ に衝突し，X$_2^*$ から過剰エネルギーを奪って結合状態の X$_2$ とする必要がある．したがって，この反応は 3 分子反応

$$\frac{d[\text{X}_2]}{dt} = k_r[\text{X}]^2[\text{M}] \quad (3.38)$$

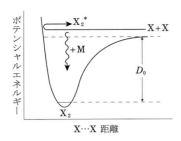

図 3-11 X 原子どうしの再結合反応の衝突モデル.

に従って，進行する．

原子の再結合反応を測定するためには，分子 X_2 と第 3 体気体の混合気体にパルス光を照射して X_2 を光分解し，発生した原子を原子吸光法やその他の手段で時間の関数で分析すればよい．第 3 体分子の濃度は一定であるから，2 次反応の速度式を応用すればよい．

> **例題 3.10　3 体衝突を連続する 2 回の 2 体衝突と解釈する**
> (R3.23) の 3 体衝突の代わりに，2 体衝突錯体にさらに原子または第 3 体が衝突すると考えることもできる．すなわち，
>
> $$X + X \underset{k_{-1}}{\overset{k_1}{\rightleftharpoons}} X_2^*$$
> $$X_2^* + M \xrightarrow{k_2} X_2 + M \qquad (R3.24)$$
>
> または，
>
> $$X + M \underset{k_{-1}}{\overset{k_1}{\rightleftharpoons}} XM$$
> $$XM + X \xrightarrow{k_2} X_2 + M \qquad (R3.25)$$
>
> であるが，どちらの反応でも反応速度式は (R3.23) の反応と同じになることを説明せよ．

［答］ 衝突錯体 X_2^* の濃度について定常状態近似が適用できる．すなわち，

$$\frac{d[X_2^*]}{dt} = k_1[X]^2 - k_{-1}[X_2^*] - k_2[X_2^*][M] = 0$$

より

$$[X_2^*] = \frac{k_1[X]^2}{k_{-1} + k_2[M]}$$

を得る．衝突錯体の第 3 体との衝突による安定化の速度は

$$\frac{d[X_2]}{dt} = k_2[X_2^*][M] = \frac{k_1 k_2 [X]^2 [M]}{k_{-1} + k_2[M]} \qquad (3.39)$$

となる．X_2^* または XM の寿命は，分子振動の周期程度の約 10^{-13} s (第 5 章参照) である．つまり，$k_{-1} \approx 10^{13}$ s^{-1} である．したがって，一般に $k_{-1} \gg k_2[M]$ である．$k_1 k_2 / k_{-1}$ を再結合反応速度定数とすれば 3 分子反応と同じ速度式となる．(R3.25) についても同様である．

k_1, k_2 は衝突頻度 (第 4 章参照) で，約 1×10^{-10} cm^3 molecule^{-1} s^{-1} の値をもつ．したがって，再結合反応の速度定数は $k_r = k_1 k_2 / k_{-1} = (1 \times 10^{-10})^2$ cm^6 molecule^{-2} s^{-2} / 1×10^{13} s^{-1} = 1×10^{-33} cm^6 molecule^{-2} s^{-1} となる．表 3-7 に示すように原子の再結合反応の速度定数の大きさは，およそその程度となっている．　□

表 3-7　原子の再結合反応速度定数の例

再結合反応	速度定数 / cm^6 molecule^{-2} s^{-1}	温度範囲 / K
$H + H + H_2 \longrightarrow H_2 + H_2$	$2.7 \times 10^{-31} (T/K)^{-0.6}$	100 – 5000
$H + H + Ar \longrightarrow H_2 + Ar$	$1.8 \times 10^{-30} (T/K)^{-1}$	300 – 2500
$O + O + Ar \longrightarrow O_2 + Ar$	$5.21 \times 10^{-35} \exp(7.5 \text{ kJ mol}^{-1}/RT)$	200 – 4000
$Br + Br + Ar \longrightarrow Br_2 + Ar$	$4.08 \times 10^{-34} \exp(7.1 \text{ kJ mol}^{-1}/RT)$	290 – 2000

例題 3.11　原子の再結合反応の活性化エネルギーを求める　表 3-8 に 298～585 K の温度範囲で測定した I+I+Ar→I$_2$+Ar の反応速度定数を与えた．アレニウスプロットを試み，活性化エネルギーを求めよ．

表 3-8　再結合反応 I+I+Ar→I$_2$+Ar の速度定数

温度/K	298	336	372	404	444	470	532	585
速度定数 /10^{-33} cm^6 molecule^{-2} s^{-1}	7.8	5.6	4.6	4.0	3.1	3.0	2.6	2.2

［答］　速度定数の対数をとり，温度の逆数に対してプロットすると勾配が正の直線関係を示す．最小2乗法でデータにもっとも近い直線を求めると，下記の式を得る．

$$\ln(k/\text{cm}^6\,\text{molecule}^{-2}\,\text{s}^{-1}) = -76.49 + (6.29\,\text{kJ}\,\text{mol}^{-1}/RT)$$

一般に再結合反応は速度定数が負の温度依存を示し，負の活性化エネルギーをもつ．再結合反応の速度定数は温度の負のべき乗での関数 AT^{-n} で表すこともよくある．上記のデータでは，

$$k = 2.34 \times 10^{-28}(T/\text{K})^{-1.83}\,\text{cm}^6\,\text{molecule}^{-2}\,\text{s}^{-1}$$

となる．　□

原子の再結合と解離反応は正逆反応である．これを反応式で書くと

$$\text{X} + \text{X} + \text{M} \underset{k_\text{d}}{\overset{k_\text{r}}{\rightleftarrows}} \text{X}_2 + \text{M} \quad (\text{R3.26})$$

となる．化学平衡状態では，正反応と逆反応の速度が等しい．すなわち，

$$k_\text{r}[\text{X}]^2[\text{M}] = k_\text{d}[\text{X}_2][\text{M}]$$

の関係が成立する．いま，X$_2$ の解離反応 X$_2$→X+X の濃度平衡定数を K_c とすれば

$$\frac{k_\text{d}}{k_\text{r}} = K_c \quad (3.40)$$

である．濃度平衡定数と圧平衡定数 K_p との関係は $K_c = c^\circ K_p$ (c° は標準状態濃度) であって，圧平衡定数の熱力学による表現は，

$$K_p = e^{-\Delta G/RT}$$
$$= e^{\Delta S/R}e^{-\Delta H/RT} \quad (3.41)$$

である．ここで $\Delta G, \Delta S, \Delta H$ はそれぞれ X$_2$ の解離反応に伴うギブズエネルギー変化，エントロピー変化，エンタルピー変化である．いま，解離による物質量変化を考えると，$\Delta H = D_0 + RT$ である．解離エネルギー D_0 は RT に比べてはるかに大きいので $\Delta H \sim D_0$ としてよい．すると

$$\frac{k_\text{d}}{k_\text{r}} = c^\circ e^{\Delta S/R} e^{-D_0/RT} \quad (3.42)$$

となる．したがって，解離反応と再結合反応の活性化エネルギーをそれぞれ，E_d, E_r とすると

▶ 圧平衡定数は $\dfrac{p(\text{X})^2}{p(\text{X}_2)}\dfrac{1}{p^\circ} = K_p$ である．ここで，$p(\text{X}_2), p(\text{X})$ は X$_2$，X の分圧，p° は標準状態圧力 (1×10^5 Pa) である．$[\text{X}] = p(\text{X})/RT$ であるから，$\dfrac{[\text{X}]^2}{[\text{X}_2]}\dfrac{RT}{p^\circ} = K_p$ となる．標準状態濃度 $c^\circ = p^\circ/RT$ を定義すると，$K_c = c^\circ K_p$ の関係が得られる．

$$E_\mathrm{d} - E_\mathrm{r} = D_0 \tag{3.43}$$

の関係が成立する．原子の再結合反応の活性化エネルギーは一般に負であるから，解離の活性化エネルギーは解離エネルギーよりも小さいという直観的には理解できない結果となる．代表的な2原子分子の解離反応の速度定数と活性化エネルギーを表3-9に示す．

表3-9 2原子分子の解離反応速度定数の頻度因子と活性化エネルギー

解離反応	$A/\mathrm{cm}^3\,\mathrm{molecule}^{-1}\,\mathrm{s}^{-1}$	$E_\mathrm{a}/\mathrm{kJ\,mol}^{-1}$	$D_0/\mathrm{kJ\,mol}^{-1}$
$\mathrm{H_2+Ar \rightarrow H+H+Ar}$	3.7×10^{-10}	402.0	432.07
$\mathrm{D_2+Ar \rightarrow D+D+Ar}$	2.4×10^{-10}	390.8	439.52
$\mathrm{Br_2+Ar \rightarrow Br+Br+Ar}$	3.9×10^{-10}	179.8	189.8
$\mathrm{I_2+Ar \rightarrow I+I+Ar}$	1.37×10^{-10}	126.8	148.9
$\mathrm{HCl+Ar \rightarrow H+Cl+Ar}$	7.3×10^{-11}	342.0	427.7

解離反応の活性化エネルギーが解離エネルギーよりも小さい理由は，反応速度を支配する過程が分子の活性化衝突によるエネルギー移動であって，反応(R3.26)の逆反応のように$\mathrm{X_2}$分子と第3体Mが1回の衝突で解離状態に至るのではないからである．反応は$\mathrm{X_2}$分子のMとの衝突による振動状態励起を通して起こる．解離反応の律速段階が振動状態励起であれば，見かけの活性化エネルギーは解離エネルギーよりも小さくなる．厳密に考えると，反応は振動状態の非平衡分布状態のもとで進行し，単純なアレニウス式で反応速度定数を記述することはできない．

4中心反応：$\mathrm{H_2+I_2 \rightarrow HI+HI}$ は素反応か？

2原子分子どうしが結合の組み替えを起こす反応を，4つの正電荷をもつ原子核が関係するという意味で，**4中心反応**(four-centered reaction)という．この反応の速度式は，反応速度研究のパイオニアの1人であるボーデンシュタイン(M. Bodenstein)によって

$$\frac{\mathrm{d[HI]}}{\mathrm{d}t} = k_1[\mathrm{H_2}][\mathrm{I_2}] \tag{3.44}$$

の2次反応であると示された．ここで，

$$k_1 = 3.22\times 10^{-10}\exp(-171.3\,\mathrm{kJ\,mol^{-1}}/RT)\ \mathrm{cm^3\,molecule^{-1}\,s^{-1}}$$

であった．この結果は，$\mathrm{H_2}$と$\mathrm{I_2}$の2分子反応が進行したと解釈できる．しかし，同じハロゲンの$\mathrm{Cl_2}$や$\mathrm{Br_2}$と$\mathrm{H_2}$の反応では，原子反応を含む連鎖反応の形式をとる．したがって，なぜ$\mathrm{H_2}$と$\mathrm{I_2}$の反応だけが2分子反応であるのかは，関心のある問題である．

この問題を丁寧に検討したサリバン(J. H. Sullivan)の研究を紹介しよう．彼は非常に注意深く精製した$\mathrm{H_2}$と$\mathrm{I_2}$を石英容器に導き，容器を一定時間加熱後に残存している$\mathrm{H_2}$の圧力を測定した．実験の目的は，分子反応と原子反応のどちらの反応形式をとるかを議論するためであった．その結果，800 K以下の温度では原子反応の寄与は25%以下であると結論した．

しかし，セミョーノフ(N. N. Semenov)は別の反応
$$H_2 + I + I \xrightarrow{k_2} 2HI \tag{R3.27}$$
を示唆した．もし，I_2 分子の I 原子への解離平衡が成立しているのであれば
$$\frac{[I]^2}{[I_2]} = K \tag{3.45}$$
である．すると，(R3.27)の反応による HI の生成速度は
$$\frac{d[HI]}{dt} = k_2[H_2][I]^2 = k_2 K[H_2][I_2] \tag{3.46}$$
となる．これは実質的に
$$k_1 = k_2 K \tag{3.47}$$
としたことと同等である．したがって，反応が $[H_2]$ と $[I_2]$ の 2 次であるという事実のみでは，反応が分子反応であるということはできない．

この問題に答えるために，サリバン は I_2 の熱的な解離がほとんど起こらない 420〜520 K の温度で H_2 と I_2 の混合気体に 578 nm の波長の光の照射下で反応速度を測定した．光を吸収した I_2 分子は解離して I 原子となる．したがって，光の吸収強度と I 原子の再結合の反応速度が与えられれば，I 原子の濃度は判明する．このようにして，光照射下での H_2/I_2 混合気体中の HI の生成速度から反応(R3.27)の速度定数 k_2 を求めることができる．図 3-12 に求められた k_2 のアレニウスプロットを示す．この図には，高温の熱反応で決定した k_1 を式(3.47)を用いて k_2 に換算してその値がプロットされている．両方の速度定数が同じアレニウス式
$$k_2 = 1.83 \times 10^{-34} \exp(-22.4\,\mathrm{kJ\,mol^{-1}}/RT)\,\mathrm{cm^6\,molecule^{-2}\,s^{-1}}$$
で表されることがよくわかる．したがって，H_2 と I_2 の反応は，4 中心 2 分子反応ではないと結論された．その反応は，I_2 がまず原子に解離し，その後で(R3.27)の 3 分子反応で進む．その場合の活性化エネルギーは，k_1 の $171.3\,\mathrm{kJ\,mol^{-1}}$ から I_2 の解離エネルギー $148.9\,\mathrm{kJ\,mol^{-1}}$ を差し引いた $22.4\,\mathrm{kJ\,mol^{-1}}$ となる．

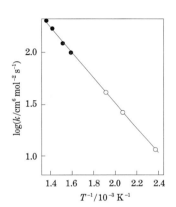

図 3-12 反応 $H_2 + I + I \to 2HI$ の速度定数の測定値．●：熱反応の結果，○：光反応の結果．[J. H. Sullivan, *J. Chem. Phys.* **46**, 73 (1967)]

― 化学反応速度定数のデータベース ―

燃焼反応や大気反応の解析のために素反応速度定数のデータベースが作られている．いろいろな研究者が測定した速度定数のデータを収集し，その値を吟味して，速度定数の推奨値をアレニウス式またはその変形の形で与えてある．歴史的には，英国リーズ(Leeds)大学で出発した燃焼反応の解析のためのデータベースが最初のものであるが，それは現在 IUPAC(国際純正応用化学連合)物理化学部会化学反応委員会で継続されている．また，米国 National Institute of Standard and Technology(国立標準技術研究所)で 11,700 の反応化学種間の 38,000 以上の反応速度定数のデータベース "NIST Chemical Kinetics Database Version 7.0(Web version)" がインターネットで提供されている．

§3 いろいろな複合反応

ポイント 素反応の組み立てによって特徴的な複合反応の機構を考える．

連鎖反応

少量の原子やラジカルがいったん生成すると，それらが自らを再生しながら生成物をもたらす反応を繰り返すことがある．この反応を**連鎖反応**(chain reaction)という．反応形式を水素と臭素の反応を例にとって説明しよう．

水素と臭素の反応速度は，$[H_2][Br_2]$ に比例する単純な 2 次反応速度式ではなく，実験式は

$$\frac{d[HBr]}{dt} = \frac{k[H_2][Br_2]^{1/2}}{1 + k'([HBr]/[Br_2])} \quad (3.48)$$

である．この反応形式は，次の連鎖反応の機構から導くことができる．

連鎖開始反応(chain initiation)
$$Br_2 \xrightarrow{k_1} 2Br \quad (R3.28)$$

連鎖成長反応(chain propagation)
$$Br + H_2 \xrightarrow{k_2} HBr + H \quad (R3.29)$$
$$H + Br_2 \xrightarrow{k_3} HBr + Br \quad (R3.30)$$

連鎖阻害反応(chain inhibition)
$$H + HBr \xrightarrow{k_4} H_2 + Br \quad (R3.31)$$

連鎖停止反応(chain termination)
$$Br + Br \xrightarrow{k_5} Br_2 \quad (R3.32)$$

ここで，連鎖停止反応は第 3 体の衝突を必要とする 3 分子反応であるが，便宜上 2 分子反応の形式で記述した．すなわち，速度定数 k_5 は第 3 体の濃度を含むと仮定する．

反応活性に富む臭素原子が開始反応によりいったん生成すると，停止反応でそれが消滅するまでの間，成長反応を繰り返す．そのような原子やラジカルを**連鎖担体**(chain carrier)という．上記の H_2/Br_2 の反応では，Br 原子と H 原子が連鎖担体で，その濃度に定常状態の近似が適用できる．そのようにして求めた反応速度は，

$$\frac{d[HBr]}{dt} = \frac{2k_2(k_1/k_5)^{1/2}[H_2][Br_2]^{1/2}}{1 + (k_4[HBr]/k_3[Br_2])} \quad (3.49)$$

となる．この速度式は，実験で求められた速度式とよく一致する．上記の H_2/Br_2 の反応では，高温度で進行する熱的反応を前提にし

たが，低温でも光照射によって Br_2 分子を光解離させて連鎖反応を開始させることができる．その場合，(3.49)の速度式の k_1 を照射光強度 I と光吸収・解離効率 σ の積で置き換えればよい．反応速度は照射光強度の平方根に比例する．

例題 3.12 連鎖反応式を検証する (R3.28)-(R3.32)の連鎖反応機構によって反応速度式(3.49)を導け．

[答] Br, H について定常状態を仮定する．したがって，

$$\frac{d[Br]}{dt} = 2k_1[Br_2] - k_2[Br][H_2] + k_3[H][Br_2] + k_4[H][HBr] - 2k_5[Br]^2 = 0 \tag{3.50}$$

$$\frac{d[H]}{dt} = k_2[Br][H_2] - k_3[H][Br_2] - k_4[H][HBr] = 0 \tag{3.51}$$

である．両式を加えると

$$2k_1[Br_2] - 2k_5[Br]^2 = 0$$

したがって，

$$[Br] = \{(k_1/k_5)[Br_2]\}^{1/2} \tag{3.52}$$

となる．これを式(3.51)に代入すると

$$[H] = \frac{k_2(k_1/k_5)^{1/2}[H_2][Br_2]^{1/2}}{k_3[Br_2] + k_4[HBr]} \tag{3.53}$$

を得る．

$$\frac{d[HBr]}{dt} = k_2[Br][H_2] + k_3[H][Br_2] - k_4[H][HBr] = 2k_3[H][Br_2]$$

式(3.53)を代入すると

$$\frac{d[HBr]}{dt} = \frac{2k_3k_2(k_1/k_5)^{1/2}[H_2][Br_2]^{3/2}}{k_3[Br_2] + k_4[HBr]} = \frac{2k_2(k_1/k_5)^{1/2}[H_2][Br_2]^{1/2}}{1 + (k_4[HBr]/k_3[Br_2])} \tag{3.54}$$

となって，実験の速度式(3.48)を導くことができた． □

連鎖担体の寿命は，連鎖停止反応の速度によって定まる．いま，担体を生成する反応速度を r_i，停止反応のそれを $r_b[R]^2$ とする．ここで [R] は連鎖担体の定常濃度であり，生成と消滅の反応のバランスによって

$$[R] = \left(\frac{r_i}{r_b}\right)^{1/2} \tag{3.55}$$

となる．反応全体の進行は，成長反応の速度 r_p で定まるから

$$連鎖反応の速度 = r_p[R] = r_p\left(\frac{r_i}{r_b}\right)^{1/2} \tag{3.56}$$

となる．停止反応の速度が小さい場合，連鎖担体の定常濃度が大きくなり，連鎖反応が効率よく進行する．

1分子の連鎖担体が何回成長反応を繰り返すことができるかを示すパラメーターがあり，**連鎖長**(chain length)とよばれる．それは，成長反応の速度を開始反応の速度で割ったものである．すなわち，

$$\nu = r_p\left(\frac{r_i}{r_b}\right)^{1/2} / r_i \propto \left(\frac{r_p}{r_i}\right)\left(\frac{r_i}{r_b}\right)^{1/2} \quad (3.57)$$

である．成長反応速度定数が大きく，また，停止反応速度定数の小さい連鎖反応では，連鎖長が大きくなる．均一気相反応の停止反応は原子やラジカルの再結合反応で，3分子反応である．圧力が低い場合第3体の濃度が小さくなるので，停止反応の速度は小さい．すると，連鎖担体の定常濃度が大きくなり，連鎖長も大きくなる．

> **例題 3.13　H_2/Br_2 反応における連鎖長**　(R3.28)-(R3.32)の連鎖反応機構の連鎖長を求めよ．

［答］定義により成長反応速度を開始または停止反応速度で割り算すればよい．

$$\nu = \frac{k_2[Br][H_2]}{k_1[Br_2]} = \frac{k_2[Br][H_2]}{k_5[Br]^2}$$

式(3.52)を代入すると

$$\nu = \frac{k_2[H_2]}{\{k_1 k_5[Br_2]\}^{1/2}} \quad (3.58)$$

となる．k_5 は第3体濃度に比例するから全圧力が低く，かつ，小さい Br_2 圧力で，H_2 圧力が大きいほど連鎖長は長い．　□

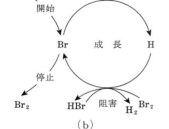

図 3-13　(a)連鎖反応機構のモデル図，(b)$H_2 + Br_2$ の反応機構のモデル図．

連鎖反応は，図3-13のように反応機構を図で書くことがある．(a)に連鎖反応の基本的な反応機構を示した．開始反応で連鎖担体 R_1 を生成し，これが停止反応で消滅するまで成長反応を繰り返す様子がわかる．(b)には，H_2/Br_2 の反応機構を描いた．連鎖担体は Br と H で，それらが交互に H_2, Br_2 と反応して HBr を生成する．しかし，H 原子が生成物の HBr と反応して H_2 と Br を生成する反応は，HBr を生成する成長反応を阻害する．

連鎖分岐：燃焼・爆発

燃焼は炭化水素燃料の酸化反応で，反応熱によって未反応気体が加熱され，反応が持続的に進行する状況をいう．それを推進する反応は，**連鎖分岐**(chain branching)反応である．連鎖反応では，連鎖成長反応において連鎖担体が再生して，反応が一定速度で進行した．これに対して，連鎖分岐反応は

$$H + O_2 \longrightarrow HO + O \quad (R3.33)$$
$$O + H_2 \longrightarrow HO + H \quad (R3.34)$$

で，この連鎖の1回の進行によって連鎖担体の HO ラジカルが2個生成する．したがって，HO は連鎖分岐反応の繰り返しとともにネズミ算的に増加する．その結果，反応は**爆発**的に進行する．

いま，連鎖担体 R が連鎖開始反応によって生成し，連鎖分岐反応を含む成長反応の速度が $r_p[R]$ の速度で，1 つの連鎖担体から α 個の連鎖担体が生成すると考える．その結果，成長反応によって連鎖担体は $r_p(\alpha-1)[R]$ の速度で増加する．停止反応による担体の消滅は再結合反応であるのが普通であるが，ここでは便宜上 [R] の 1 次反応で消滅すると仮定する．すると連鎖担体の濃度変化は

$$\frac{d[R]}{dt} = r_i + (\alpha-1)r_p[R] - r_b[R] \qquad (3.59)$$

となる．連鎖担体の濃度は定常状態で一定であるから $d[R]/dt=0$，したがって

$$[R] = \frac{r_i}{r_b - (\alpha-1)r_p} \qquad (3.60)$$

となる．ここで，$\alpha=1$ の場合が連鎖反応に相当する．連鎖分岐反応の寄与がある場合には $\alpha>1$ である．すると，条件によっては $r_b-(\alpha-1)r_p=0$ となることがある．すると連鎖担体の濃度は無限大となる．その結果，反応は爆発的に進行する．連鎖分岐反応を爆発の機構として提案したのは，セミョーノフ(N. N. Semenov)とヒンシェルウッド(C. N. Hinshelwood)であって，2 人には 1956 年度ノーベル化学賞が授与されている．なお，燃焼は定常的な反応であるが，(R3. 33),(R3. 34)の連鎖分岐反応がやはり基本的な役割を果たしている．

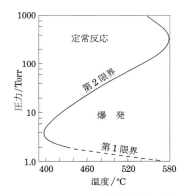

図 3-14 $2H_2+O_2$ 混合気体の爆発限界の測定値．反応容器は半径 74 mm の石英製球形で，KCl でコーティングした内面をもつ．

| 例題 3.14 爆発限界を連鎖分岐反応によって説明する H_2 と O_2 の 2:1(化学量論比)の混合気体を高温反応容器に導入したとき，定常的な反応が進むか，爆発反応が起こるかは，温度と圧力の条件で決まる．図 3-14 に爆発と燃焼のそれぞれの温度・圧力の範囲を示した．ここで，低圧側の爆発の限界(第 1 限界)は，容器の形や壁の材質によってその圧力が変わる．これに対して，高圧側の爆発限界(第 2 限界)は，容器の形や壁材料に関係なく一定である．爆発の機構に基づいて，これを説明せよ． |

[答] 爆発の条件 $r_b=(\alpha-1)r_p$ を満たすような停止反応は，低圧(第 1 限界)では容器の表面反応であり，高圧では気相反応(第 2 限界)である．連鎖担体が表面に衝突する頻度は，低圧の方が大きい．なぜなら高圧では，担体分子はまわりの分子と衝突を繰り返して，表面へただちには到達できない．したがって，表面での連鎖担体の消滅の効率が低い場合には，限界は低圧となり，表面の反応活性が高いときには，限界は高圧となる．なお，表面への連鎖担体の移動速度や表面上の担体の不活性化反応の温度依存性は大きくないので，限界の圧力は温度に対してほぼ一定となる．一方，高圧では，r_b に対して表面の寄与は無視でき，気相反応が主体となる．その速度は反応物濃度に比例するので，第 2 限界は高圧で起こる．連鎖成長反応の速度は温度とともに大きくなる．したがって，第 2 限界上では，これに対応して停止反応速度を大きくするため，第 2 限界では温度ともに圧力が高くなる． □

▶ 本項目は，複合反応を解析するための一般的な方法を解説したものである．初めて化学反応論を学ぶ読者の必須の学習対象ではない．また，この項目が以下の章の理解のための前提とはなっていない．

複合反応の電算機シミュレーション

大気中の化学反応，燃焼・爆発，プラズマ化学反応は多くの素反応から成る複合反応である．これらの素反応群によって導かれる反応速度方程式は，非線形連立微分方程式である．複合反応の電算機シミュレーションの例として，H_2/air の化学量論比の混合気体の 0.5 atm, 850 K における反応の追跡を挙げる．考慮した素反応の主な反応を表 3-10 に示す．この反応に関わる化学種は，H_2, O_2, H_2O, HO, HO_2, H_2O_2, N_2 であるが，それらの化学種のいくつかの例について表 3-10 の素反応群に基づいて反応速度方程式を書くと次のようになる．

$$\frac{d[H_2]}{dt} = -k_1[H_2][O_2] - k_2[HO][H_2] - k_4[O][H_2]$$
$$+ k_{11}[H_2O_2] + k_{16}[H]^2[M]$$

$$\frac{d[H_2O]}{dt} = k_2[HO][H_2] + k_5[HO][HO_2] + k_7[H][HO_2]$$
$$+ k_{10}[HO]^2 + k_{12}[H_2O_2][H] + k_{13}[H_2O_2][HO]$$
$$+ k_{17}[H][HO][M]$$

表 3-10 H_2/air 反応を構成する主な素反応と速度定数 $[k = AT^n \exp(-E_a/RT)]$

	反応	$A/\text{cm}^3\text{ molecule}^{-1}\text{ s}^{-1}$ または $\text{cm}^6\text{ molecule}^{-2}\text{ s}^{-1}$	n	$E_a/\text{kJ mol}^{-1}$
1	$H_2 + O_2 \to H + HO_2$	1.2×10^{-18}	2.4	224
2	$HO + H_2 \to H_2O + H$	3.6×10^{-16}	1.5	14.4
3	$H + O_2 \to HO + O$	1.7×10^{-10}	0	62.1
4	$O + H_2 \to HO + H$	8.3×10^{-20}	2.7	26.3
5	$HO + HO_2 \to H_2O + O_2$	4.8×10^{-11}	0	-2.08
6	$H + HO_2 \to HO + HO$	2.8×10^{-10}	0	3.66
7	$H + HO_2 \to H_2O + O$	5.0×10^{-11}	0	7.20
8	$O + HO_2 \to O_2 + HO$	5.4×10^{-11}	0	0
9	$HO_2 + HO_2 \to H_2O_2 + O_2$	2.2×10^{-13}	0	-6.82
10	$HO + HO \to O + H_2O$	7.2×10^{-21}	2.7	-10.4
11	$H_2O_2 + H \to HO_2 + H_2$	2.8×10^{-12}	0	15.7
12	$H_2O_2 + H \to H_2O + HO$	1.7×10^{-11}	0	15.0
13	$H_2O_2 + HO \to H_2O + HO_2$	3.3×10^{-12}	0	1.79
14	$H_2O_2 + O \to HO_2 + HO$	1.1×10^{-12}	0	16.6
15	$H + O_2 + M \to HO_2 + M$	1.1×10^{-27}	-1.7	0
16	$H + H + M \to H_2 + M$	2.5×10^{-31}	-0.6	0
17	$H + HO + M \to H_2O + M$	4.4×10^{-26}	-2.0	0
18	$O + O + M \to O_2 + M$	5.2×10^{-35}	0	-7.5

$$\frac{\mathrm{d}[\mathrm{HO}]}{\mathrm{d}t} = -k_2[\mathrm{HO}][\mathrm{H}_2] + k_3[\mathrm{H}][\mathrm{O}_2] + k_4[\mathrm{O}][\mathrm{H}_2]$$
$$+ 2k_6[\mathrm{H}][\mathrm{HO}_2] + k_8[\mathrm{O}][\mathrm{HO}_2] - 2k_{10}[\mathrm{HO}]^2$$
$$+ k_{12}[\mathrm{H}_2\mathrm{O}_2][\mathrm{H}] + k_{14}[\mathrm{H}_2\mathrm{O}_2][\mathrm{O}] - k_{17}[\mathrm{H}][\mathrm{HO}][\mathrm{M}]$$

$$\frac{\mathrm{d}[\mathrm{HO}_2]}{\mathrm{d}t} = k_1[\mathrm{H}_2][\mathrm{O}_2] - k_5[\mathrm{HO}][\mathrm{HO}_2] - k_6[\mathrm{H}][\mathrm{HO}_2]$$
$$- k_7[\mathrm{H}][\mathrm{HO}_2] - k_8[\mathrm{O}][\mathrm{HO}_2] - 2k_9[\mathrm{HO}_2]^2 + k_{11}[\mathrm{H}_2\mathrm{O}_2][\mathrm{H}]$$
$$+ k_{13}[\mathrm{H}_2\mathrm{O}_2][\mathrm{HO}] + k_{14}[\mathrm{H}_2\mathrm{O}_2][\mathrm{O}] + k_{15}[\mathrm{H}][\mathrm{O}_2][\mathrm{M}]$$

他の化学種についても同様な方程式が書ける．

これらの方程式を一般的に記述するために，反応に関わる i 番目の化学種の濃度 N_i から成る濃度ベクトル

$$\boldsymbol{c} = \{N_i\} \tag{3.61}$$

と反応パラメーター

$$\boldsymbol{\alpha} = \{k_j, N_i^0\} \tag{3.62}$$

を定義する．ここで，k_j は j 番目の反応の速度定数で，また，N_i^0 は i 番目の化学種の初期濃度で

$$\boldsymbol{c}^0 = \{N_i^0\} \tag{3.63}$$

である．複合反応の速度式は

$$\frac{\mathrm{d}\boldsymbol{c}}{\mathrm{d}t} = f(\boldsymbol{c}, \boldsymbol{\alpha}), \quad \boldsymbol{c}^0 = \{N_i^0\} \tag{3.64}$$

のように連立微分方程式として一般的に書ける．この式は，たとえば上に示した $\mathrm{H}_2/\mathrm{air}$ の反応速度式を表すものである．この方程式を電算機によって数値的に解いて，反応に関与する各化学種の濃度を反応時間の関数で示すことができる．

▶ 連立微分方程式の代表的な数値解法はルンゲ・クッタ(Runge-Kutta)法である．

ここで，ある特定の化学種の濃度変化についてどの素反応の寄与がもっとも大きいかを判断できるパラメーターが定義できれば，シミュレーションの精度を高める上で有用である．すなわち，実験との比較によってその素反応速度定数をより適切な値に修正することができる．ここで導入されるパラメーターは，**感度**(sensitivity)**係数**といい，たとえば，j 番目の素反応速度定数の微小変化に対して i 番目の化学種の濃度が変化する度合いを示すものである．すなわち，

$$S_{ij} = \frac{\mathrm{d}(N_i/N_{i,\mathrm{max}})}{\mathrm{d}k_j/k_j} = \frac{\{N_i(t, k_j + \Delta k_j) - N_i(t, k_j)\}/N_{i,\mathrm{max}}}{\Delta k_j/k_j} \tag{3.65}$$

が感度係数の定義である．ここで，i 番目の化学種の濃度は，反応過程の最大値 $N_{i,\mathrm{max}}$ に対する相対値をとり，素反応速度定数の微小変化もその変化割合で定義した．感度係数が大きい素反応は，そ

の化学種の生成消滅に大きな役割を演じている．したがって，実験値に近づけるよう速度定数を調節することができる．

H_2/air の化学量論比の混合気体の 0.5 atm, 850 K における反応を速度方程式を電算機で計算して追跡した結果を説明しよう．反応開始後の主要な化学種の濃度変化を図 3-15(a) に示す．最初の 3 ms がラジカル HO, HO_2, H, O を蓄積するための準備期間となっていて，3 ms の時点で連鎖分岐反応の寄与による爆発反応が起き，瞬時に反応が終了する．主生成物である H_2O の濃度に対する感度係数を図 3-15(b) に示す．予想されるように連鎖分岐反応の $H+O_2 \rightarrow HO+O$, $O+H_2 \rightarrow HO+H$ と $H+O_2+N_2 \rightarrow HO_2+N_2$ が大きい感度を示す．つまり，H_2O の生成に対してこれらの反応の寄与が大きいと判断できる．

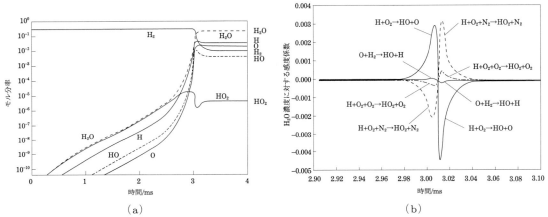

図 3-15 (a)H_2/air 化学量論比混合気体の定積，初期圧力 = 0.5 atm, 初期温度 = 850 K, 断熱条件での反応過程のシミュレーション，(b) 表記の反応速度定数の H_2O 濃度に対する感度係数（東京大学大学院工学系研究科越光男教授の提供）．

酵素反応

触媒(catalyst) は反応系においてごく微量存在し，それ自身の濃度を保持しながら特定の化学反応を促進する化学物質である．**酵素**(enzyme) は代表的な触媒である．酵素は特定構造をもつ分子（基質）を選択して反応場を提供するという基質特異性を示す．その上，特定の反応についてのみ触媒作用を示す反応特異性も合わせもつ．酵素は分子量 $10^4 \sim 10^6$ のタンパク分子で，その表面に特定の基質を受け入れる基質結合部位がある．その結合部位の構造に適合できる基質分子のみが結合できる．結合部位には，酵素の活性中心が存在し，そこには，イオン性，求核性，その他の反応性基が適切に配置

されており，特定の反応の活性化エネルギーが著しく小さい．したがって，酵素と基質が結合した形で特定の反応が生体の温度で進行する．

酵素の基質選択性を示すもっとも顕著な例は，光学異性体の選択である．たとえば，L体に対してのみ作用する酵素が存在する．すなわち，L-アミノ酸オキシダーゼは，

$$\text{L-アミノ酸} + O_2 \longrightarrow \text{2-オキソ酸} + NH_3 + H_2O_2 \quad (\text{R3.35})$$

の反応を推進し，D-アミノ酸に対しては作用しない．その理由は，酵素の活性部位に対して，光学異性体の基質と少なくとも3点で結合するからである．その結果，鏡像異性の構造を判別することができる．

基質を正確に認識するためには微妙な形をした活性部位が必要なため，酵素は大分子に進化したと考えられる．大きい分子の酵素はいろいろな構造をとる可能性があり，基質とのきっちりとしたはめ合い構造をもたらす．また，反応をよく進めるための水を遠ざけた環境もつくれる．酵素作用を調節する他の分子との接合も酵素分子が大きい方が有利である．つまり，酵素とは反応の遷移中間体がはまり込む構造をもつ分子である．

酵素(E)は基質(S)と複合体(ES)を経て生成物(P)を生成する．すなわち，その反応式は次のようになる．

$$E + S \underset{k_{-1}}{\overset{k_1}{\rightleftarrows}} ES \quad (\text{R3.36})$$

$$ES \xrightarrow{k_2} E + P \quad (\text{R3.37})$$

複合体の濃度について定常状態を仮定すると

$$[ES] = \frac{k_1[E][S]}{k_{-1} + k_2} \quad (3.66)$$

となる．ここで

$$K_m^{-1} = \frac{k_1}{k_{-1} + k_2} \quad (3.67)$$

を定義し，K_m を，酵素反応の速度論的研究を初めて行ったミカエリス(L. Michaelis)の名をとって，**ミカエリス定数**という．酵素の初期濃度を E_0 とすると，$[E] = E_0 - [ES]$ であるから

$$[ES] = \frac{E_0[S]}{[S] + K_m} \quad (3.68)$$

となる．したがって，反応の初期速度は

$$\left(\frac{d[P]}{dt}\right)_{t=0} = v_0 = k_2 \frac{E_0 S_0}{S_0 + K_m} \quad (3.69)$$

である．ここで，S_0 は基質の初期濃度である．これを**ミカエリス-メンテン**(M. Menten)**の式**という．基質が大過剰，すなわち $S_0 \gg$

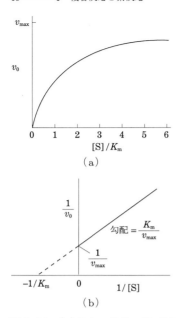

図 3-16 (a)ミカエリス–メンテン反応機構の反応速度の基質濃度依存性.(b)ラインウィーバー–バークプロット.

K_m であれば,反応速度は最大で

$$v_{\max} = k_2 E_0 \tag{3.70}$$

となる.式(3.69)を書き換えると,

$$v_0 = \frac{v_{\max}[S]}{[S] + K_m} \tag{3.71}$$

となる.酵素反応の初期速度は,図3-16(a)に示すように[S]の増加とともに大きくなり $v_{\max}$ へ近づく.[S] = K_m のとき,$v_0 = K_m/2$ で,最大反応速度の1/2である.[S] ≪ K_m の場合には,v_0 は[S]に対して1次であるが,[S]が大きくなると,$v_{\max}$ に近づき,[S]について0次となる.K_m の値は,ふつう $10^{-2} \sim 10^{-7}\,\mathrm{mol\,dm^{-3}}$ 程度である.$k_2 = v_{\max}/E_0$ は酵素1分子当たり単位時間に生成物に変化する基質の分子数である.これを酵素の**ターンオーバー数**(または**回転数**)という.それは普通 $10^4\,\mathrm{s^{-1}}$ の程度である.

ミカエリス定数を実験で求めるためには式(3.71)の両辺の逆数をとる**ラインウィーバー–バーク**(Lineweaver-Burk)**プロット**を利用すると便利である.すなわち

$$\frac{1}{v_0} = \frac{K_m}{v_{\max}}\frac{1}{[S]} + \frac{1}{v_{\max}} \tag{3.72}$$

の式にしたがって,$1/v_0$ を $1/[S]$ の関数でプロットすればよい.図3-16(b)に示すように,直線を負の方向へ延長すると $1/[S]$ 軸との交点は $-1/K_m$ となる.

例題 3.15 ミカエリス定数を求める　 o-ニトロフェニル-β-ガラクトピラノシドのラクターゼによる加水分解の初期反応速度を基質初期濃度 S_0 の関数で求め,下表に示した.ミカエリス定数を求めよ.

$S_0/10^{-3}\,\mathrm{mol\,dm^{-3}}$	0.30	0.45	0.77	1.1	1.4
$v_0/10^{-6}\,\mathrm{mol\,dm^{-3}\,s^{-1}}$	1.1	1.6	2.4	3.1	3.6

[S. F. Russo and L. Moothart, *J. Chem. Ed.* **63**, 242 (1986)]

[答]　式(3.72)によれば $1/v_0$ は $1/S_0$ の関数で直線となるはずである.最小2乗法によって直線の勾配($K_m/v_{\max}$)とその切片($1/v_{\max}$)を定める.すなわち,

$$10^5/v_0 = 1.08 + 0.24 \times 10^{-2}(1/S_0)$$

となるから $K_m = 0.24 \times 10^{-2}\,\mathrm{s/1.08\,mol^{-1}\,dm^3\,s} = 2.2 \times 10^{-3}\,\mathrm{mol\,dm^{-3}}$ となる.　□

例題 3.16 酵素反応の阻害作用の速度式を求める　酵素反応を妨げる物質を阻害剤という.阻害剤には天然物と合成物質とがあり,ある種の薬品,抗生物質,毒物,酵素反応の生成物などがある.阻害作用には,阻害剤が酵素の活性部位と複合物を作る競争的阻害と,酵素の活性部位には付加しないが酵素の触媒作用を非競争的に阻害する非競争的阻害と

がある．それぞれの反応式を書き，酵素反応の初期速度の反応式を求めよ．

［答］（1）競争的阻害の反応式は，阻害剤を I とするとき次のとおりである．

$$E + S \underset{k_{-1}}{\overset{k_1}{\rightleftarrows}} ES \tag{R3.38}$$

$$ES \overset{k_2}{\longrightarrow} E + P \tag{R3.39}$$

$$EI \rightleftarrows E + I \tag{R3.40}$$

阻害剤と酵素の複合体形成反応の逆反応の平衡関係を

$$K_I = \frac{[E][I]}{[EI]} \tag{3.73}$$

と定義する．式 (3.66), (3.67) より

$$[ES] = \frac{S_0}{K_m}[E] \tag{3.74}$$

である．ここで，反応初期を考えるので $[S] \sim S_0$ とした．酵素の初期濃度を E_0 とすれば

$$E_0 = [E] + [ES] + [EI]$$

である．この式に式 (3.73), (3.74) より [EI] と [E] を求めて代入すると

$$[ES] = \frac{E_0}{1 + \frac{K_m}{S_0}\left(1 + \frac{[I]}{K_I}\right)} \tag{3.75}$$

を得る．したがって，

$$v_0 = \frac{v_{\max}}{1 + \frac{K_m}{S_0}\left(1 + \frac{[I]}{K_I}\right)} \tag{3.76}$$

となる．阻害剤の効果によって

$$\frac{1 + \frac{K_m}{S_0}}{1 + \frac{K_m}{S_0}\left(1 + \frac{[I]}{K_I}\right)}$$

の比率だけ速度が小さくなる．この場合，基質濃度を十分大きくすると阻害作用は消える．阻害作用の例としてスクシネートヒドロゲナーゼのマロン酸による阻害を挙げることができる．マロン酸 $CH_2(COOH)_2$ はコハク酸 $(CH_2COOH)_2$ と構造が似ているのでコハク酸に作用する酵素と結合する．

（2）非競争的阻害作用は，酵素または酵素基質複合体と可逆的に結合する物質によってもたらされる．阻害反応は，

$$E + I \rightleftarrows EI, \quad ES + I \rightleftarrows ESI \tag{R3.41}$$

である．（1）の場合と同じようにして求められる．ただし，上記の 2 つの阻害反応の平衡定数 K_I は等しいとする．

$$v_0 = \frac{v_{\max} S_0}{(S_0 + K_m)\left(1 + \frac{[I]}{K_I}\right)} \tag{3.77}$$

この場合，$S_0 \to \infty$ において $v_0 \to v_{\max}/(1+([I]/K_I))$ となって，基質が過剰であっても反応速度は抑制される．　　□

振動する化学反応

化学反応に関するこれまでの説明では，反応がどのような素反応から構成されているかがわかれば，反応は初期条件から平衡状態に向かって進行し，その過程を反応速度式から予測することができた．それは反応が定圧または定温の条件下で**閉じた系**(closed system)で行われているからである．反応が流れの場のように**開いた系**(open system)で行われる場合には，反応に関わる物質の輸送・熱伝導などの記述を反応速度式に加える必要がある．系内の反応は平衡状態から遠く，時間，空間の関数で複雑な過程をたどり，その予測は難しくなる．

その例として**自触媒**(autocatalysis)**反応**を挙げよう．自触媒反応とは，速度が生成物の濃度に依存する反応である．いま，次の2つの反応によって反応物 A が生成物 P へ変化する過程を考えよう．

$$\begin{aligned} A &\longrightarrow P \\ A + P &\longrightarrow 2P \end{aligned} \quad (R3.42)$$

この反応では，第1の反応で A が1次反応で P を生成するが，生成物の濃度がある程度以上になると，第2の反応の速度が生成物濃度に比例するので，その速度はどんどん大きくなる．つまり，反応が進行すれば加速度的にその速度が大きくなるので，自触媒反応といわれる．自触媒反応では，ほとんど爆発的に反応が進行し，反応物がすべて消費されて反応が停止する．ここで，反応物を供給する流れがあれば，同じ反応が再び起こる．つまり，周期的に爆発的な反応が繰り返される．これを**振動する化学反応**という．

自触媒反応を広義に解釈すれば，反応速度が反応の生成物によって支配されることであり，それは電子回路のフィードバックの機構と同じである．フィードバック機構をもつ電子回路では，さまざまの発振波形が可能となる．振動する化学反応をもたらす条件の第1は，反応にフィードバック機構が含まれていること，第2は，反応が平衡状態からはるかに離れた状態で進行すること，である．そのために，反応物が連続的に供給され，また，生成物が反応系外へ常時排出される必要がある．

▶ フィードバック(feedback)とは，ある系の出力のすべて，またはその一部分を入力に導くことをいう．系が増幅器であれば，正のフィードバックの場合信号はどんどん大きくなり，増幅器の飽和出力となる．この状態は発振である．

例題 3.17 自触媒反応ロトカ-ヴォルテッラ(Lotka-Volterra)機構の反応解析 A → B の反応が X, Y の中間体を経て次の機構で起こる．

$$\begin{aligned} A + X &\xrightarrow{k_1} X + X \\ X + Y &\xrightarrow{k_2} Y + Y \\ Y &\xrightarrow{k_3} B \end{aligned} \quad (R3.43)$$

> この反応系では，反応物 A が連続的に供給され，その濃度は一定 A_0 である．X および Y の濃度がその定常濃度のまわりにゆらぎをもつとき，それは周期的に変動することを示せ．

[答] X, Y の定常状態濃度を X_{SS}, Y_{SS} とする．定常状態の条件より

$$\frac{d[X]}{dt} = k_1[X]A_0 - k_2[X][Y] = 0 \quad (3.78)$$

$$\frac{d[Y]}{dt} = k_2[X][Y] - k_3[Y] = 0 \quad (3.79)$$

両式より

$$Y_{SS} = \frac{k_1}{k_2}A_0 \quad (3.80)$$

$$X_{SS} = \frac{k_3}{k_2} \quad (3.81)$$

を得る．反応系は完全に定常状態を保つことができず，定常状態のまわりにゆらぎをもって進行する．X, Y 中間体濃度のゆらぎを

$$[X] = X_{SS} + x$$
$$[Y] = Y_{SS} + y$$

のように表す．これを式(3.78), (3.79)に代入すると

$$\frac{dx}{dt} = k_1 A_0 (X_{SS} + x) - k_2 (X_{SS} + x)(Y_{SS} + y) \quad (3.82)$$

$$\frac{dy}{dt} = k_2 (X_{SS} + x)(Y_{SS} + y) - k_3 (Y_{SS} + y) \quad (3.83)$$

となる．式(3.80), (3.81)の定常条件を考えると上式は

$$\frac{dx}{dt} = -k_2 X_{SS} y \quad (3.84)$$

$$\frac{dy}{dt} = k_2 Y_{SS} x \quad (3.85)$$

のように簡単化される．ここで，第1の式の両辺を t で微分し，第2の式を代入すると

$$\frac{d^2 x}{dt^2} + k_2^2 X_{SS} Y_{SS} x = 0 \quad (3.86)$$

を得る．いま，$t=0$ において $x=x_0, y=0$ とすると

$$x = x_0 \cos \omega t \quad (3.87)$$

が式(3.86)の解である．ここで，

$$\omega^2 = k_2^2 X_{SS} Y_{SS} = k_1 k_3 A_0 \quad (3.88)$$

である．同様な解が y についても得られる．このように，この反応では，中間体濃度は定常濃度のまわりで周期的な濃度ゆらぎがあることがわかる．なお，その周波数は反応物 A の濃度に比例する．　□

▶ 振動する化学反応に興味をもつ読者に次の参考書を紹介しておく．
吉川研一『非線形科学—分子集合体のリズムとかたち』学会出版センター(1992).

振動する反応の具体例として，本節の最初に説明した H_2/O_2 混合気体の爆発反応を挙げることができる．この反応では，連鎖分岐反応によって生成した HO ラジカルが $HO+H_2 \rightarrow H_2O+H$ の反応で主生成物の H_2O を生成し，しかもこの反応は発熱的で，温度上昇がある．その結果，この反応によってさらに連鎖分岐反応が促進され

る．つまり，反応は自触媒的である．したがって，H_2/O_2 混合気体の爆発反応を流れのある系で周期的に繰り返して起こすことができる．すなわち，混合気体の反応容器内に滞在する時間がラジカルの蓄積に十分であれば，爆発反応に至る．生成物が容器から排除されて新しい反応物と置き換わると，再びラジカルの蓄積が起こり爆発反応に至る．

振動する化学反応は，爆発反応のような非定常な現象を内在する反応系において見られるであろう．振動する化学反応は，単に珍しい反応であるというだけではない．生体系では，多くの振動する化学反応システムが，生体機能を支えている．そのような複雑なシステムのモデルとして振動する化学反応の研究は意義深い．

ベローゾフ–ザボチンスキー反応

ロシアの化学者ベローゾフ(B. P. Belousov)が発見し，ザボチンスキー(A. M. Zhabotinsky)が確認した振動する化学反応である．ベローゾフ–ザボチンスキー(BZ)反応は，化学における振動現象として多くの研究者の興味をひきつけてきた．BZ 反応は，酸性溶液中で有機化合物が臭素酸イオンによって酸化される反応である．この反応は金属イオンの酸化還元(たとえば，Ce^{4+}/Ce^{3+})によって触媒的に進行する．反応は 2 つの主な過程から成っている．過程 A では，臭素酸イオン BrO_3^- から Br^- への酸素原子移動が起こり，最終的には有機化合物を攻撃する臭素 Br_2 を生成する．過程 A は Br^- イオンの存在下で進行するが，過程 B では，Br^- の存在なしに BrO_3^- の BrO^- への還元が，金属イオンの酸化($Ce^{3+} \to Ce^{4+}$)によって起こる．過程 A と B は，金属イオンの酸化還元を仲立ちにして交互に起こる．

BZ 反応は，その非線形性の故に初期条件にきわめて鋭敏に依存する．臭素イオン Br^- の濃度を電極電位によって定量した結果を図 3-17 に示す．反応系の初期条件は，(a), (b), (c)でそれほど大きく違っていないにもかかわらず，振動の様子は随分違う．このように，振動する反応のシステムでは，予測することが難しいところにその本質があるように思われる．

▶ BZ 反応のレシピ
$1\,mol\,dm^{-3}$ の硫酸水溶液 $500\,cm^3$ に，マロン酸 14.3 g，$KBrO_3$ 5.22 g，$Ce(NH_4)_2(NO_3)_6$ 0.548 g，フェロイン(酸化還元指示薬)少量，を混合する．

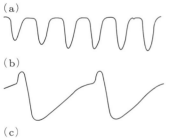

図 3-17 BZ 反応の進行を示す Br^- 電極電位の時間変化．(a), (b), (c)はそれぞれ反応条件がわずかに違っている(お茶の水女子大学理学部化学科・藤枝修子元教授提供)．

4

分子の衝突と化学反応

2分子反応は反応する分子どうしが互いに近づき衝突することによって起こる．2分子反応を分子どうしの衝突という観点から探究するために，まず第1に，気体中で分子がどのように運動しているかを学び，次に，そのような分子どうしがどんな頻度で衝突するかを計算する必要がある．分子衝突は化学反応の前提条件で，反応条件を満たす衝突が化学反応に至る．したがって，衝突頻度と反応条件とから2分子反応の反応速度定数を定めることができる．この章では，これまでに学んだマクロな分子集団の反応速度を分子の衝突というミクロな立場から解き明かすことを目的とする．

§1 気体分子の運動

ポイント 気体分子はあらゆる方向に自由運動をするが，分子の運動速度は一定ではなく，ある分布をもっている．

運動エネルギー

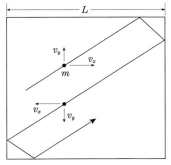

図 4-1 気体分子の1辺 L の立方体中の運動を xy 面に投影したモデル図．

気体中で分子は自由に運動している．分子のもつ運動エネルギーの平均値を求めるために理想気体の状態方程式を考えよう．理想気体では，分子は大きさがなく，かつ，互いに力を及ぼさない．その結果，分子は直進運動をする．いま，1辺 L の立方体の中で質量 m の分子がアボガドロ定数個だけ運動しているとする．分子間には力が働かないから各分子の運動は独立である．図4-1の立方体の yz 面に分子が衝突する頻度は，分子が箱の中を x 方向に何往復するかで決まる．それは，分子の x 方向の速度成分 v_x を $2L$ で割ったものとなる．アボガドロ定数 (N_A) 個の分子が存在するから

$$\text{衝突頻度} = N_A \frac{v_x}{2L} \tag{4.1}$$

となる．1回の衝突での運動量変化は，$2mv_x$ であるから

$$\text{単位時間当たりの運動量変化} = N_A(2mv_x)\frac{v_x}{2L} \quad (4.2)$$

で，これは壁に加わる力に等しい．圧力 p は，壁の単位面積当たりに分子衝突によって働く力であるから

$$pL^2 = \frac{N_A m v_x^2}{L} \quad (4.3)$$

の関係が成立する．立方体の体積は $V = L^3$ であるから式(4.3)は

$$pV = N_A m v_x^2 \quad (4.4)$$

となる．いま，分子の平均の運動エネルギーを

$$\langle \varepsilon \rangle = \frac{1}{2}m(\langle v_x^2 \rangle + \langle v_y^2 \rangle + \langle v_z^2 \rangle) = \frac{1}{2}m\langle v^2 \rangle \quad (4.5)$$

と定義すると，分子の運動は方向について均等であるから

$$\frac{1}{2}m\langle v_x^2 \rangle = \frac{1}{3}\langle \varepsilon \rangle \quad (4.6)$$

である．すると，式(4.4)は

$$pV = \frac{2}{3}N_A \langle \varepsilon \rangle \quad (4.7)$$

となる．この式と理想気体の状態方程式

$$pV = RT \quad (4.8)$$

とを比較すると

$$\langle \varepsilon \rangle = \frac{3}{2}\frac{R}{N_A}T = \frac{3}{2}k_B T \quad (4.9)$$

である．ここで，$R/N_A = k_B$ をボルツマン(Boltzmann)定数という．

▶ この教科書では，分子当たりのエネルギーを ε，モル当たりのエネルギーを E で表す．

例題 4.1 気体分子の平均運動エネルギーと根平均 2 乗速度を求める
300 K における N_2 分子の平均エネルギー $\langle \varepsilon \rangle$，根平均 2 乗速度 $\sqrt{\langle v^2 \rangle}$ を計算せよ．

［答］式(4.9)より平均エネルギーは，気体の種類によらず式(4.9)より
$\langle \varepsilon \rangle = (3/2)k_B T = (3/2) \times 1.38 \times 10^{-23}\,\text{J K}^{-1} \times 300\,\text{K} = 6.21 \times 10^{-21}\,\text{J}$
である．この値は，$(3/2)RT = (3/2) \times 8.31\,\text{J mol}^{-1} \times 300\,\text{K} = 3740\,\text{J mol}^{-1}$ に相当する．$\langle \varepsilon \rangle = (1/2)m\langle v^2 \rangle$ であるから，根平均 2 乗速度は

$$\sqrt{\langle v^2 \rangle} = \sqrt{\frac{3k_B T}{m}} \quad (4.10)$$

となる．300 K の N_2 分子の場合，その質量は $28 \times 10^{-3}\,\text{kg mol}^{-1}/6.02 \times 10^{23}\,\text{mol}^{-1} = 4.65 \times 10^{-26}\,\text{kg}$ であるから

$$\sqrt{\langle v^2 \rangle} = \sqrt{\frac{3 \times 1.38 \times 10^{-23}\,\text{J K}^{-1} \times 300\,\text{K}}{4.65 \times 10^{-26}\,\text{kg}}} = 517\,\text{m s}^{-1}$$

となる．

速度分布関数

気体中で分子はいろいろな速度で任意の方向に運動をする．いま，分子が，x 方向の速度成分 v_x が v_x と $v_x+\mathrm{d}v_x$ の間にあり，かつ，y 方向の成分 v_y が v_y と $v_y+\mathrm{d}v_y$ の間に，z 方向の成分が v_z と $v_z+\mathrm{d}v_z$ の間にある速度をもつ確率を

$$f(v_x, v_y, v_z)\mathrm{d}v_x\mathrm{d}v_y\mathrm{d}v_z$$

とする．ここで $f(v_x, v_y, v_z)$ を**速度分布関数**(velocity distribution function)という．速度分布関数は，v_x, v_y, v_z の全領域についての積分をとると

$$\int_{-\infty}^{\infty} f(v_x, v_y, v_z)\mathrm{d}v_x\mathrm{d}v_y\mathrm{d}v_z = 1 \tag{4.11}$$

のように規格化されている．速度分布関数を次の3つの事実から導こう．

第1は，速度分布関数は速度について偶関数であるという事実である．x 軸の正の方向に運動する分子と負の方向に運動する分子の数は等しいはずである．なぜなら，もし，どちらかの方向へ運動する分子の数が大きければ，その方向への圧力勾配を生じて気体が流れることになるからである．われわれの考えているのは閉じた系で，系内の圧力は一定である．したがって，$f(v_x)$ は偶関数で，

$$f(v_x) = f(-v_x) \tag{4.12}$$

の関係を満たす．この条件を満たす分布関数は，

$$f(v_x) = F(v_x^2) \tag{4.13}$$

のように v_x の2乗の関数となる．

▶ v_x の4乗，6乗，…の関数も偶関数であるが，2乗平均速度の(4.10)を満足しない．

第2にとりあげる事実は，分子の運動の方向が任意であることである．このことは，x 方向の速度成分の分布と y, z 方向の速度成分の分布とは互いに独立であることを意味している．もし，x 方向の速度成分と y, z 方向の速度成分とに相関があれば，特定方向の速度をもつ分子の割合が増えることになる．つまり，気体中に分子の流れを生ずることになる．x, y, z 方向の速度分布関数が互いに独立である事実を式で表現すると

$$f(v_x, v_y, v_z) = f(v_x)f(v_y)f(v_z) \tag{4.14}$$

となる．さらに，式(4.13)を応用すると

$$f(v_x, v_y, v_z) = F(v_x^2)F(v_y^2)F(v_z^2)$$

である．ここで，$v^2 = v_x^2 + v_y^2 + v_z^2$ であるから

$$F(v_x^2 + v_y^2 + v_z^2) = F(v_x^2)F(v_y^2)F(v_z^2) \tag{4.15}$$

の関係が要求されることになる．この関数関係を満足するのは指数関数である．式(4.15)の関係は，指数関数によって

のように満たされる．したがって，分布関数は

$$f(v_x) = F(v_x^2) = A\exp(\pm\kappa v_x^2) \qquad (4.16)$$

の関数形となる．ここで，A と κ は定数である．指数の $\pm$ はどちらでも偶関数の条件を満足するが，大きい速度をもつ分子数が減少する事実より，$\kappa>0$ として負の符号を採用しなければならない．定数 A は規格化の条件

$$\int_{-\infty}^{\infty} f(v_x)\mathrm{d}v_x = 1$$

によって決まる．式(4.16)を規格化すると

$$A\int_{-\infty}^{\infty} \exp(-\kappa v_x^2)\mathrm{d}v_x = A\left(\frac{\pi}{\kappa}\right)^{1/2} = 1$$

となるから

$$A = \left(\frac{\kappa}{\pi}\right)^{1/2} \qquad (4.17)$$

である．

第 3 に考えるべきなのは，分子の平均 2 乗速度が $3k_\mathrm{B}T/m$ である事実である．v_x と $v_x+\mathrm{d}v_x$ の間にある速度をもつ分子の割合は，$f(v_x)\mathrm{d}v_x$ であるから v_x^2 の平均値は

$$\begin{aligned}\langle v_x^2\rangle &= \int_{-\infty}^{\infty} v_x^2 f(v_x)\mathrm{d}v_x \\ &= \left(\frac{\kappa}{\pi}\right)^{1/2}\int_{-\infty}^{\infty} v_x^2 \exp(-\kappa v_x^2)\mathrm{d}v_x\end{aligned} \qquad (4.18)$$

である．積分公式 $\int_0^\infty x^2\exp(-\beta x^2)\mathrm{d}x = \frac{1}{4}\sqrt{\pi}\beta^{-3/2}$ を参照して

$$\langle v_x^2\rangle = \frac{1}{2\kappa}$$

を得る．分子はどの方向にも一様に運動するから

$$\langle v^2\rangle = \langle v_x^2\rangle + \langle v_y^2\rangle + \langle v_z^2\rangle = 3\langle v_x^2\rangle$$

である．したがって，

$$\langle v^2\rangle = \frac{3}{2\kappa}$$

である．式(4.10)を参照すると，$\kappa=m/2k_\mathrm{B}T$ となる．したがって，x 方向の速度分布関数は

$$f(v_x) = \left(\frac{m}{2\pi k_\mathrm{B}T}\right)^{1/2}\exp\left(-\frac{mv_x^2}{2k_\mathrm{B}T}\right) \qquad (4.19)$$

である．

例題 4.2　1 次元の速度分布関数をグラフに表す　N_2 分子の 1 次元速度分布関数を $77, 300, 1000\,\mathrm{K}$ の場合について計算し，グラフに表せ．

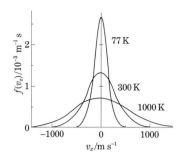

図 4-2 N₂ 分子の 77, 300, 1000 K の温度における x 方向の速度分布関数.

[答] 式(4.19)に $m = 28 \times 10^{-3}/6.02 \times 10^{23}$ kg, $k_B = 1.38 \times 10^{-23}$ J K^{-1}, $T = 77, 300, 1000$ K を代入していろいろな速度について計算する. ここでは, $v_x = 0$ における分布関数と分布の半値半幅 $v_{x1/2}$ を表に示す. 温度が低い場合, 速度分布の幅は小さく, 温度が高くなると大きい速度成分をもつ分子が増え, 広い速度領域にわたって分布をする. 当然のことであるが, 絶対零度に近い温度では, 速度はほとんどゼロとなる. 分布関数を図 4-2 に示す.

T/K	$f(v_x=0)$/m^{-1} s	$v_{x1/2}$/m s^{-1}
77	2.64×10^{-3}	178
300	1.34×10^{-3}	351
1000	7.32×10^{-4}	641

□

分子はどの方向にも同じ確率で運動するから, 式(4.19)と同じ分布関数が y, z 方向の速度成分についても適用される. しかも, それらの方向の運動は独立である. そこで, 分子の3次元の運動を考えると, x, y, z 方向の速度成分がそれぞれ v_x, v_x+dv_x; v_y, v_y+dv_y; v_z, v_z+dv_z にある分子の分布確率は

$$f(v_x, v_y, v_z)dv_x dv_y dv_z \\ = \left(\frac{m}{2\pi k_B T}\right)^{3/2} \exp\left(-\frac{m(v_x^2+v_y^2+v_z^2)}{2k_B T}\right)dv_x dv_y dv_z \tag{4.20}$$

である. いま, 分子の運動速度の大きさ

$$v = (v_x^2 + v_y^2 + v_z^2)^{1/2} \tag{4.21}$$

のみに興味があり, その方向を問わないならば, 分布関数は極座標系へ変換して求めることができる. すなわち, v_x, v_y, v_z の速度空間を考えると, 図 4-3 に示すようにその体積要素 $dv_x dv_y dv_z$ は $v^2 \sin\theta\, d\theta d\phi dv$ へ変換され, 速度方向 θ と ϕ の全範囲にわたって積分すれば, 速度が $v, v+dv$ の範囲にある分子数の割合の分布関数を求めることができる. すなわち, 分布関数は

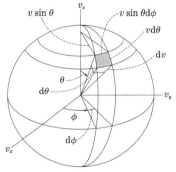

図 4-3 速度空間を直交座標から極座標へ変換したときの体積要素. θ, ϕ の全方向について体積要素を積分すると半径 v の球と $v+dv$ の半径の球に挟まれた空間の体積 $4\pi v^2 dv$ が速度 v についての体積要素となる.

$$f(v)dv = \left(\frac{m}{2\pi k_B T}\right)^{3/2} \int_0^{2\pi} d\phi \int_0^{\pi} \sin\theta\, d\theta \cdot v^2 \exp\left(-\frac{mv^2}{2k_B T}\right)dv$$

$$= 4\pi\left(\frac{m}{2\pi k_B T}\right)^{3/2} v^2 \exp\left(-\frac{mv^2}{2k_B T}\right)dv \tag{4.22}$$

となる. この分布を**マクスウェル-ボルツマン分布**(Maxwell-Boltzmann distribution)という. 1次元の分布式(4.19)と違って, 指数の前に v^2 があるので分布は速度ゼロの場合ゼロで

$$\langle v \rangle_{mp} = \left(\frac{2k_B T}{m}\right)^{1/2} \tag{4.23}$$

の速度において分布は極大値をとる. この速度を**最大確率速度**(most probable velocity)という. いろいろな温度における N₂ 分子の速度

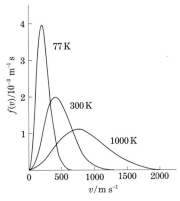

図 4-4 温度 77, 300, 1000 K における N_2 分子の速度分布関数.

分布を図 4-4 に与える.

マクスウェル-ボルツマン分布では，$v, v+dv$ の間にある分子の割合は $f(v)dv$ であるから，平均速度はこれに v を掛けて全速度について積分して計算でき，

$$\langle v \rangle = \int_0^\infty v f(v) dv \qquad (4.24)$$

の式で表される．この式に速度分布関数式(4.22)を代入すると

$$\langle v \rangle = \int_0^\infty 4\pi \left(\frac{m}{2\pi k_B T} \right)^{3/2} v^3 \exp\left(-\frac{mv^2}{2k_B T} \right) dv$$

となる．いま，公式 $\int_0^\infty x^3 \exp(-ax^2) dx = \dfrac{1}{2a^2}$ を応用すると

$$\langle v \rangle = \left(\frac{8k_B T}{\pi m} \right)^{1/2} \qquad (4.25)$$

を得る．

例題 4.3　分子の平均速度の計算　25 ℃ の N_2 気体の分子の最大確率速度 v_{mp}，平均速度 $\langle v \rangle$，根平均2乗速度 $\sqrt{\langle v^2 \rangle}$ を求めよ．また，He 気体の分子ではどうなるか？

[答]　N_2 分子の質量は $m = (28/1000)\,\text{kg mol}^{-1}/6.02 \times 10^{23}\,\text{mol}^{-1} = 4.65 \times 10^{-26}$ kg である．25 ℃ における N_2 分子の最大確率速度，平均速度，根平均2乗速度は，式(4.23), (4.25), (4.10) を用いて

$$\langle v \rangle_{mp} = \left(\frac{2 \times 1.38 \times 10^{-23}\,\text{J K}^{-1} \times 298\,\text{K}}{4.65 \times 10^{-26}\,\text{kg}} \right)^{1/2} = 421\,\text{m s}^{-1}$$

$$\langle v \rangle = \left(\frac{8 \times 1.38 \times 10^{-23}\,\text{J K}^{-1} \times 298\,\text{K}}{3.14 \times 4.65 \times 10^{-26}\,\text{kg}} \right)^{1/2} = 475\,\text{m s}^{-1}$$

$$\sqrt{\langle v^2 \rangle} = \left(\frac{3 \times 1.38 \times 10^{-23}\,\text{J K}^{-1} \times 298\,\text{K}}{4.65 \times 10^{-26}\,\text{kg}} \right)^{1/2} = 515\,\text{m s}^{-1}$$

である．He 原子の原子量は 4 であるから，その速度は N_2 のそれの $(28/4)^{1/2} = 2.6$ 倍である.

最大確率速度(4.23)，平均速度(4.25)，根平均2乗速度(4.10)を比較すると，その比率は

$$\sqrt{2} : \sqrt{\frac{8}{\pi}} : \sqrt{3} = 1 : 1.13 : 1.22$$

である．　□

例題 4.4　分子の運動エネルギー分布を求める　気体分子の速度分布式(4.22)より運動エネルギーの分布を求めよ．

[答]　運動エネルギーは $\varepsilon = (1/2)mv^2$ であるから，これを式(4.22)に代入すればよい．ただし，エネルギー $d\varepsilon$ 当たりの分布であるから速度分布の dv を $d\varepsilon$ へ変換する必要がある.

$$d\varepsilon = mv\,dv$$

であることに留意すると式(4.22)より

$$g(\varepsilon)\mathrm{d}\varepsilon = 4\pi\left(\frac{2\varepsilon}{m}\right)\left(\frac{m}{2\pi k_\mathrm{B} T}\right)^{3/2} \exp\left(-\frac{\varepsilon}{k_\mathrm{B} T}\right)\frac{\mathrm{d}\varepsilon}{\sqrt{2m\varepsilon}}$$
$$= 2\pi\left(\frac{1}{\pi k_\mathrm{B} T}\right)^{3/2}\sqrt{\varepsilon}\exp\left(-\frac{\varepsilon}{k_\mathrm{B} T}\right)\mathrm{d}\varepsilon \quad (4.26)$$

を得る. エネルギー分布関数を図4-5に示す.

エネルギーの平均値は

$$\langle\varepsilon\rangle = \int_0^\infty \varepsilon g(\varepsilon)\mathrm{d}\varepsilon$$

を計算して求められる. すでに理想気体の状態方程式より計算したように

$$\langle\varepsilon\rangle = \frac{3}{2}k_\mathrm{B} T$$

を得る. □

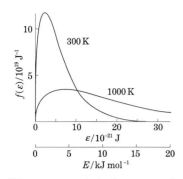

図 4-5 300 K および 1000 K における気体分子のエネルギー分布関数. エネルギー単位をモル当たりとしたとき, 縦軸の単位は分子単位の $10^{19}\,\mathrm{J}^{-1}$ を $10^{19}/6.02\times10^{23}\,\mathrm{J}^{-1}\,\mathrm{mol}$ とする必要がある.

分子衝突の頻度

反応速度は, 反応分子どうしが単位時間に衝突する頻度によって決まる. いま, 問題を簡単にするために分子を固い球, すなわち剛球と仮定する. 分子の形は様々であり, その境界をはっきりと定めることは厳密にはできないが, 衝突をわかりやすくするためにこの近似を採用する.

分子 A と B の混合気体中では, A どうし, B どうしの衝突および A と B との間の衝突が起きている. ここで, 1つの特定の A 分子が周囲の B 分子と衝突する頻度を考える. この場合, A と B の衝突は, その相対的な運動で記述できる. 分子 A と分子 B がそれぞれ $v_\mathrm{A}, v_\mathrm{B}$ の速度で運動しているとすると, A が B に近づく速度は $v_\mathrm{AB} = |\boldsymbol{v}_\mathrm{A} - \boldsymbol{v}_\mathrm{B}|$ で与えられる. ここでは, 簡単のために v_AB は一定で, 平均速度 $\langle v_\mathrm{AB}\rangle$ であると近似する. いま, A と B の相対運動を考えるので, 静止している B に対し, A が運動するというモデルを考えることにする. B が A の中心から進行方向に引いた直線から d 以内の距離に存在していれば A は B と衝突する. つまり, A の中心から d の半径をもつ円を底面とし, A と B の相対速度 $\langle v_\mathrm{AB}\rangle$ を高さとする円筒の中に存在する B は A と単位時間内に衝突する. 図 4-6 を参照すればそれを理解できよう. ここで, A が円筒内の B と衝突すると方向が変わって, 直線的に進行できないのではないかという疑問があろう. A の進行方向が変わってもその中心のまわりの半径 d の円周の中に B が存在すれば衝突する. したがって, A が直線的に進むと考えて計算した円筒の体積は, 衝突で方向を変える場合でも同じである.

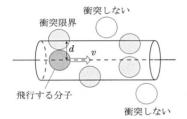

図 4-6 分子が直進して衝突する限界を示す体積モデル. 体積内の分子は直進する分子と衝突する.

円筒の体積は $\pi d^2 \langle v_\mathrm{AB}\rangle$ であるから, この中に存在する B の数は, 体積に B の濃度を掛けたものに等しい. すなわち, 1 個の A が B と

衝突する頻度は

$$z_{AB} = \pi d^2 \langle v_{AB} \rangle n_B = \sigma \langle v_{AB} \rangle n_B \tag{4.27}$$

である．ここで，$\sigma = \pi d^2$ は**衝突断面積**(cross section)，n_B は分子 B の数密度である．また，A と B の速度の平均値は式(4.25)で与えられているが，ここでは A と B の相対運動を考えているので，質量 m は換算質量 $\mu_{AB} = m_A m_B/(m_A + m_B)$ で置き換える必要がある．図4-6 の衝突限界を示す筒の底面は，飛行する A が B という的(まと)に衝突するときのちょうど的の面積に相当するわけで，その面積 σ が衝突断面積である．式(4.27)によれば，単位体積中で起こる A と B の分子衝突の頻度は，

$$Z_{AB} = \sigma \langle v_{AB} \rangle n_A n_B \tag{4.28}$$

となる．また，分子が衝突してから次の衝突まで飛行する平均距離を**平均自由行程**(mean free path)という．それは分子の平均速度を衝突頻度で割ったものである．すなわち，分子 A と分子 B との衝突の平均自由行程 λ は

$$\lambda = \frac{\langle v_{AB} \rangle}{z_{AB}} = \frac{1}{\sigma n_B} \tag{4.29}$$

である．

例題 4.5　衝突頻度の計算　25℃, 1 atm の N_2 気体中での N_2 分子の衝突頻度と平均自由行程を計算せよ．ただし，N_2 分子を直径 0.38 nm の剛球とみなす．

[答]　N_2 分子どうしの 25℃ における平均の相対速度は 670 m s^{-1} である．N_2 分子どうしの運動の場合，重心に対する相対運動であるから換算質量($= 14 \times 10^{-3}$ kg mol^{-1})を用いるので，平均相対速度は例題 4.3 で求めた平均速度の値より大きく 670 m s^{-1} である．N_2 分子のみかけの直径は 0.38 nm であるから衝突断面積は 4.5×10^{-19} m^2 である．圧力 1 atm の窒素分子の数密度は理想気体の状態方程式を用いて計算すると 2.4×10^{25} m^{-3} となる．したがって，1 個の分子が単位時間に衝突する頻度は

$$z = 4.5 \times 10^{-19}\,\text{m}^2 \times 670\,\text{m s}^{-1} \times 2.4 \times 10^{25}\,\text{m}^{-3} = 7.2 \times 10^9\,\text{s}^{-1}$$

である．1 atm の下では，分子は非常に大きな頻度で衝突している．平均自由行程は

$$\lambda = 670\,\text{m s}^{-1}/7.2 \times 10^9\,\text{s}^{-1} = 9.3 \times 10^{-8}\,\text{m}$$

である．この値はわれわれが反応実験に用いる容器の大きさに比べて非常に小さい．したがって，1 atm 程度の圧力では，容器内に存在する分子は分子どうしで衝突を繰り返し，それが容器の壁まで近づいて壁と衝突することはないと仮定しても大きな誤りではない．すなわち，壁と衝突することによって起こる化学反応は，気相化学反応に比べて無視できる．　　□

反応分子 A と B がその中心を結ぶ線に沿って活性化エネルギー ε_a 以上の運動エネルギーをもって衝突するとき，化学反応が起こる．

その衝突頻度は反応速度に相当する．AとBの反応速度は，その衝突頻度 $\sigma\bar{v}[A][B]$ に活性化エネルギー E_a 以上のエネルギーで衝突する確率 $\exp(-E_a/RT)$ を掛けたものとなる．すなわち，

$$\text{反応速度} = \sigma\bar{v}[A][B]\exp\left(-\frac{E_a}{RT}\right) \quad (4.30)$$

となる．ここで，$E_a = N_A \varepsilon_a$（$N_A =$ アボガドロ定数）で，モル当たりの活性化エネルギーである．反応速度定数 k は反応分子が単位濃度の場合の反応速度であるから

$$k = \sigma\bar{v}\exp\left(-\frac{E_a}{RT}\right) \quad (4.31)$$

この式は第2章で定義したアレニウス式と対応している．すなわち，頻度因子は

$$A = \sigma\bar{v} \quad (4.32)$$

で，指数関数部分は反応のポテンシャルエネルギー障壁を越える衝突の割合を示している．

この式がどうして導かれるかは後回しにして，次の例題で実際にこの式を使って反応速度を見積もってみよう．その計算のためには，反応分子を球形と見なしたときの半径の大きさを知る必要がある．分子には明瞭な境界があるわけではないが，後に述べる衝突散乱実験や結晶構造の測定からその値を推定することができる．ただ，分子を球形と考えるのは粗い近似なので，ここで提案する衝突論では化学反応速度のおよそを知ることしかできない．

例題 4.6　反応速度の頻度因子を計算する　表 4-1 の反応の頻度因子 A_{exp} を衝突頻度の計算値 A_{calc} と比較せよ．ただし，反応に関与する原子分子の半径はファンデルワールス半径または結合距離などから推定し，F : 0.15, O : 0.15, H_2 : 0.15, CH_4 : 0.19, CHF_3 : 0.23 nm とする．

表 4-1　化学反応速度定数の頻度因子と活性化エネルギー（25 ℃）

反応	$A_{\text{exp}}/\text{cm}^3\,\text{molecule}^{-1}\,\text{s}^{-1}$	$E_a/\text{kJ mol}^{-1}$
$F+H_2 \to HF+H$	1.9×10^{-10}	4.7
$F+CH_4 \to HF+CH_3$	3.0×10^{-10}	3.3
$F+CHF_3 \to HF+CF_3$	6.3×10^{-12}	10.0
$O+H_2 \to OH+H$	2.9×10^{-11}	39.5
$O+CH_4 \to OH+CH_3$	3.5×10^{-11}	37.8

［答］　第1の反応について計算を説明する．衝突半径 $d(F+H_2) = r(F) + r(H_2) = 0.30$ nm である．断面積は $\sigma = \pi(0.30\times 10^{-9}\,\text{m})^2 = 2.83\times 10^{-19}\,\text{m}^2$ で，衝突の相対運動の換算質量は $\mu = [19\times 2/(19+2)]\times 10^{-3}\,\text{kg mol}^{-1}/6.02\times 10^{23}\,\text{mol}^{-1} = 3.01\times 10^{-27}\,\text{kg}$ であるから，その平均速度は $\langle v \rangle = (8\times 1.38\times 10^{-23}\,\text{J K}^{-1}\times 298\,\text{K}/3.14\times 3.01\times 10^{-27}\,\text{kg})^{1/2} = 1870\,\text{m s}^{-1}$ である．したがって，衝突頻度因子は，$A_{\text{calc}} = 2.83\times 10^{-19}\,\text{m}^2 \times 1870\,\text{m s}^{-1} = 5.28\times 10^{-16}\,\text{m}^3\,\text{s}^{-1} = 5.28\times 10^{-10}\,\text{cm}^3\,\text{molecule}^{-1}\,\text{s}^{-1}$ となる．同様にして計算し

た頻度因子を表 4-2 に与え，実験値と比較する．

表 4-2 化学反応速度定数の頻度因子の計算値と実験値(25℃)

反応	衝突半径/ nm	A_{exp} / cm^3 molecule^{-1} s^{-1}	A_{calc} / cm^3 molecule^{-1} s^{-1}
$F+H_2 \to HF+H$	0.30	1.9×10^{-10}	5.3×10^{-10}
$F+CH_4 \to HF+CH_3$	0.34	3.0×10^{-10}	3.1×10^{-10}
$F+CHF_3 \to HF+CF_3$	0.38	6.3×10^{-12}	3.0×10^{-10}
$O+H_2 \to OH+H$	0.30	2.9×10^{-11}	5.3×10^{-10}
$O+CH_4 \to OH+CH_3$	0.34	3.5×10^{-11}	3.2×10^{-10}

　フッ素原子(F)は反応活性のきわめて大きい原子で，ほとんど衝突ごとに反応が進むと考えられる．表 4-1 に 3 つの反応を比較した．$F+H_2$ や $F+CH_4$ の反応の頻度因子は桁で一致している．このことは，これらの反応は衝突の瞬間に結合の組み替えが起こる高速反応であることがわかる．一方，$F+CHF_3$ の反応では，実験の頻度因子は衝突論の推定値よりもはるかに小さい．それは F 原子が CHF_3 と反応して，H 原子を引き抜くためには

$$F \longrightarrow H-C\begin{array}{c} F \\ -F \\ F \end{array}$$

のように F 原子が反応相手の分子に対して特定の方向から衝突する必要があるためである．したがって，頻度因子には**立体因子** $p\,(<1)$ を掛ける必要がある．

　O 原子は F 原子に比較して不活性であって，活性化エネルギーも大きい．実験の頻度因子は衝突論のそれに比べてずっと小さい．これは，反応の活性状態に至る過程を単純な剛球の衝突で見積もることができないことを意味している．F 原子の反応のように活性化エネルギーが小さく，衝突ごとに反応が起こる場合にのみ，ここで述べた近似でその速度定数のおよそを見積もることができる．　　　　　　　　　　　　　　　　　　　　　　　　　　　　　□

§2　分子衝突のダイナミックス

ポイント　分子が互いに近づくときに働く分子間の力によって衝突の運動軌跡がどうなるかを探る．

衝突断面積

　分子の衝突断面積，つまり，分子の大きさを測定するためには，分子線という分子のビームを作り出し，それを衝突する相手の分子気体の入った散乱箱に導き，その出口で分子線の強度の減少を測定する．衝突箱に入射した分子線中の分子が衝突すると，その進行方向を変えるため衝突箱の出口から出射できない．したがって，衝突

▶分子などの粒子のビームが，他の粒子との衝突によってそのエネルギーや運動の方向を変える現象を，ビームが散乱(scattering)されるという．

によって分子線の強度は減少する．

図4-7の装置から発する分子線の強度 I は，単位面積単位時間当たりに通過する分子数と定義される．分子線が標的分子の入った衝突箱を Δx だけ進んだときの強度の減少割合 $-\Delta I/I$ は，Δx に比例する．すなわち

$$-\frac{\Delta I}{I} = \alpha \Delta x \tag{4.33}$$

となる．いま，十分小さい Δx をとると，式(4.33)は

$$-\frac{\mathrm{d}I}{I} = \alpha\,\mathrm{d}x \tag{4.34}$$

と書き直すことができる．これを積分することによって

$$I(x) = I(0)\,\mathrm{e}^{-\alpha x} \tag{4.35}$$

が得られ，分子線強度は進行距離に対して指数関数的に減少することがわかる．分子線強度は衝突箱中の被衝突分子数密度に比例して減少する．それは，入射する分子の衝突箱中の分子との衝突確率はその密度に比例するからである．その比例定数が衝突断面積 σ である．衝突箱中の分子はそれぞれ入射分子線に対して的（まと）をもっていて，的の面積が衝突確率を与える．いま，衝突箱の長さを l とすると式(4.35)は

$$\frac{I(l)}{I(0)} = \mathrm{e}^{-\sigma n_\mathrm{B} l} \tag{4.36}$$

となる．ここで，n_B は衝突箱中の被衝突分子の数密度である．

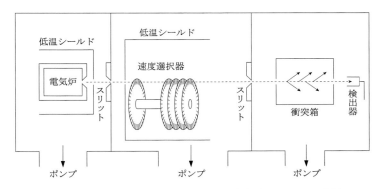

図4-7 分子線の衝突散乱実験装置．電気炉中のアルカリ金属気体を真空中に噴出させ，スリットを通して分子線とする．高速回転するスリットを刻んだ複数の円盤が速度選択器で，複数のスリットを通過できるのは，ある一定速度の分子である．円盤の回転速度を変化させると，異なる速度の分子を選択することができる．

例題 4.7 衝突断面積の測定 K 原子線の Xe 原子気体による強度減衰のデータを表 4-3 に与える。K 原子の Xe 原子との衝突断面積を求めよ。

表 4-3 K 原子線($720\,\mathrm{m\,s^{-1}}$)の Xe 気体($25\,°\mathrm{C}$)による強度減衰の測定値

衝突箱圧力/10^{-5} Torr	1.18	1.40	1.85	2.38	3.01	3.57
$\ln(I_0/I)_{l=20\,\mathrm{mm}}$	0.096	0.132	0.175	0.221	0.279	0.331
$\ln(I_0/I)_{l=30\,\mathrm{mm}}$	0.123	0.176	0.232	0.300	0.375	0.442

[答] 表 4-3 のデータを図 4-8 にプロットしてみると,n_B については式(4.36)が成立していることがわかるが,衝突箱の長さ l については成立していない。それは,衝突箱中の K 原子線の通路に沿って Xe 原子密度が一様でないからである。とくに,入口と出口は真空チャンバーにじかに接しているので,その近傍で密度の勾配が大きい。そこで,密度の変動分の寄与を消去するために $l=20\,\mathrm{mm}$ と $30\,\mathrm{mm}$ の衝突箱のデータの差をとることにする。すなわち,差を Δl とすると式(4.36)より

$$\sigma n_\mathrm{B} \Delta l = \ln\left(\frac{I_0}{I}\right)_{l=30\,\mathrm{mm}} - \ln\left(\frac{I_0}{I}\right)_{l=20\,\mathrm{mm}} \quad (4.37)$$

が得られる。表 4-3 のデータより $n_\mathrm{B}(25\,°\mathrm{C}, 1\times 10^{-5}\,\mathrm{Torr}) = 3.24\times 10^{17}\,\mathrm{m}^{-3}$ に留意すると次の結果を得る。

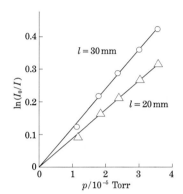

図 4-8 Xe 気体による K 原子線の強度減衰の Xe 圧力依存の測定値。[I. Kusunoki, *Bull. Chem. Soc. Jpn.* **44**, 2067(1971)]

衝突箱圧力/10^{-5} Torr	1.18	1.40	1.85	2.38	3.01	3.57	平均
$\sigma/10^{-18}\,\mathrm{m}^2$	7.06	9.70	9.51	10.24	9.84	9.60	9.33

衝突箱を用いた分子線散乱実験の解析では,圧力計の補正,被衝突気体の密度の不均一の問題,分子線の広がりなどの補正が必要である。そのような補正の結果を表 4-4 にまとめた。衝突断面積が原子番号の大きい原子で大きくなることがわかる。

表 4-4 K 原子と希ガス原子の衝突断面積(衝突速度 $=720\,\mathrm{m\,s^{-1}}$)

希ガス原子	衝突断面積/nm^2	衝突半径/nm
Ar	5.05	1.3
Kr	6.02	1.4
Xe	7.14	1.5

衝突断面積は衝突速度によって変わる。図 4-9 に K 原子と希ガス原子との衝突断面積の実験値を衝突速度の関数でプロットした。衝突断面積は衝突速度の増大とともに小さくなっている。この現象は,衝突する K 原子と希ガス原子を剛球と考えたのでは説明できない。剛球であれば,断面積は一定である。したがって,2 つの原子の間に,原子間距離 R の関数でポテンシャルエネルギー $V(R)$ を考えねばならない。原子どうしがゆっくりとした速度ですれ違うと互いに

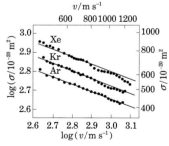

図 4-9 K 原子の希ガス原子との衝突断面積(σ)の衝突速度(v)依存性の実験値。[I. Kusunoki, *Bull. Chem. Soc. Jpn.* **44**, 2067(1971)]

引きつけあって，運動方向が変わる．この現象は，原子間の相対速度が大きくなると見られなくなる．原子が軟らかい球になっていれば，原子どうしが大きな速度で衝突すると双方の原子がより短い原子間距離まで近づくことができる．その結果，衝突断面積は小さくなる．

分子と分子が近づいたとき互いに働く力を**分子間力**(intermolecular force)という．分子間力には，遠距離引力と短距離斥力とがある．比較的離れた距離に存在する分子の間には，分極によって相互に安定な配向をとる傾向を生ずる．つまり，分子間に引力が働く．この引力の故に，気体は低温になると凝縮する．引力の強い分子は，比較的高温で凝縮して液体となる．これに対して，分子どうしがあまり近づきすぎると電子間反発のために斥力が働く．斥力は分子どうしが短距離まで近づいたとき急に作用する．高速衝突の場合には，短距離斥力だけが問題となり，分子を一定の大きさをもつ剛球のように近似できる．

表 4-4 に示した K 原子と希ガス原子との衝突断面積は大きく，これから見積もった原子半径は K 原子と希ガス原子でおよそ等しいと仮定すると 0.5 nm を超えることになる．これは原子間結合距離と比較して数倍の大きさである．したがって，この衝突散乱の原因は原子間の遠距離引力のためである．図 4-9 のデータは比較的低速の K 原子の散乱実験で，この場合には遠距離引力の効果が大きく現れる．このデータを解析すると，分子間ポテンシャルを

$$V(R) = -\frac{C}{R^s} \qquad (4.38)$$

の形式で表したとき，$s=6$ がもっともよく図 4-9 の断面積の速度依存性を説明する．他の分子対でも低速の衝突散乱の結果は $s=6$ の値を示すことが多い．その理由は分子間に電気的な引力が働くからである．分子には，それを構成する原子核に局在する正電荷と分子全体に広がった電子雲とで正負の電荷分布が生ずる．分子に他の分子が近づくと両方の分子の電荷分布が，2 つの分子間に引力が働くように変形する．つまり，2 つの分子に双極子モーメントが誘起され，分子間に $s=6$ の式(4.38)のポテンシャルエネルギーが生ずる．

一方，より高速で衝突する原子分子どうしの衝突断面積は，ずっと小さい．図 4-10 に希ガス原子イオンと希ガス原子の衝突断面積を衝突エネルギーの関数で求めた実験値を示す．低速(低エネルギー)衝突の場合に比較して断面積の大きさがずっと小さいことと，高速(高エネルギー)衝突になると速度(エネルギー)依存性がほとんど無くなるのが特徴である．これは原子とイオンが短距離で原子間間隔

▶ 外部からの相互作用によって分子の + の電荷の中心と − の電荷の中心が分離することを分極(polarization)という．分極の結果，分子に双極子モーメントが誘起される．

▶ 分子 1 の双極子モーメント μ_1 によって R だけ離れた分子 2 の位置に生ずる電場は $E_1 = \mu_1/R^3$，また，分子 2 の双極子モーメント μ_2 によって分子 1 の位置に生ずる電場は $E_2 = \mu_2/R^3$ である．それぞれの分子の分極率を α_1, α_2 とすると，電場による分極による安定化エネルギー $-(1/2)(\alpha_1 E_2^2 + \alpha_2 E_1^2)$ が引力ポテンシャルとなる．すなわち，$V(R) = -C/R^6$，$C = (\alpha_1 \mu_2^2 + \alpha_2 \mu_1^2)/2$ となる．

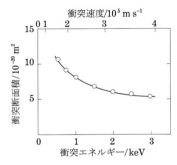

図 4-10 Kr^+ と He との衝突断面積の衝突エネルギー依存性の実験値. [H. Inouye and K. Tanji-Noda, *J. Chem. Phys.* **77**, 5990(1982)]

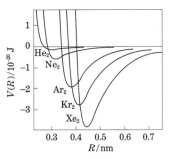

図 4-11 希ガス原子間のレナード-ジョーンズポテンシャルエネルギー曲線. [J. M. Farrar, T. P. Schafer and Y. T. Lee, "Transport Phenomena, AIP Conference Proceeding No. 11", ed. by J. Kestin, AIP (1973)]

に鋭く依存するポテンシャルエネルギーをもつことを意味する.つまり,剛球が互いに衝突する描像がよい近似となる.この斥力ポテンシャルを

$$V(R) = \frac{C'}{R^n} \quad (4.39)$$

のように表現することができる.その場合,近距離で作用するということで,n は 10 以上の大きな値となる.

分子間のポテンシャル $V(R)$ には,式(4.38)と式(4.39)の引力と斥力の両方をとり入れたいろいろな経験式が提案されているが,もっともよく使われるのは

$$V(R) = 4\varepsilon\left[\left(\frac{R_0}{R}\right)^{12} - \left(\frac{R_0}{R}\right)^6\right] \quad (4.40)$$

のレナード-ジョーンズ(Lennard-Jones)**(12,6)** ポテンシャルである.このポテンシャルを図 4-11 に示す.遠距離では引力が働き,短距離で斥力が働くためにポテンシャルエネルギー曲線は極小をもつ.その深さが ε である.また,$V(R)=0$ となる距離が R_0 である.R_0 は剛球近似での衝突半径に近い値となる.

表 4-5 レナード-ジョーンズ (12,6) ポテンシャルのパラメーター

原子分子	$\varepsilon/\mathrm{cm}^{-1}$	$(\varepsilon/k_\mathrm{B})/\mathrm{K}$	R_0/nm
He	7.51	10.8	0.257
Ne	24.9	35.8	0.275
Ar	83.1	119.5	0.3409
Kr	120.0	172.7	0.3591
Xe	156.6	225.3	0.4070
N_2	33.1	47.6	0.385
CO_2	130.3	187.5	0.447
CH_4	102.9	148.1	0.3809
C_2H_6	164	236	0.4384
C_3H_8	143	206	0.5240

[J. O. Hischfelder, C. F. Curtiss and R. P. Bird, "Molecular Theory of Liquids and Gases", Wiley (1954), p. 1212.]

例題 4.8 レナード-ジョーンズ(LJ)ポテンシャルの極小値を求める
式(4.40)の LJ ポテンシャルの極小値 V_min とその分子間距離 R_min を求めよ.

[答] 極小値を求めるために式(4.40)の微係数を求め,ゼロとおく.すなわち,

$$\frac{dV}{dR} = 4\varepsilon\left(-12\frac{R_0^{12}}{R^{13}} + 6\frac{R_0^6}{R^7}\right) = 0$$

より

$$R_{\min} = 2^{1/6} R_0 = 1.12 R_0$$

を得る．これより

$$V_{\min} = 4\varepsilon\left[\left(\frac{R_0}{2^{1/6} R_0}\right)^{12} - \left(\frac{R_0}{2^{1/6} R_0}\right)^6\right] = -\varepsilon$$

となる．ε は引力ポテンシャルの深さを表す． □

分子衝突の運動軌跡

分子の衝突過程は，次の2つに大別される．

(1) **弾性衝突**(elastic collision) 衝突の前後で衝突する原子分子の運動エネルギーとその内部エネルギー(振動や回転運動のエネルギー)が不変である．

(2) **非弾性衝突**(inelastic collision) 衝突によって分子の内部エネルギーの変化および化学反応(イオン化や電荷移行などを含む)が起こる．

ここでは，分子間ポテンシャルと衝突軌跡の関係を探究するという目的で，弾性衝突を扱うことにする．分子間ポテンシャルは分子の重心間の距離のみの関数で，衝突の方向によらない等方的ポテンシャルを仮定する．それは分子を希ガス原子と同じとする近似である．

分子 A が分子 B に衝突する場合，重心の運動と 2 つの分子の相対運動とに分離して考えることができる．2 つの分子の相対運動は，換算質量 μ の衝突分子対が重心 O のまわりを運動すると解釈することができる．ここで，重心 O を衝突分子対の散乱中心とよぶこともある．2 つの分子の運動は，その相対位置を示すベクトル $\boldsymbol{R}(t)$ で図 4-12 のように表現できる．衝突の相対運動の運動エネルギーは，$\boldsymbol{R}$ に沿う動径方向の運動とそれに直交する角度方向の運動とに分けることができる．すなわち，

$$T = \frac{1}{2}\mu \dot{\boldsymbol{R}}^2 = \frac{1}{2}\mu(\dot{R}^2 + R^2 \dot{\phi}^2) \quad (4.41)$$

である．ここで，原子 A, B の質量を m_A, m_B とすると，換算質量は $\mu = m_A m_B/(m_A + m_B)$ で，$R = |\boldsymbol{R}|$，ϕ はベクトル $\boldsymbol{R}$ の空間軸に対する角度である．空間軸は散乱中心から $R \to \infty$ の方向，つまり，入射分子の進行方向にとるのが自然である．原子 A と B が無限遠にあるときの AB 間の相対速度ベクトル(初期速度 v_0)をそのまま延長したとき，散乱中心との最近接距離を b とし，それを**衝突パラメーター**(impact parameter)という．衝突パラメーターは衝突の角運動量

$$L = \mu b v_0 = \mu R^2 \dot{\phi} \quad (4.42)$$

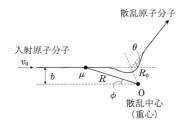

図 4-12 分子 A と B の衝突の相対運動軌跡のモデル図．換算質量 μ をもつ衝突分子対が，重心 O (散乱中心ともいう)のまわりを運動する．重心に分子対が直接衝突する軌跡は，正面衝突に相当する．

を与えるので，衝突の軌跡を考える上で重要なパラメーターである．この式を式(4.41)へ代入すると

$$T = \frac{1}{2}\mu\dot{R}^2 + \frac{L^2}{2\mu R^2} = \frac{1}{2}\mu\dot{R}^2 + \frac{\varepsilon_T b^2}{R^2} \quad (4.43)$$

となる．ここで $\varepsilon_T = (1/2)\mu v_0^2$ は衝突対が初めにもつ運動エネルギーで，それが全エネルギーである．全エネルギーは運動エネルギーとポテンシャルエネルギーの和であるから

$$\varepsilon_T = T + V = \frac{1}{2}\mu\dot{R}^2 + \frac{L^2}{2\mu R^2} + V(R) \quad (4.44)$$

である．ここで，第1項は分子間距離の動径方向の運動エネルギー，第2項は遠心力運動エネルギーで，衝突分子対の相対運動が角運動量をもつことによって生ずる．角運動量は初期速度と衝突パラメーターで定まり，それは保存量で初期条件で与えられるから，動径方向の運動は有効ポテンシャル

$$V_{\text{eff}} = \frac{L^2}{2\mu R^2} + V(R) \quad (4.45)$$

のもとで行われると考えてもよい．

例題 4.9 有効ポテンシャルの計算 有効ポテンシャルを2つのアルゴン原子が互いに近づく場合について計算せよ．原子間ポテンシャルには表4-5のLJポテンシャルを用いる．すなわち，ε(引力エネルギー) $= 119.5\,\text{K}\times k_B = 119.5\times 1.38\times 10^{-23}\,\text{J} = 1.65\times 10^{-21}\,\text{J} = 83.0\,\text{cm}^{-1}$, $R_0 = 0.3409\,\text{nm}$．なお，角運動量は分子のようなミクロな系では量子化(第5章参照)され，

$$|L^2| = \frac{h^2}{4\pi^2}L(L+1) \quad (4.46)$$

となる．L は量子数で正の整数である．ここで，$h/8\pi^2 c\mu R_0^2 = B_0 = 0.0722\,\text{cm}^{-1}$ を定義すると計算に都合がよい．

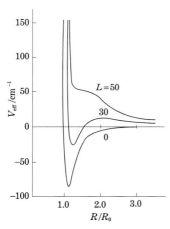

図4-13 Ar-Ar衝突の有効ポテンシャルの計算値．角運動量をもって衝突するときには，遠心力運動ポテンシャルが斥力ポテンシャルとして作用するので，引力ポテンシャルが浅くなり，解離方向にポテンシャル障壁を生ずる．角運動量が大きくなると実質的に単なる斥力ポテンシャルとなる．

[答] 式(4.45)の第1項を cm^{-1} のエネルギー単位で記述すると，

$$\frac{|L^2|}{2hc\mu R^2} = \frac{h}{8\pi^2 c\mu R^2}L(L+1)$$

$$= \frac{h}{8\pi^2 c\mu R_0^2 (R/R_0)^2}L(L+1) = \frac{B_0}{(R/R_0)^2}L(L+1)$$

であることに注意して，いろいろな原子間距離について計算すると図4-13のようになる．$V(R)$ がポテンシャル極小をもつのに対し，遠心力ポテンシャルが斥力として働くので，V_{eff} では極小が浅くなると同時に，解離方向にエネルギー障壁を生ずる．角運動量が非常に大きい場合の有効ポテンシャルは，斥力のみのポテンシャルとなる．　　　□

分子衝突がどのような運動軌跡をたどるかを衝突パラメーターの関数で考えてみよう．その計算の詳細は他の参考書にゆずることにし，ここでは，衝突パラメーターの意義を理解することを目標とし

て，図4-14(a)に衝突の運動軌跡を描いた．この図では，衝突パラメーターは分子間ポテンシャルの最小値を与える分子間距離 R_e で規準化して $b^* = b/R_e$ で表示した．(1) $b \gg R_e$ の場合，分子は互いにすれ違うだけである．つまり，衝突は起こらない．(2) $b \sim 2R_e$ の場合，遠距離引力のみが働いて分子が互いに引きつけられ，運動の方向が衝突中心の側に向く．すなわち，散乱角はマイナスとなる．(3) さらに衝突パラメーターが小さくなる ($b = b_r$) と負の散乱角がさらに大きくなり，負の最大値に到達する．この場合の散乱を**にじ**(rainbow)**散乱**と呼ぶ．(4) 衝突パラメーターが $b = b_g < b_r$ になると，短距離斥力が働くようになる．引力と斥力の効果がちょうど釣り合うと散乱角がゼロになる．このときの散乱は**グローリー**(glory)**散乱**とよばれる．(5) $b < b_g$ の場合，斥力ポテンシャルが支配的となり，散乱角は正に大きい値をとる．つまり，剛球どうしが衝突するのに近い．図4-14(b)には，(a)の図と対応して b と θ との関係を示した．衝突パラメーターの大きい $b > b_g$ の領域では，θ は負で，$\theta = b_r$ で負の最大値をとる．$b < b_g$ の領域で θ は正に大きくなり，$b = 0$ の正面衝突の場合に $\theta = \pi$ となる．

衝突の散乱角分布を測定する実験装置では，図4-7のように分子線を衝突室へ導くのではなく，衝突が空間の1点で起こるよう2つ

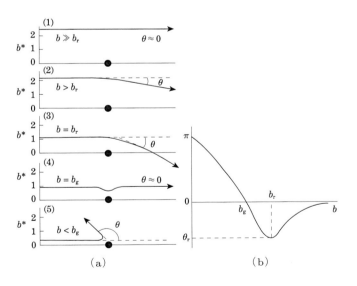

図 **4-14** (a)いろいろな衝突パラメーターのもとでの衝突の軌跡の概略．(1)遠くすれ違う衝突，(2)遠距離引力による負の散乱角をもつ衝突，(3)負の散乱角が最大となるにじ散乱，(4)遠距離引力と短距離斥力とが釣り合うグローリー散乱，(5)近接した衝突での短距離斥力による正に大きな散乱角をもつ衝突．
(b)衝突散乱角と衝突パラメーターの関係．

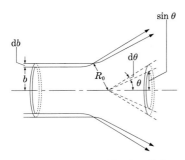

図 4-15 $b, b+db$ の間にある衝突パラメーターをもつ分子衝突が散乱角 $\theta, \theta+d\theta$ に散乱する相関を示す図. 散乱軸(1点鎖線)のまわりには等方的に散乱する.

▶ 立体角 Ω
単位長の半径の球面上の面積 Ω に対して中心から張る角度.

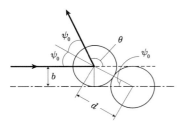

図 4-16 衝突パラメーター b で衝突する剛球が散乱される角度 θ が, $\pi - 2\sin^{-1}(b/d)$ となることを説明する図.

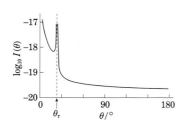

図 4-17 LJポテンシャルの分子間ポテンシャルのもとで衝突した分子の微分散乱断面積の古典力学による計算の例. 剛球の場合は, 微分散乱断面積は散乱角度によらず一定値となる.

の分子線を交差させるようになっている. 入射分子は散乱中心の1点で散乱され, いろいろな散乱角 θ で散乱分子を測定することができる. いま, 入射分子が入射方向に垂直な単位面積当たり単位時間に N 個の強度をもつものとする. 衝突パラメーターが $b, b+db$ の間の値をとる入射分子は, 単位時間当たり $2\pi b\, db \times N$ 個である. それらの分子の衝突散乱は, $\theta, \theta+d\theta$ の角度方向の単位球面上の面積 $2\pi \sin\theta d\theta$ の環を通る方向に行われる. その模様は図 4-15 に示した. ここで, 分子間ポテンシャルは等方的であるから軸まわりの角度に対して散乱は均一である. θ 方向に単位時間に散乱されて出射する分子数は

$$2\pi N b\, db = 2\pi N I(\theta) \sin\theta d\theta \qquad (4.47)$$

となる. ここで, θ 方向の単位立体角に散乱出射する確率を**微分散乱断面積**(differential cross section)といい,

$$I(\theta) = \frac{b}{\sin\theta (d\theta/db)} \qquad (4.48)$$

のように定義される. 全散乱断面積は

$$\sigma = \int_0^{4\pi} I(\theta) d\Omega = 2\pi \int_0^{\pi} I(\theta) \sin\theta d\theta \qquad (4.49)$$

である.

> **例題 4.10 衝突パラメーターと散乱角の関係** 衝突半径が d の剛球が衝突するとき, 衝突パラメーターと散乱角との関係を求めよ. また, 微分散乱断面積はどうなるか?

[答] $b \leq d$ のとき散乱角が正の値をとる. それ以外では, 散乱角はゼロである. 図 4-16 を参照すると2つの剛球が接触した瞬間において標的の剛球の中心と衝突球の中心とを結ぶ直線と入射方向とのなす角は, $\psi_0 = \sin^{-1}(b/d)$ である. したがって, 散乱角は, $\theta = \pi - 2\psi_0 = \pi - 2\sin^{-1}(b/d)$ である. すると, $\sin\theta = \sin(\pi - 2\psi_0) = \sin 2\psi_0 = 2\sin\psi_0 \cos\psi_0$, また, $b/d = \sin(\pi/2 - \theta/2) = \cos(\theta/2)$, $\left|\frac{d\theta}{db}\right| = \frac{2}{d\sin(\theta/2)} = \frac{2}{d\sin(\pi/2-\psi_0)} = \frac{2}{d\cos\psi_0}$, であることに注意して, 式(4.48)に代入すると $I(\theta) = \frac{b}{2\sin\psi_0 \cos\psi_0 (2/d\cos\psi_0)} = \frac{1}{4}d^2$ を得る. 微分散乱断面積は散乱角によらず一定である. したがって, 空間のすべての方向に同じ確率で散乱されるので, これを**等方散乱**という. 全散乱断面積は, $\sigma = 2\pi \int_0^{\pi} I(\theta)\sin\theta d\theta = \pi d^2$ となって, 式(4.27)に出てきた衝突断面積と同じである. □

実験で観測できるのは微分散乱断面積であり, これから分子間ポテンシャル $V(R)$ を定めることができる. また, $V(R)$ が与えられれば, 散乱角 θ を衝突パラメーター b の関数として求めることができる. 図 4-17 に微分散乱断面積の計算例を示す. 小さい散乱角の領域は原子分子間長距離力が主として作用する. その微分散乱断面積は

散乱角とともに徐々に低下し，式(4.48)によれば，$d\theta/db$ が小さくなると大きくなり，にじ散乱の条件 $d\theta/db=0$ では無限大に発散する．これはちょうど光が水滴によって散乱されるのと同じ現象である．そのためににじ散乱と命名された．この近傍の微分散乱断面積の測定によって遠距離引力ポテンシャルを探ることができる．一方，散乱角の大きい領域の微分散乱断面積は主として斥力ポテンシャルを反映する．

▶ 量子力学の計算では原子分子は波として扱われる．したがって，散乱波が互いに干渉し，にじ散乱でも微分散乱断面積は無限大になることはない．

§3 化学反応速度の衝突論

ポイント 反応の衝突断面積を用いて反応速度定数を計算する．

反応を伴う衝突

分子衝突が化学反応をもたらす場合の断面積を考えよう．いま，衝突パラメーター $b, b+db$ で衝突したとき反応確率が $P_\mathrm{R}(b)$ であるとする．すると，反応の衝突断面積への寄与は

$$d\sigma = P_\mathrm{R}(b) 2\pi b\, db \tag{4.50}$$

となる．反応確率がどのように衝突パラメーターに依存するかは反応によって異なる．ここで，簡単なモデルを提案しよう．それは，衝突パラメーターがある大きさ b_max 以下の近接した衝突で一定の反応確率 P をもつというものである．すなわち，

$$P_\mathrm{R}(b) = \begin{cases} P & b < b_\mathrm{max} \\ 0 & b > b_\mathrm{max} \end{cases} \tag{4.51}$$

である．この単純な仮定をすると，反応の衝突断面積(**反応断面積**)は

$$\sigma_\mathrm{R} = \int_0^{b_\mathrm{max}} 2\pi P b\, db = \pi P b_\mathrm{max}^2 \tag{4.52}$$

である．b_max を LJ ポテンシャルの R_0 に近い値とすれば，反応断面積は気体運動論で定義された衝突断面積に反応の衝突確率を掛けたものとなる．ここで，化学反応の2つの場合について考えることにする．第1は，引き抜き反応に代表されるような活性化エネルギーを必要とする反応で，第2は，再結合反応・イオン-分子反応のような活性化エネルギーがゼロである反応である．

（1）化学反応がポテンシャルエネルギーの障壁を越えて進行する場合には，反応分子に障壁を越えるのに十分なエネルギーが与えられねばならない．そのエネルギーが反応分子のどのような運動自由度に与えられるべきかは反応のメカニズムによって違う．そのことについては，第6章で学ぶことにするが，ここでは，ごく簡単な場

合を考えることにする．いま，衝突する反応分子を剛球と考え，衝突する分子の中心を結ぶ線上の衝突運動エネルギーが ε_0 を越えることが反応の条件であると仮定する．衝突パラメーターを b，2つの分子の半径の和を d とすると，図 4-16 によれば初期速度 v_0 の分子の中心を結ぶ方向の成分は，$v_0 \cos \psi_0 = v_0(1-\sin^2 \psi_0)^{1/2} = v_0[1-(b/d)^2]^{1/2}$ である．したがって，その運動エネルギーは，$\varepsilon_{\rm T}[1-(b/d)^2]$ である．反応の条件は，このエネルギーが ε_0 よりも大きいときに反応が起こるとするものである．すなわち，

$$\varepsilon_{\rm T}\left(1-\frac{b^2}{d^2}\right) - \varepsilon_0 \geqq 0 \tag{4.53}$$

の条件を満たす場合に反応が起こる．衝突パラメーターが大きい場合の衝突反応には大きな運動エネルギーが必要である．式(4.53)の条件を満たす最大の衝突パラメーターは

$$b_{\max} = d\left(1-\frac{\varepsilon_0}{\varepsilon_{\rm T}}\right)^{1/2} \tag{4.54}$$

である．すると，式(4.52)より反応断面積は

$$\sigma_{\rm R}(\varepsilon_{\rm T}) = \begin{cases} \pi d^2\left(1-\dfrac{\varepsilon_0}{\varepsilon_{\rm T}}\right) & \varepsilon_{\rm T} \geqq \varepsilon_0 \\ 0 & \varepsilon_{\rm T} \leqq \varepsilon_0 \end{cases} \tag{4.55}$$

となって，図 4-18 に示すように反応断面積は化学反応のしきい値(threshold)エネルギー ε_0 で立ち上がるようなエネルギー依存性を示す．反応断面積のエネルギー依存性は重要な実験情報で，それを通じて反応のポテンシャルエネルギー曲面上の反応分子の軌跡を探ることができる．

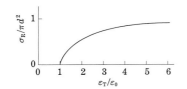

図 4-18 反応しきい値が存在する場合の反応断面積のエネルギー依存性．式(4.55)による．

(2) イオンと分子の衝突のようにイオンの強いクーロン電場が遠距離で分子に作用する場合，反応の条件はイオンと分子が互いに近づくことであって，衝突エネルギーにしきい値は存在しない．つまり，イオン–分子間の長距離引力のためにイオンと分子は互いに引きつけ合い，その結果反応が起こる．そうであれば，反応の断面積は無限大となる．しかし，実際にはイオンと分子の相対運動が角運動量をもつために，それらの間には遠心力のための斥力が働く．式(4.45)のみかけのポテンシャルは，$L^2 = (\mu b v_0)^2 = 2\mu b^2 \varepsilon_{\rm T}$ を考慮すると

$$V_{\rm eff} = V(R) + \frac{\varepsilon_{\rm T} b^2}{R^2} \tag{4.56}$$

となる．第1項の分子間ポテンシャルとしてイオンと分子間の長距離引力($s=4$)を考えると，

$$V(R) = -\frac{C}{R^4} \tag{4.57}$$

で，例題 4.9 に示したようにみかけのポテンシャルは条件によっては極小・極大をもつ形となる．つまり，ポテンシャルに障壁を生ず

▶ 電荷 q をもつイオンが R の距離にある分子の位置に作る電場は $E = q/4\pi\varepsilon_0 R^2$ で，分子の分極率を α とすると分子分極による安定化エネルギーは $-(1/2)\alpha E^2 = -C/R^4$，$C = \alpha q^2/2(4\pi\varepsilon_0)^2$ である．SI 単位の分極率は $4\pi\varepsilon_0 \alpha$ である．ここで，α は CGS 単位系の分極率で体積の次元をもつ．

る. 障壁は $\left(\dfrac{dV_{\text{eff}}}{dR}\right)_{R=R^*}=0$ の条件を満たす

$$R^* = \left(\frac{2C}{\varepsilon_{\text{T}} b^2}\right)^{1/2} \tag{4.58}$$

に存在する.

運動エネルギー ε_{T} で衝突するイオンと分子がこの障壁を越えて,互いに近づくためには,

$$\varepsilon_{\text{T}} - \left(-\frac{C}{R^{*4}} + \frac{\varepsilon_{\text{T}} b^2}{R^{*2}}\right) \geqq 0 \tag{4.59}$$

の条件を満たす必要がある. そのような最大の b は, この式の等号を満たす. 式(4.58)の R^* を代入して計算すると

$$b_{\max} = \left(\frac{4C}{\varepsilon_{\text{T}}}\right)^{1/4} \tag{4.60}$$

を得る. この衝突パラメーターで衝突するイオンと分子の運動エネルギーは, ちょうど, 障壁エネルギーに相当しており, イオンと分子が重心のまわりで円軌道を描いて運動する条件となっている. イオン-分子反応の反応確率は

$$P_{\text{R}}(b) = \begin{cases} 1 & b \leqq b_{\max} \\ 0 & b \geqq b_{\max} \end{cases} \tag{4.61}$$

と仮定することができる. したがって, 反応断面積は

$$\sigma_{\text{R}}(E_{\text{T}}) = \pi b_{\max}^{2} = \pi\left(\frac{4C}{\varepsilon_{\text{T}}}\right)^{1/2} \tag{4.62}$$

となる. 反応断面積は衝突エネルギーの平方根に逆比例する. すなわち, 反応には衝突エネルギーのしきい値は存在せず, むしろ, 衝突エネルギーが小さくなると断面積が大きくなる. その上, 反応断面積は遠距離相互作用によるので, 衝突パラメーターの大きい衝突が反応に導くわけで, 短距離力が作用する衝突断面積に比較してイオン-分子反応の断面積はずっと大きい. 図 4-19 にイオン-分子反応の反応断面積の衝突エネルギー依存性を測定した例を示す. イオンと分子の遠距離引力に対して衝突エネルギーの平方根に逆比例するという考え方はランジュバン(P. Langevin)によって最初に提案された単純な理論であるが, 実験データの衝突エネルギー依存性のおよその傾向を説明している.

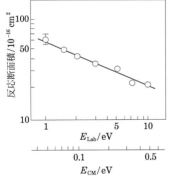

図 4-19 $\text{Ar}^+ + \text{H}_2 \rightarrow \text{ArH}^+ + \text{H}$ の反応断面積の測定値. ここで, Ar^+ は電子基底状態 $^2\text{P}_{3/2}$(次章参照)にあるものを選択した. 断面積は衝突エネルギーの 0.45 乗に反比例しており, 式(4.62)に近い傾向を示す. なお, Ar^+ を電場で加速して静止している H_2 に衝突させている. そのエネルギーを実験室系で見たエネルギーとして E_{Lab} と書くと, Ar^+ と H_2 の相対運動エネルギーは, 重心系のそれで, $E_{\text{CM}} = [m_{\text{H}}/(m_{\text{Ar}}+m_{\text{H}})]E_{\text{Lab}} = 0.24 E_{\text{Lab}}$ である. [K. Tanaka, J. Durup, T. Kato and I. Koyano, *J. Chem. Phys.* **74**, 5561(1981)]

例題 4.11 イオン-分子反応断面積の計算 ランジュバンによって提案された理論を用いて, 図 4-19 の $\text{Ar}^+ + \text{H}_2 \rightarrow \text{ArH}^+ + \text{H}$ の衝突運動エネルギー $=0.1\,\text{eV}$ のときの断面積を計算せよ. ただし, H_2 の分極率は $7.9\times10^{-25}\,\text{cm}^3 = 7.9\times10^{-31}\,\text{m}^3$ で, SI 単位では, これに $4\pi\varepsilon_0 = 1.113\times10^{-10}\,\text{J}^{-1}\text{C}^2\text{m}^{-1}$ を掛けたものとなる.

[答] Ar^+ の電荷は単位電荷で 1.60×10^{-19} C である。72頁の傍注に従って,

$$\begin{aligned}C &= (4\pi\varepsilon_0\alpha/2)(q/4\pi\varepsilon_0)^2 \\ &= (7.9\times10^{-31}\text{ m}^3/2)[(1.60\times10^{-19}\text{ C})^2/1.11\times10^{-10}\text{ J}^{-1}\text{C}^2\text{m}^{-1}] \\ &= 9.11\times10^{-59}\text{ kg m}^6\text{ s}^{-2}\end{aligned}$$

を得る。反応衝突断面積は,式(4.62)を用いて

$$\begin{aligned}\sigma &= \pi(4C/\varepsilon_T)^{1/2} \\ &= 3.14(4\times9.11\times10^{-59}\text{ kg m}^6\text{s}^{-2}/0.1\text{ eV}\times1.60\times10^{-19}\text{ C})^{1/2} \\ &= 4.7\times10^{-19}\text{ m}^2 = 47\times10^{-16}\text{ cm}^2\end{aligned}$$

と計算される。この値は,図4-19の実験値にほぼ一致している。 □

反応のためのしきい値エネルギーがゼロである反応は,イオン分子反応以外に,正負イオンの再結合反応,原子やラジカルの再結合などがある。これらの反応は,再結合2分子衝突で生じたエネルギー過剰の生成物を脱励起するための第3体との衝突によって進行する。

反応の衝突断面積と速度定数の関係

気体中の反応速度定数を衝突断面積 σ_R で表現するためには,反応分子どうしの衝突頻度を速度分布関数を用いて平均化する必要がある。反応分子どうしの相対運動の速度分布関数を $f(v)$ とすると,反応速度定数は

$$k = \int_0^\infty v\sigma_R f(v)\mathrm{d}v \quad (4.63)$$

である。σ_R が反応分子の相対運動エネルギー ε_T の関数である場合には,速度分布関数の代わりに運動エネルギーの分布関数を使わねばならない。例題4.4でエネルギー分布関数を計算したので,それを再録すると

$$g(\varepsilon_T)\mathrm{d}\varepsilon_T = \frac{2}{\pi^{1/2}(k_B T)^{3/2}}\varepsilon_T^{1/2}\exp\left(-\frac{\varepsilon_T}{k_B T}\right)\mathrm{d}\varepsilon_T \quad (4.26)$$

である。$\mathrm{d}\varepsilon_T = \mu v\,\mathrm{d}v$ であることに注意すると式(4.63)は

$$k = \int_0^\infty \left(\frac{2\varepsilon_T}{\mu}\right)^{1/2}\sigma_R(\varepsilon_T)g(\varepsilon_T)\mathrm{d}\varepsilon_T \quad (4.64)$$

と書き直すことができる。反応断面積の衝突運動エネルギー依存性が与えられれば,式(4.64)の積分を実行することができる。剛球モデルの式(4.55)の断面積を式(4.64)に代入して積分を実行すると

$$k = \left(\frac{8k_B T}{\pi\mu}\right)^{1/2}\pi d^2\exp\left(-\frac{\varepsilon_0}{k_B T}\right) \quad (4.65)$$

が得られる。この式はアレニウス式の物理的意義を説明するもので,化学反応速度は反応のしきい値エネルギーを越える反応分子どうし

の衝突頻度であることを説明している．活性化エネルギーは，反応のしきい値エネルギーに相当している．

> **例題 4.12　式(4.64)の積分を実行する**　反応断面積が式(4.55)の関係にあるとき，温度 T における反応速度定数式(4.65)を導け．

［答］　式(4.55)によれば，反応速度定数は $\varepsilon_T > \varepsilon^*$ の条件を満たす衝突頻度である．式(4.64)に式(4.55)の衝突断面積と衝突分子の相対運動のエネルギー分布関数(4.26)を代入すると次の式を得る．

$$\begin{aligned}
k &= 2\pi\left(\frac{1}{\pi k_B T}\right)^{3/2}\int_{\varepsilon^*}^{\infty}\pi d^2\left(1-\frac{\varepsilon^*}{\varepsilon_T}\right)\sqrt{\frac{2\varepsilon_T}{\mu}}\sqrt{\varepsilon_T}\exp\left(-\frac{\varepsilon_T}{k_B T}\right)d\varepsilon_T \\
&= 2\pi^2 d^2\left(\frac{1}{\pi k_B T}\right)^{3/2}\left(\frac{2}{\mu}\right)^{1/2}\int_{\varepsilon^*}^{\infty}(\varepsilon_T - \varepsilon^*)\exp\left(-\frac{\varepsilon_T}{k_B T}\right)d\varepsilon_T \\
&= \pi d^2\left(\frac{8k_B T}{\pi\mu}\right)^{1/2}\int_{\varepsilon^*}^{\infty}\frac{(\varepsilon_T - \varepsilon^*)}{k_B T}\exp\left(-\frac{\varepsilon_T}{k_B T}\right)\frac{d\varepsilon_T}{k_B T}
\end{aligned}$$

ここで，変数 $x = (\varepsilon_T - \varepsilon^*)/k_B T$ を導入して置換積分を行う．

$$\begin{aligned}
k &= \pi d^2\left(\frac{8k_B T}{\pi\mu}\right)^{1/2}\exp\left(-\frac{\varepsilon^*}{k_B T}\right)\int_{\varepsilon^*}^{\infty}\frac{(\varepsilon_T - \varepsilon^*)}{k_B T}\exp\left(-\frac{\varepsilon_T - \varepsilon^*}{k_B T}\right)\frac{d\varepsilon_T}{k_B T} \\
&= \pi d^2\left(\frac{8k_B T}{\pi\mu}\right)^{1/2}\exp\left(-\frac{\varepsilon^*}{k_B T}\right)\int_0^{\infty}x\exp(-x)dx
\end{aligned}$$

部分積分法を適用すると，$\int_0^{\infty}x\exp(-x)dx = 1$ を証明できる．　□

一方，イオン-分子反応のランジュバン理論の反応断面積(4.62)を式(4.64)に代入し，$g(\varepsilon_T)$ が ε_T の全領域について規格化されている事実に注意すると，

$$k = \int_0^{\infty}2\pi\left(\frac{2C}{\mu}\right)^{1/2}g(\varepsilon_T)d\varepsilon_T = 2\pi\left(\frac{2C}{\mu}\right)^{1/2} \quad (4.66)$$

となる．反応速度定数は反応温度に依存せず一定となる．イオン-分子反応のように，反応のしきい値エネルギーをもたない再結合反応や会合反応の速度定数の温度依存性は小さい．

以上の議論では，反応断面積が反応分子の衝突の相対運動エネルギーの関数であるとしてきたが，実際には反応分子の振動や回転運動のエネルギー状態による場合もある．したがって，式(4.63)によってすべての反応速度定数を表現することはできない．化学反応がどのように反応分子の内部エネルギー状態に依存するかは，第6章で考えることにする．

5
光 化 学

　分子が光を吸収すると，光のもつエネルギーは分子の内部運動のエネルギーに転化する．つまり，分子は光吸収によって烈しい運動をするようになる．分子の内部運動には，分子全体が回転する運動，分子の原子間結合が振動する運動，分子の結合を支えている電子（価電子）の運動がある．中でも，価電子の運動状態が光吸収によって結合的な状態から反結合的な状態へ変わると，化学結合が切断される．そのような化学反応を光化学反応という．

　光化学反応の研究には，2つの分野がある．1つは，分子の光吸収に伴う分子の運動状態の変化，また解離反応を含む構造変化を扱う分野である．それは，光化学初期過程とよばれ，光のエネルギー（波長）の関数で分子の状態変化を研究する分子分光学の方法論が有効な研究対象である．もう1つは，光化学反応で生成した原子やラジカルなどの活性種が原因となって起こる化学反応のメカニズムを対象とする分野である．この章では光化学初期過程に重点をおいて学ぶことにする．

§1　光エネルギー・吸収・発光

ポイント　分子による光の吸収とそれに基づく反応の基本を学ぶ．

光エネルギー

　光は電磁波であるが，そのエネルギーは光の電磁場の強さで定まるのではなく，波の振動数または周波数 ν に比例する．それを提案したのはプランク（M. Planck）で，1900年のことであった．これがきっかけとなって，量子力学の体系が確立するのはその四半世紀後である．光は，エネルギー量子

$$\varepsilon = h\nu \tag{5.1}$$

をもつ**光子**（photon）の集合から成る．光は光子という粒子の性質と

波の性質の両方を兼ね備えている．式(5.1)は光子エネルギーが光の振動数に比例することを示し，その比例定数はプランク定数で $h = 6.6 \times 10^{-34}$ J s である．この式は1個の光子のエネルギーを与えるが，1 mol の光子のエネルギーを考えると，アボガドロ定数を掛けて

$$E = N_A h\nu \tag{5.2}$$

となる．$N_A h = 4.0 \times 10^{-10}$ J s mol^{-1} である．ここで，光の振動数，波長，波数の定義とそれらの間の関係を明記しておこう．

振動数または**周波数**(ν)：光の波が1秒間に振動する回数．単位は s^{-1} = Hz(ヘルツ)で，MHz(メガヘルツ) = 10^6 Hz, GHz(ギガヘルツ) = 10^9 Hz, THz(テラヘルツ) = 10^{12} Hz も用いられる．

波数($\tilde{\nu}$)：光が 1 cm 進む間に振動する回数．単位は cm^{-1}．SI 単位では，m^{-1} を使うべきであるが，cm^{-1} の単位が分子分光学で慣習的に使われている．

波長(λ)：光が1回振動する間に進む距離．単位は長さの単位となる．ラジオ波で m，マイクロ波で cm，ミリ波で mm，赤外領域で μm，可視紫外領域で nm が用いられる．

光の振動数 ν，波長 λ，波数 $\tilde{\nu}$ は，光速度 c を介して次の関係で結ばれている．

$$\nu = \frac{c}{\lambda} = c\tilde{\nu}, \quad \tilde{\nu} = \frac{1}{\lambda} \tag{5.3}$$

光の振動数・波数・波長と光エネルギーの関係は図 5-1 のように示すことができる．

原子や分子のミクロな運動は量子力学で記述される．その運動エネルギーは量子化され，とびとびの値となる．原子分子の光吸収は，エネルギーの低い量子状態から高い量子状態への変化をもたらす．つまり，分子は吸収した光のエネルギーを分子内運動のエネルギーに転化する．とくに，分子の化学結合を支える価電子の量子状態が

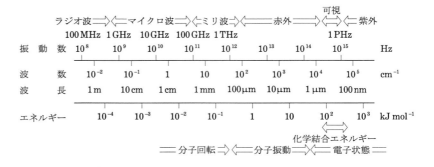

図 5-1 光の振動数・波数・波長・エネルギーと分子内運動

結合性の状態から反結合性の状態へ変化したとき,化学結合が切断することがある.

> **例題 5.1 結合エネルギーに等しいエネルギーをもつ光の波長** 表5-1にいろいろな分子の結合エネルギーを示した.これらの結合エネルギーと等しいエネルギーをもつ光の波長はいくらか?

[答] 結合エネルギー D_0 に相当する光エネルギーをもつ光の波長 λ は, $D_0 = N_A h(c/\lambda)$ の関係から求められる.$1\,\mathrm{kJ\,mol^{-1}}$ を波数に換算すると $8359.35\,\mathrm{m^{-1}}$ である.表5-1の最後の欄に相当する波長を与えた.

表 5-1 化学結合エネルギーと解離光の長波長限界

分子	結合	結合エネルギー/ $\mathrm{kJ\,mol^{-1}}$	光の波長/nm
H_2O	H-OH	493	243
CH_4	H-CH_3	432	277
O_2	O-O	494	242
O_3	O-O_2	102	1173
CO_2	O-CO	526	227
N_2	N-N	942	127
C_2H_6	H_3C-CH_3	366	327
C_2H_4	H_2C-CH_2	719	166
CH_3Cl	H_3C-Cl	342	350

□

光の吸収と発光

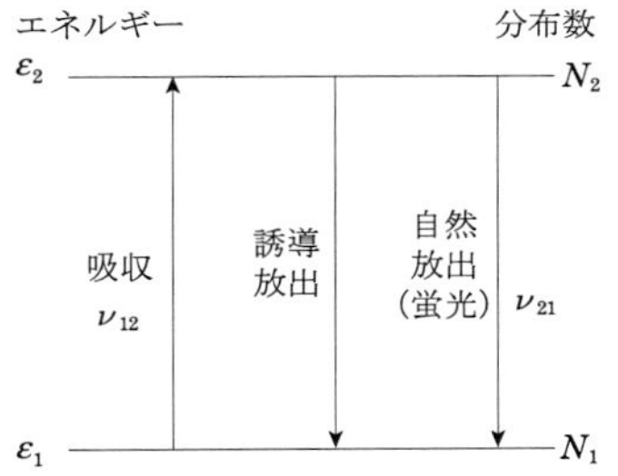

分子はその運動に応じていろいろな量子状態をとる.そのような量子状態の2つが図5-2に示すように準位エネルギー ε_1 と ε_2 をもち,入射光の振動数 ν_{12} が

$$\varepsilon_2 - \varepsilon_1 = h\nu_{12} \tag{5.4}$$

の条件を満たすとき,入射光は物質に吸収され,分子は下の準位1から上の準位2へ**励起**される.また,励起準位の分子は振動数 ν_{12} の光を発して下の準位へ**脱励起**する.これらの準位間の遷移には2つのメカニズムがある.1つは,物質に量子エネルギー準位間の差に相当する振動数をもつ光が入射することによって起こる**吸収・誘導放出**の過程である.もう1つは,励起準位にある分子が自発的に光(蛍光)を発して下の準位へ落ちる**自然放出**の過程である.

第1の誘導過程の速度は,入射する光のエネルギー密度 ρ(単位振動数,単位体積当たりのエネルギー)と分子の密度に比例する.比例定数 B は**アインシュタインの誘導放出係数**とよばれ,$B\rho$ は吸収・誘導放出の速度定数で $\mathrm{s^{-1}}$ の単位となる.ここで,図5-2に示すように準位1,2の分子密度をそれぞれ N_1, N_2 とすると,1→2の吸

図 5-2 分子の準位エネルギーと光の吸収と発光.

収の速度と $2\to1$ の誘導放出の速度はそれぞれ $B\rho N_1$, $B\rho N_2$ である．すると，準位1の分子密度の変化の速度は

$$\frac{dN_1}{dt} = -B\rho(N_1 - N_2) \tag{5.5}$$

である．分子数は保存されるから

$$\frac{dN_1}{dt} + \frac{dN_2}{dt} = 0 \tag{5.6}$$

が成立する．

第2の自然放出では，励起準位2に分布する分子が自発的に下の準位へ ν_{12} の振動数の光(**蛍光**)を発して遷移する．その速度は準位2の密度に比例する単分子反応である．比例定数 A は**アインシュタインの自然放出係数**(s^{-1} の単位)とよばれ，速度式は

$$\frac{dN_2}{dt} = -AN_2 \tag{5.7}$$

となる．いま，$t=0$ の時点で光パルスによって $N_2(0)$ の準位密度が達成されたとすると，その後の励起準位の密度の時間変化は，式(5.7)を積分して得られ，

$$N_2 = N_2(0)\,e^{-At} \tag{5.8}$$

となる．これは1次反応の積分形式(2.6′)と同じである．励起分子の寿命は，初期の準位密度が $1/e = 0.37$ の割合となる時間で，**蛍光寿命**(fluorescence lifetime)ともいい，

$$\tau = \frac{1}{A} \tag{5.9}$$

である．蛍光寿命は後に説明する吸収係数と関係があり，吸収係数の大きい分子の蛍光寿命は短い．なお，電子励起状態の蛍光寿命は最短で ns の桁である．

光が物質に定常的に入射している状態では，励起準位2の分子密度の時間変化はゼロで，式(5.5)～(5.7)を用いると，

$$\frac{dN_2}{dt} = B\rho(N_1 - N_2) - AN_2 = 0 \tag{5.10}$$

である．したがって，

$$\rho = \frac{A(N_2/N_1)}{B[1 - (N_2/N_1)]} \tag{5.11}$$

となる．いま，物質が絶対温度 T の温度平衡状態にあるとすると，ボルツマン分布則から

$$\frac{N_2}{N_1} = e^{-\Delta\varepsilon/k_B T} \tag{5.12}$$

である．ここで，$\Delta\varepsilon = \varepsilon_2 - \varepsilon_1 = h\nu$ である．すると，

$$\rho = \left(\frac{A}{B}\right)\frac{1}{e^{h\nu/k_B T} - 1} \tag{5.13}$$

である．これはプランクの熱放射の式

$$\rho = \frac{8\pi h\nu^3}{c^3} \frac{1}{e^{h\nu/k_B T}-1} \qquad (5.14)$$

と一致しなければならない．すると

$$A = \frac{8\pi h\nu^3}{c^3} B \qquad (5.15)$$

の関係が得られる．自発放出の速度は誘導放出の速度と比例関係にあることがわかる．誘導放出係数は次に説明するように，吸収係数と比例関係にある．

分子がその励起エネルギーに相当する光子を吸収する速度定数が $B\rho$ であり，励起分子が蛍光を発する速度定数が A である．両者は比例関係にあるから，吸収の強い分子は蛍光の速度も大きい．つまり，蛍光寿命が短い．吸収の強さを支配しているのは，その遷移に伴う双極子モーメントの変化の大きさである．これを**遷移双極子モーメント**といい，次節で改めて説明する．光の電磁波と共鳴する分子の励起・脱励起にともなう自然放出係数は，量子力学の計算によって遷移双極子モーメント $\boldsymbol{R}$ を用いて

$$A = \frac{16\pi^3\nu^3}{3\varepsilon_0 hc^3}|\boldsymbol{R}|^2 \qquad (5.16)$$

と表される．ここで，$\varepsilon_0 = 8.85\times 10^{-12}$ J^{-1} C^2 m^{-1} は真空の誘電率である．自然放出係数は，光の振動数の 3 乗，また，遷移双極子モーメントの 2 乗に比例する．遷移双極子モーメントは，光の吸収・発光に関与する分子の 2 つの準位の固有関数と双極子モーメントによって定義される．その値が有限であるかどうかでその遷移が吸収または発光について許容であるかどうかが決まる．

▶ 次節の電子状態遷移バンドの項を参照．

表 5-2 電子状態励起原子分子の寿命

原子・分子	励起状態	励起波長/nm	蛍光放射速度/s^{-1}	寿命/s
Na	3^2P$_{1/2}$	598	6.25×10^8	1.6×10^{-9}
Hg	6^3P$_1$	253.7	8.8×10^6	1.14×10^{-7}
NO	A$^2\Sigma^+(v'=0)$	226.9	5.1×10^6	2.0×10^{-7}
C$_6$H$_6$	A^{1}B$_{2u}(v'=0)$	266.2	2.4×10^6	4.2×10^{-7}

例題 5.2 蛍光寿命から遷移双極子モーメントの決定　Na 原子の波長 589 nm の橙色の線スペクトルは，ナトリウム標準ランプの NaD 線としてよく知られている．Na 原子の励起量子状態は 3^2P$_{3/2}$ の記号で帰属され，基底状態のそれは 3^2S$_{1/2}$ である．波長 589 nm のパルス光を Na 気体に照射し，その直後の 3^2P-3^2S の遷移に相当する発光の強度は，励起の瞬間から時間とともに指数関数的に減衰する．つまり，励起 Na 原子は 1 次反応形式

> $$\text{Na}(3^2\text{P}) \longrightarrow \text{Na}(3^2\text{S}) + h\nu \quad (\text{R}5.1)$$
> で発光して基底状態へ遷移する．発光の減衰の速度定数はアインシュタインの自然放出係数である．その測定値が $A = 6.25 \times 10^8 \, \text{s}^{-1}$ であった．遷移双極子モーメントを計算せよ．

［答］波長 589 nm の遷移は，振動数 $3.00 \times 10^8 \, \text{m s}^{-1} / 589 \times 10^{-9} \, \text{m} = 5.09 \times 10^{14} \, \text{s}^{-1}$ である．式(5.16)を用いて，遷移双極子モーメントを計算すると

$$|\boldsymbol{R}|^2 = \frac{6.25 \times 10^8 \, \text{s}^{-1} \times 3 \times 8.85 \times 10^{-12} \, \text{J}^{-1} \, \text{C}^2 \, \text{m}^{-1} \times 6.63 \times 10^{-34} \, \text{J s}^{-1} \times (3.00 \times 10^8 \, \text{m s}^{-1})^3}{16 \times 3.14^3 \times (5.09 \times 10^{14} \, \text{s}^{-1})^3}$$

$$|\boldsymbol{R}| = 6.7 \times 10^{-29} \, \text{C m} = 20 \, \text{D}$$

となる．ここで，CGS 単位系での電荷の単位は静電単位 e.s.u. であり，1 e.s.u. Å $= 3.336 \times 10^{-30}$ C m を 1 D とすることもある．それは極性分子の双極子モーメントを最初に提案したデバイ(P. Debye)の名をとった単位であるが，SI 誘導単位とは認められていない．比較のために分子の永久双極子モーメントの値を挙げると，HCl : 1.1086 D, H$_2$O : 1.8546 D, NaCl : 9.00 D などである． □

ランベルト–ベールの法則

光の強度 I は単位面積を単位時間に通過する光子数(これを**光束** F という)にその光子エネルギー $h\nu$ を掛けたものである．光の振動数が幅 $\Delta \nu$ をもち，その振動数は $\nu \pm (1/2)\Delta \nu$ の範囲にあるとする．すると光の単位体積当たりのエネルギーは $\rho \Delta \nu$ となるので，これに光速度を掛ければ強度となる．すなわち，

$$I = h\nu F = c\rho \Delta \nu \qquad (5.17)$$

である．式(5.5)によれば

$$\frac{\text{d}N_1}{\text{d}t} = -B\rho(N_1 - N_2) = -\frac{h\nu B}{c\Delta\nu}F(N_1 - N_2) = -\sigma F(N_1 - N_2) \qquad (5.18)$$

で**吸収断面積** σ を定義することができる．物質中を光子が進行したとき，光子が分子によって吸収される確率は，光子が分子と衝突する断面積として定義できる．つまり，分子は光子に対して的(まと)をもっていて，的の大きさが大きければ光子は容易に分子と衝突し，吸収される．吸収断面積は

$$\sigma = \frac{h\nu}{c\Delta\nu}B = \frac{c^2}{8\pi\nu^2\Delta\nu}A = \frac{-\lambda^4}{8\pi c\Delta\lambda}A = \frac{-\lambda^4}{8\pi c\Delta\lambda} \cdot \frac{1}{\tau} \quad (5.19)$$

の式によって誘導放出係数，自然放出係数，自然放出寿命と関係づけられる．ここで，$\nu = c/\lambda$ であるから $\Delta\nu^{-1} = -\lambda^2/c\Delta\lambda$ である．励起準位の寿命の短い分子の吸収断面積は大きい．

光が物質中を微小距離 dx だけ透過したとき，光束の吸収による変化は，単位断面積を考えると

§1 光エネルギー・吸収・発光 ―― 83

$$dF = -\sigma F(N_1 - N_2)dx \quad (5.20)$$

である。光の透過光路に沿って積分すると，入射した光束 $F(x=0)$ が l の距離だけ進行して $F(x=l)$ となる。つまり，

$$\int_{F_0}^{F} \frac{dF}{F} = -\sigma(N_1 - N_2)\int_0^l dx$$

$$\ln\frac{F}{F_0} = \ln\frac{I}{I_0} = -\sigma(N_1 - N_2)l \quad (5.21)$$

となる。この式は

$$I = I_0\,e^{-\sigma(N_1 - N_2)l} \quad (5.22)$$

の形式に書き直せる。いま，分子濃度を c，分子吸光係数を ε とすると，いわゆる**ランベルト–ベールの法則**(Lambert-Beer's law)

$$I = I_0\,e^{-\varepsilon cl} \quad (5.23)$$

は，式(5.22)の $N_1 \gg N_2$ の特別な場合に相当する。分子吸光係数を測定すれば，それから自然放出係数，つまり，励起準位の寿命を定めることができる。

例題 5.3　励起状態の放射寿命から吸収断面積を計算する　Na原子の第1励起状態の放射寿命は1.6 ns で，その遷移波長は589 nm である。その吸収断面積はいくらか？

［答］式(5.19)を応用すればよい。589 nm のスペクトル線が $\Delta\nu$ の幅の長方形であると仮定する。その幅は励起準位の有限の寿命のためにもつ幅 $\Delta\nu = 1/2\pi\tau = A/2\pi = 1/2\pi \times 1.6 \times 10^{-9}$ s $= 9.95 \times 10^7$ s^{-1} とする。$\nu = 3.0 \times 10^8$ m s^{-1} /589$\times 10^{-9}$ m $= 5.09 \times 10^{14}$ s^{-1} で，$A = 1/1.6 \times 10^{-9}$ s $= 6.25 \times 10^8$ s^{-1} である。したがって，$\sigma = (c^2/8\pi\nu^2\Delta\nu)A = 8.7 \times 10^{-14}$ m^2 である。ランベルト–ベールの法則の吸収係数に換算すると，$\varepsilon = \sigma \times 6.0 \times 10^{23}$ mol^{-1} $= 5.2 \times 10^{10}$ mol^{-1} m^3 m^{-1} $= 5.2 \times 10^{11}$ mol^{-1} dm^3 cm^{-1} となって非常に大きい。入射光の強度が e^{-1} となるための光路長×濃度は 1.9×10^{-12} mol dm^{-3} cm である。原子の吸収係数の大きいことを利用した高感度分析法が，原子吸光分析法である。例題2.5のO原子の反応速度の決定では，O原子の第1励起状態からの発光の吸収でO原子を分析した。なお，実際のスペクトル線の形は，矩形ではなく，ローレンツ関数やガウス関数のようにスペクトル線の中心から裾を引いた形となっている。□

レーザー

ランベルト–ベールの法則に従えば，ふつう物質に入射した光は吸収され，透過光の強度は弱くなる。しかし，式(5.22)で基底状態の分子密度 N_1 より励起状態の分子密度 N_2 が大きいと，式(5.23)の吸収係数が負となる。このような状態を**反転分布**状態というが，そのとき

$$I > I_0$$

▶ 寿命 τ の励起準位から基底準位への遷移に伴う双極子モーメントは振幅 R_0 の正弦波で振動するが，励起準位の分布が減衰するので，その振幅は指数関数的に小さくなる。すなわち，$R = R_0 \exp(-t/2\tau)\sin 2\pi\nu t$ となる。この2乗が発光強度になるが，それを周波数の関数でスペクトルとして見ると $1/2\pi\tau$ の幅をもつ形，ローレンツ関数となる。寿命が長いと幅は小さい。それは遷移双極子モーメントの振動の回数が大きいから周波数の精度が高いことになる。

▶ スペクトル線の広がりを表すローレンツ関数は，半値全幅 $\Delta\nu = 1/\pi\tau$ を用いて，次のように表現される。

$$\sigma = \frac{\Delta\nu}{2\pi}\frac{1}{(\nu-\nu_0)^2 + (\Delta\nu/2)^2}$$

ここで，ν_0 はスペクトル線の中心振動数である。

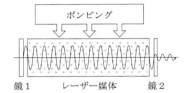

図 5-3 レーザー装置の原理．レーザー媒体を光ポンピングして，反転分布状態を作り出し，2つの平行鏡で作られる共振器の間を原子分子の遷移に相当する光が往復し，発振する．鏡1は反射率100%であるが，鏡2は一部，たとえば0.01%を透過する．透過光は，共振器内の位相のそろった直進するレーザー光である．

となる．つまり，光は物質を透過するとその強度を増す．この光の増幅作用を最初に実現したのは，タウンズ(C.H.Towns, 1915〜，1964年度ノーベル物理学賞受賞)である．彼は，アンモニア分子について反転分布状態を作り，その状態間エネルギーに対応するマイクロ波の増幅に成功した．つまり，分子で光のアンプを作ったのである．それは Microwave Amplification by Stimulated Emission of Radiation であって，その頭文字をとって**メーザー**(maser)と命名された．増幅器ができれば，出力を入力側にフィードバックしてさらに増幅すると発振器ができる．つまり，分子を媒体にして光を発生させることができる．それは，メーザーの Microwave を Light に代えた**レーザー**(laser)とよばれることになった．

レーザーの原理を図 5-3 に示す．レーザー媒体となる原子分子を光や放電によって励起(ポンピング)して反転分布状態を作る．それを2つの平行鏡で挟んで，原子分子の遷移に相当する特定の定在波が2つの鏡の間を往復するようにする．すると，増幅作用によって，その定在波のみが強く発振する．片方の鏡を一部の光が透過するようにすると，定在波を外部に取り出すことができる．これがレーザー光である．

レーザー光の特徴は，波の位相がそろっていることである．したがって，レーザー光は単色で一方向に進むきわめて強度の大きい光となる．1960年にルビーレーザーの赤色のレーザーが発振して以来，いろいろなレーザーが発見された．レーザーは20世紀の最大の発明の1つといわれている．化学反応研究もレーザーの導入で一新された．反応分子の状態選択や反応の途中を直接観測するなど，レーザーによる最近の四半世紀の成果には目を見張るものがある．

> **例題 5.4 エキシマーレーザーによって O 原子を発生させる** ArF エキシマーレーザー(波長 193.3 nm，パルスエネルギー 100 mJ，パルス幅 20 ns，ビーム断面積 6×30 mm)を，N_2O を 1 Torr 含む反応セルに入射した．レーザーパルス当たりに発生する O 原子の濃度はいくらか？ ただし，$N_2O+h\nu \rightarrow N_2+O$ の反応に対する光吸収断面積は 8.95×10^{-20} cm^2 である．

[答] 反応セルにはレーザー光がすべて入射し，その全光子数は，100×10^{-3} J$/6.63\times10^{-34}$ Js $\times(3\times10^8$ m s$^{-1}/193\times10^{-9}$ m$)=9.70\times10^{16}$ である．式(5.21)によれば，吸収によって減少した光束を ΔF とすると

$$\ln\left(\frac{F_0-\Delta F}{F_0}\right)=-\sigma Nl$$

である．ここで，ΔF が小さければ

$$-\Delta F=-\sigma Nl F_0$$

となる．25℃，1 Torr の気体の分子濃度は $N=133.3$ Pa $\times 10^{-6}$ m$^3/k_BT=$

3.24×10^{16} molecule cm^{-3} であるから
$$\Delta F/l = 8.95\times 10^{-20}\text{ cm}^2 \times 3.24\times 10^{16}\text{ molecule cm}^{-3} \times 9.70\times 10^{16}$$
$$= 2.81\times 10^{14}\text{ cm}^{-1}$$

レーザー光束の断面積は $0.6\times 3 = 1.8$ cm^2 であるから，発生した O 原子の濃度および分圧は

$$2.81\times 10^{14}\text{ cm}^{-1}/1.8\text{ cm}^2 = 1.56\times 10^{14}\text{ molecule cm}^{-3} = 4.82\times 10^{-3}\text{ Torr}$$

である． □

例題 5.5　超短パルスレーザーのピークパワーから光子電場を見積もる　波長 800 nm のチタンサファイアレーザーを用いた超短パルスレーザー（再生増幅つき，低繰り返しシステム）の仕様は，パルス幅 100 fs，繰り返し周波数 10 Hz，パワー 0.5 W である．パルスの形状を長方形と仮定したときの尖頭パワー，尖頭電場を見積もれ．

［答］パワーは単位時間当たりのレーザーエネルギーであるから，パワーを繰り返し周波数で割るとパルス当たりのエネルギーを得る．すなわち，それは $0.5\text{ J s}^{-1}/10\text{ s}^{-1} = 0.05\text{ J} = 50$ mJ である．これが 100 fs の時間幅のパルスエネルギーであるから，尖頭パワーは $50\times 10^{-3}\text{ J}/100\times 10^{-15}\text{ s} = 5\times 10^{11}\text{ W} = 0.5$ TW（テラワット）である．世界の電力の総出力はテラワットの桁であることを考えるとフェムト秒レーザーがいかに大きな出力をもつかがわかる．このレーザーを集光して，直径 100 μm のビーム径とした．すると単位面積当たりのパワーの尖頭値は $0.5\times 10^{12}\text{ W}/\pi(5\times 10^{-5})^2\text{ m}^2 = 6.4\times 10^{19}\text{ W m}^{-2}$ となり，きわめて高密度な光子電場を生ずることになる．

光の電場が $E = E_0 \sin 2\pi\nu t$ の正弦波であるとすると，そのパワーは $(1/2)c\varepsilon_0 E_0{}^2$ である．電場 E_0 を計算すると

$$E_0 = \left(\frac{2\times 6.4\times 10^{19}\text{ W m}^{-2}}{3\times 10^8\text{ m s}^{-1}\times 8.9\times 10^{-12}\text{ C}^2\text{ J}^{-1}\text{ m}^{-1}}\right)^{1/2} = 2.2\times 10^{11}\text{ V m}^{-1}$$

となる．水素原子の陽子からボーア半径 a_0 だけ離れた位置でのクーロン電場は

$$E_H = \frac{e}{4\pi\varepsilon_0 a_0{}^2} = 5\times 10^{11}\text{ V m}^{-1}$$

であって，レーザー光電場とほぼ同じ桁の大きさである．したがって，レーザーパルスの幅をさらに圧縮する技術を用いれば，フェムト秒レーザーパルスの照射によって原子分子を直接イオン化したり，結合を切断することができる． □

§2　原子分子の分光学

ポイント　原子分子にどんな量子状態があるかをいろいろな波長の光で探る．

化学反応を反応分子のダイナミックスとして学ぼうとすると，どうしても原子分子の量子状態の知識が前提となる．光の吸収・発光は量子状態間の遷移に相当し，それを研究対象とするのは分光学である．ここでは，必要最小限の分光学を説明しよう．

原子の電子状態

水素原子の発光スペクトルを測定すると，それはいくつかのスペクトル線系列から成っている．これらの系列の遷移線を n 番目の量子状態から m 番目のそれへの遷移として，その波数を

$$\tilde{\nu} = T_n - T_m \tag{5.24}$$

のように書く．ここで，T_n, T_m を**スペクトル項**とよぶ．それは量子状態エネルギーに相当する．水素原子の場合，スペクトル系列を説明するためには，

$$T_n = -R/n^2 \tag{5.25}$$

となり，n は正の整数，つまり**量子数**で，$R = 109677.58 \, \text{cm}^{-1}$ はリュードベリ(Rydberg)定数である．バルマー系列は，$n(\geqq 3) \to m = 2$ の遷移に相当している．$n = 1$ が水素原子の基底状態であるから $n = 1 \to n = \infty$ の遷移波数は R となる．$n = \infty$ は水素原子のイオン化状態であるから R はイオン化エネルギーに相当する．

水素原子のスペクトル項は，陽子の周囲を電子が運動するというボーア(N. Bohr)のモデル，さらには，シュレーディンガー(E. Schrödinger)の波動力学によってその量子状態エネルギーが**主量子数**

$$n = 1, 2, 3, \cdots$$

によって指定されることが説明された．さらに，**方位量子数**

$$l = 0, 1, 2, \cdots, n-1$$

によって電子の角運動量が決定される．なお，$l = 0, 1, 2, 3$ の電子軌道を s, p, d, f とよぶ．角運動量はベクトルであるからその空間の配向が量子化され，**磁気量子数**

$$m_l = -l, -l+1, \cdots, 0, \cdots, l-1, l$$

でその状態が与えられる．外部電磁場がなければ，$2l+1$ 個の状態のエネルギー値は等しく縮重している．この他，電子にはスピン角運動量 $1/2$ が付与され，その空間配向のために，**スピン量子数**

$$m_s = \frac{1}{2} \quad \text{or} \quad -\frac{1}{2}$$

のどちらかの値をとらねばならない．結局，水素原子の電子状態は，

$$n, l, m_l, m_s$$

の4つの量子数で指定されることになる．

図 5-4 にスペクトル項とその系列を準位図で示す．このような量子準位を遷移線で結んだ図を**グロトリアン図**という．

アルカリ原子は水素原子に似ている．なぜなら，1個の電子が外側の軌道にあり，原子核の $+Z$ の電荷をそのまわりの $Z-1$ 個の電子が打ち消して，外側の電子に対する見かけ上の電荷が $+1$ に近い

▶ 水素原子のリュードベリ定数は，物理定数表の $R_\infty = 109737.315$ cm^{-1} と異なっている．水素原子では，陽子のまわりを電子が運動している．その相対運動は陽子と電子の換算質量 μ で記述される．原子核質量を無限大としたリュードベリ定数 R_∞ とは，$R = (\mu/m_e)R_\infty$ の関係がある．

値となるからである．アルカリ原子にも系列が見られ，そのスペクトル項は式(4.24)を補正して

$$T_n = -\frac{R}{(n-\delta)^2} \tag{5.26}$$

のように表現できる．δは**量子欠損**とよばれ，系列によって一定の値をとる．アルカリ原子には，**主系列**(principal series)，**鋭系列**(sharp series)，**鈍系列**(diffuse series)，**基本系列**(fundamental series)が見られる．量子欠損の現れる理由は，外側の電子が原子核の引力以外に他の電子との反発力を受けるからである．その影響は角運動量によって決まる．量子欠損は$l=0$の場合最大で，lが大きくなると小さくなる．$l=0$が s，$l=1$が p，$l=2$が d，$l=3$が f と命名されたのは，スペクトル系列の名の頭文字をとったものである．

一般に，多電子原子の量子状態は，各電子の軌道角運動量l_iとスピン角運動量s_iのベクトル和で状態が指定される．すなわち，

$$\boldsymbol{L} = \sum \boldsymbol{l}_i \tag{5.27}$$
$$\boldsymbol{S} = \sum \boldsymbol{s}_i \tag{5.28}$$

となる．たとえば，l_1とl_2であれば，可能な状態は$l_1+l_2, l_1+l_2-1, \cdots, |l_1-l_2|$である．$L=0,1,2,3$に対応してS,P,D,Fと命名し，$2S+1$を**スピン多重度**という．$L$と$S$は，互いにスピン-軌道相互作用で結びつき，全角運動量

$$J = L+S, L+S-1, \cdots, |L-S| \tag{5.29}$$

を与える．結局，多電子原子の量子状態の項は

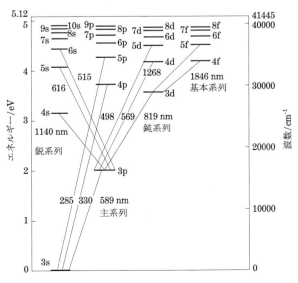

図 5-4　Na原子の量子準位(スペクトル項)と遷移を示すグロトリアン図

で指定される．

> **例題 5.6 C 原子の項値を求める** C 原子の電子配置は $1s^2 2s^2 2p^2$ である．その項値を求めよ．

［答］ $1s^2 2s^2$ は閉殻構造であるから外殻の 2 つの電子 $2p^2$ が項値を定める．$l_1=1, l_2=1$ で，m_l, m_s の可能な組み合わせを下記の表にする．その際，2 つの電子の合成磁気量子数 $M_L=m_{l1}+m_{l2}$，合成スピン量子数 $M_S=m_{s1}+m_{s2}$ に対して組み合わせを示す．$m_s=1/2, m_s=-1/2$ に対応して $+$，$-$ を m_l の肩につける．

$M_L \backslash M_S$	1	0			-1
2		$1^+ 1^-$			
1	$1^+ 0^+$	$1^+ 0^-$	$0^+ 1^-$		$1^- 0^-$
0	$1^+ -1^+$	$1^+ -1^-$	$-1^+ 1^-$	$0^+ 0^-$	$1^- -1^-$
-1	$-1^+ 0^+$	$-1^+ 0^-$	$0^+ -1^-$		$-1^- 0^-$
-2		$-1^+ -1^-$			

$L=0, 1, 2$ の状態が可能であるが，同じ量子数の組 (n, l, m_l, m_s) をとり得るのはただ 1 つの電子であるというパウリの原則を考えねばならない．すると，スピン量子数は $L=0$ および $L=2$ に対して $M_S=0$，$L=1$ に対して $M_S=1, 0, -1$ が対応する．したがって，$^1D, ^3P, ^1S$ の 3 つの項値が可能である．フントの規則より，エネルギーの一番低い状態はスピン多重度の大きい状態となるから，^3P 状態が C 原子の基底電子状態である．O 原子の電子配置は $1s^2 2s^2 2p^4$ であるが，$2p^4$ は閉殻構造である $2p^6$ より 2 個だけ電子が少ない状態である．この場合，可能な電子状態は $2p^2$ のそれと同じになる．周期律表第 2 周期の原子のとり得る電子状態を表 5-3 にまとめた．　　□

表 5-3 同じ主量子数の電子配置にもとづく項

電子配置	項	該当する第 2 周期原子
s	^2S	Li
s^2	^1S	Be
p	^2P	B
p^2	$^1S, {}^1D, {}^3P$	C
p^3	$^2P, {}^2D, {}^4S$	N
p^4	$^1S, {}^1D, {}^3P$	O
p^5	^2P	F
p^6	^1S	Ne

2 原子分子の電子状態

原子と分子の電子状態の違いは，前者が原子核の中心力場下の電子の軌道であるのに対し，後者は分子軸に対して円筒対称場の中で軌道となる点である．水素原子の軌道 $1s, 2s, 2p, \cdots$ が 2 つ相互に近づいたときに作る分子軌道は，分子軸に対する角運動量成分 $\lambda=0, 1, 2, \cdots$ に対応して $\sigma, \pi, \delta, \cdots$ と名付けられる．図 5-5 に示すように分子軌道には**結合性**と**反結合性**軌道がある．結合性軌道では，結合の中間に電子密度が大きいのに対し，反結合性軌道では，電子がそれぞれの原子に局在する傾向がある．分子の結合を形成する価電子は，これらの分子軌道に配置される．その場合，各電子の角運動量の分子軸方向成分 λ_i の総和

$$\Lambda = \sum_i \lambda_i \quad (5.30)$$

によって電子状態が指定される．$\Lambda=0, 1, 2\cdots$ に対応して，$\Sigma, \Pi, \Delta,$

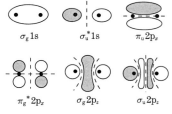

図 5-5 s 軌道および p 軌道で作られる分子軌道．*印がついている軌道は反結合性軌道．破線は，波動関数の符号が変わる位置，すなわち節の位置を示す．$2p_y\pi_u$ の軌道は，$2p_x\pi_u$ と直交して同じ形をしている．下つきの g は対称中心の反転に対して対称的，u は反対称的を意味する．

… の記号で命名される．電子スピンについてもその総和 S の分子軸方向の成分は

$$\Sigma = S, S-1, \cdots, 0, \cdots, -S \qquad (5.31)$$

の値をとり得る．すると，全角運動量の分子軸方向の成分は

$$\Omega = |\Lambda + \Sigma| \qquad (5.32)$$

となり，Λ で指定される電子状態は $2\Sigma+1$ の準位に分裂する．この分裂は，原子の場合にも見られるスピン-軌道相互作用である．2原子分子の電子状態の項値は

$$^{2\Sigma+1}\Lambda_\Omega$$

の記号で指定される．

例題 5.7 光イオン化分光法によって分子軌道のイオン化エネルギーを調べる N_2 分子に HeI 線 $58.4\,\mathrm{nm} = 22.22\,\mathrm{eV}$ の光を照射し，イオン化によって生成した電子の運動エネルギーを測定したところ，$5.65, 4.53, 2.47\,\mathrm{eV}$ の電子が測定された．N_2 分子の分子軌道のイオン化エネルギーを求めよ．

［答］励起光エネルギーは，分子軌道を占める電子のイオン化エネルギーとその運動エネルギーの和である．すなわち，$h\nu = E_\mathrm{I} + (1/2)m_e v_e^2$ である．したがって，測定されたイオン化エネルギーは，$16.57, 17.69, 19.75\,\mathrm{eV}$ である．表 5-4 を参照すると，それぞれは，$\sigma 2p_z, \pi 2p_{xy}, \sigma^* 2s$ の軌道を占有する電子のイオン化エネルギーである．□

表 5-4 等核 2 原子分子の電子配置と項

分子	電子配置	基底状態項	第 1 励起状態項
H_2	$(\sigma 1s)^2$	$^1\Sigma_g^+$	$^3\Sigma_u^+$
He_2	$(\sigma 1s)^2(\sigma^* 1s)^2$	$^1\Sigma_g^+$	$^1\Sigma_u^+$
Li_2	$(\sigma 2s)^2$	$^1\Sigma_g^+$	$^3\Sigma_u^+$
C_2	$(\sigma 2s)^2(\sigma^* 2s)^2(\pi 2p_x)^2(\pi 2p_y)^2$	$^1\Sigma_g^+$	$^3\Pi_u$
N_2	$(\sigma 2s)^2(\sigma^* 2s)^2(\pi 2p_x)^2(\pi 2p_y)^2(\sigma 2p_z)^2$	$^1\Sigma_g^+$	$^3\Sigma_u^+$
O_2	$(\sigma 2s)^2(\sigma^* 2s)^2(\sigma 2p_z)^2(\pi 2p_x)^2(\pi 2p_y)^2(\pi^* 2p_x)^1(\pi^* 2p_y)^1$	$^3\Sigma_g^-$	$^1\Delta_g$
F_2	$(\sigma 2s)^2(\sigma^* 2s)^2(\sigma 2p_z)^2(\pi 2p_x)^2(\pi 2p_y)^2(\pi^* 2p_x)^2(\pi^* 2p_y)^2$	$^1\Sigma_g^+$	$^3\Pi_u$

注）項の上つきの $+, -$ は，分子軌道の分子軸を含む平面に対する対称性を示し，下つきの g, u は結合中心の反転対称操作に対する対称性を対称 gerade，反対称 ungerade の頭文字で示す．

これまでの分子の電子状態の説明では，初めからある結合距離を隔てて 2 つの原子核が存在する系に分子軌道が設定され，これに電子を配置することによって電子状態が確定するとした．これに対し，2 つの原子が近づいて分子を形成したとき可能な電子状態を調べるという考え方もある．それによれば，どんな電子状態が結合的また反結合的かを判断できる．表 5-5 に同種原子から生成する分子の電子状態を示す．

もっとも簡単な例として，2 つの水素原子 $^2S_{1/2}$ が近づいて分子を

表 5-5 同種原子から形成される分子の電子状態

原子の状態	分子の状態
$^1S+^1S$	$^1\Sigma_g^+$
$^2S+^2S$	$^1\Sigma_g^+, ^3\Sigma_u^+$
$^3S+^3S$	$^1\Sigma_g^+, ^3\Sigma_u^+, ^5\Sigma_g^+$
$^4S+^4S$	$^1\Sigma_g^+, ^3\Sigma_u^+, ^5\Sigma_g^+, ^7\Sigma_u^+$
$^1P+^1P$	$^1\Sigma_g^+(2), ^1\Sigma_u^-, ^1\Pi_g, ^1\Pi_u, ^1\Delta_g$
$^2P+^2P$	$^1\Sigma_g^+(2), ^1\Sigma_u^-, ^1\Pi_g, ^1\Pi_u, ^1\Delta_g, ^3\Sigma_u^+(2), ^3\Sigma_g^-, ^3\Pi_g, ^2\Pi_u, ^3\Delta_u$
$^3P+^3P$	$^2P+^2P$ の項以外に, $^5\Sigma_g^+(2), ^5\Sigma_u^-, ^5\Pi_g, ^5\Pi_u, ^5\Delta_g$

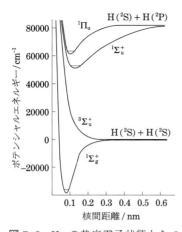

図 5-6 H_2 の基底電子状態から 3 番目までの電子状態のポテンシャルエネルギー曲線. 基底状態と第 1 励起状態は, s 軌道どうしがそれぞれ対称, 反対称的に結合する. 第 2, 第 3 励起状態は, s 軌道と p 軌道が結合する. p 軌道の広がりの向きが軸方向か軸に垂直方向かによってそれぞれ $^1\Sigma_u^+, ^1\Pi_u$ 状態ができる.

▶ 三重項状態が一重項状態よりも低いエネルギーをもつことがある. 表 5-4 によれば, O_2 の基底状態は $^3\Sigma_g^-$ で, 第 1 励起状態が $^1\Delta_g$ である. O_2 の電子配置でもっとも高エネルギーの分子軌道は反結合性 π^*2p_x, π^*2p_y でそれぞれに 1 個の電子が配置されている. それらの電子のスピンが平行, つまり, スピン関数が対称的であれば, 軌道波動関数は反対称的となる. π^*2p_x, π^*2p_y は互いに直交する波動関数であって, それらから対称的, 反対称的波動関数を生成させても固有エネルギーに差がないはずである. しかし, スピン軌道相互作用によって 2 つの軌道波動関数は相互作用をする. そのとき, 反対称の場合, 波動関数に節があって 2 つの電子は局在してその間の反発を避けることができる. これに対して, 対称の場合, 2 つの電子は非局在的で電子間反発が大きくその状態エネルギーは高くなる. (§3 99頁参照)

作る場合に可能な状態を図 5-6 に示す. 表 5-5 を参照すると $H(^2S)$ +$H(^2S)$ には, $^1\Sigma_g^+$ と $^3\Sigma_u^+$ の状態が存在する. 前者は反転対称操作に対し対称的, 後者は反対称的である. 電子波動関数は反転対称操作に対して反対称的である必要があるので, $^1\Sigma_g^+$ のスピン関数は反対称的, つまり, スピンは反平行となり, 結合的状態となる. 一方, $^3\Sigma_u^+$ 状態は軌道波動関数が反対称的であるからスピン関数は対称的, つまりスピンは平行となっており, 反結合軌道となる. 電子は両方の原子に局在し, 結合領域には存在しない. 一般に, 分子結合では電子スピンが反平行になる電子対が多く形成されるほど, 結合は安定となる. すなわち, 一重項状態よりも多重項状態は高いエネルギーをもつ.

多原子分子の電子状態も 2 原子分子と同じく分子軌道に電子を配置することによって形成される. この場合, 分子軌道は, 分子の対称性によって分類される. つまり, 対称操作に対する軌道の対称, 反対称の組み合わせによって分子軌道が特徴づけられる. その詳細については, 参考書を参照してほしい.

2 原子分子の振動状態

原子間の結合の伸縮運動を**振動**(vibration)**運動**という. 2 つの原子の質量を m_1, m_2 とすると, その相対的距離 r が平衡距離 r_e から離れるとき, 生ずる復原力は変位に比例するとするのが自然である. つまり,

$$f = -k(r - r_e) \qquad (5.33)$$

となり, k は力の定数とよばれる. 変位 $r - r_e = x$ とすると, 運動方程式は

$$-kx = \mu \ddot{x} \qquad (5.34)$$

となる. ここで, $\mu = m_1 m_2/(m_1 + m_2)$ は換算質量である. この解は, 振動数 ν の振動で

$$x = A\sin 2\pi\nu t \tag{5.35}$$

$$\nu = \frac{1}{2\pi}\sqrt{\frac{k}{\mu}} \tag{5.36}$$

となる．分子はミクロな存在であるから量子力学で運動を解かねばならない．その結果は振動数については古典力学の解と同じである．エネルギーは，量子数 v で量子化され，

$$E = h\nu\left(v + \frac{1}{2}\right) \tag{5.37}$$

となる．ここで，エネルギーを波数単位に変換してスペクトル項 $G(v) = E/hc$ で表すと

$$G(v) = \omega_e\left(v + \frac{1}{2}\right) \tag{5.38}$$

である．ω_e は基準振動数(波数単位)である．ここで振動基底状態 $v=0$ においてもエネルギーは有限であることに注意する必要がある．このエネルギーは量子力学の基本原理である不確定性原理に由来し，**零点エネルギー**という．核間距離がエネルギー最小の r_e から $r_e + dr$ への変化するのに伴うポテンシャルエネルギー変化率，すなわち力は，ポテンシャルエネルギーを V とすれば $f = -(dV/dr)$ であるから，式(5.33)を積分して

$$V = \frac{1}{2}k(r - r_e)^2 \tag{5.39}$$

のように得られ，放物線の形をしている．これを**調和**(harmonic)**ポテンシャル**といい，このポテンシャルの下での振動を**調和振動**という．

例題 5.8 基準振動数より力の定数を求める 表5-6に掲げた2原子分子の基準振動数より，力の定数を計算せよ．

表5-6 2原子分子の基準振動数と力の定数

分子	H_2	HCl	O_2	NO	N_2	CO
ω_e/cm^{-1}	4395	2991	1580	1904	2358	2170
$k/\text{N m}^{-1}$	569	512	1180	1600	2300	1900
結合次数	1	1	2	2.5	3	3

[答] 式(5.36)より分子 AB の結合の力の定数 k は

$$\begin{aligned}
k &= 4\pi^2 \mu c^2 \omega_e^2 \\
&= 4 \times 3.14^2 \times \frac{M_A M_B}{M_A + M_B} \times \frac{10^{-3}\,\text{kg}}{6.02 \times 10^{23}\,\text{mol}^{-1}} \\
&\quad \times (3 \times 10^{10}\,\text{cm s}^{-1})^2 (\omega_e/\text{cm}^{-1})^2 \\
&= 5.896 \times 10^{-5} \frac{M_A M_B}{M_A + M_B}(\omega_e/\text{cm}^{-1})^2\,\text{N m}^{-1}
\end{aligned}$$

である．ここで，M_A, M_B はそれぞれ A, B の原子質量(amu)である．表5-6 に計算結果を与える．当然のことであるが，結合次数の順に力の定数が

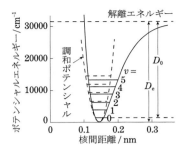

図 5-7 2原子分子のポテンシャルエネルギー曲線と振動エネルギー準位．破線は調和振動を仮定したときのエネルギー準位．

大きくなっている．なお，古い教科書で，力の定数を mdyn Å^{-1} の単位で与えていることがある．1 mdyn Å^{-1} = 10^2 N m^{-1} である． □

2原子分子のポテンシャルエネルギー曲線は，変位 $r-r_e=x$ が大きくなると放物線からずれる．それは原子間距離が大きくなると，解離に向かうからである．実際の分子のポテンシャルを図5-7に示してある．分子振動の**非調和性**(anharmonicity)のために，振動の量子準位は式(5.38)のように等間隔ではなく，高いレベルで間隔が狭くなる．それを式で表すと

$$G(v) = \omega_e\left(v+\frac{1}{2}\right) - \omega_e x_e\left(v+\frac{1}{2}\right)^2 \quad (5.40)$$

のようになる．第2項が非調和性を表すが，実際にはもっと高次の項まで展開することもある．

2原子分子のポテンシャルエネルギー曲線を数式で表現する試みがモース(P. M. Morse)によって提案された．すなわち，

$$V(r-r_e) = D_e[1-e^{-\beta(r-r_e)}]^2 \quad (5.41)$$

の式である．D_e はポテンシャル最低点から測った解離エネルギーで，振動基底状態からの解離エネルギー D_0 とは零点エネルギー $G(0)$ だけの差があり，

$$D_e = D_0 + G(0) \quad (5.42)$$

と書ける．

例題 5.9　モース振動子の基準振動数を求める　式(5.41)のモースポテンシャルの極小 $r=r_e$ における微小振幅振動の振動数を求めよ．

[答]　ポテンシャルを $r=r_e$ のまわりでテイラー展開すると

$$V(r-r_e) = V(0) + \left(\frac{dV}{dr}\right)_{r=r_e}(r-r_e) + \frac{1}{2}\left(\frac{d^2V}{dr^2}\right)_{r=r_e}(r-r_e)^2 + \cdots$$

となる．$r=r_e$ の平衡点では $(dV/dr)=0$ である．式(5.39)と比較すると

$$k = \left(\frac{d^2V}{dr^2}\right)_{r=r_e}$$

$r=r_e$ における2次微係数を計算すると

$$\left(\frac{d^2V}{dr^2}\right)_{r=r_e} = 2\beta^2 hcD_e$$

となる．ここで，D_e は cm^{-1} 単位である．式(5.36)より振動数を計算すると，

$$\omega_e = \beta\sqrt{\frac{hD_e}{2\pi^2 c\mu}} \quad (5.43)$$

を得る． □

> **例題 5.10　2原子分子の結合解離に至る振動準位**　モース振動子の振動量子準位は，その振動運動についての波動方程式を解いた結果，量子数 v の関数で
>
> $$G(v) = \omega_e\left(v+\frac{1}{2}\right) - \omega_e\chi_e\left(v+\frac{1}{2}\right)^2 \qquad (5.44)$$
>
> と表される．ω_e は式(5.43)のとおりである．また，
>
> $$\omega_e\chi_e = \frac{h\beta^2}{8\pi^2 c\mu} \qquad (5.45)$$
>
> である．H_2 分子の $\omega_e, \omega_e\chi_e$ はそれぞれ $4401.21, 121.34\,\mathrm{cm}^{-1}$ である．結合束縛状態の最高の振動準位の量子数とその準位エネルギーを求めよ．

［答］解離状態では，振動運動は並進運動へ転化して離散的準位は連続準位となる．したがって，束縛状態の最高量子数を v^* とすると，量子数 $v^*+\delta\,(\delta<1)$ の見かけの準位と隣り合う $v^*+\delta+1$ の量子数準位とのエネルギー間隔はゼロとなる．すなわち，

$$\Delta G = G(v^*+\delta+1) - G(v^*+\delta) = 0$$

の条件を満たす v^* を求めればよい．式(5.44)によれば

$$\Delta G = \omega_e - 2\omega_e\chi_e(v^*+\delta+1)$$

$\Delta G = 0$ のとき $v^*+\delta = (\omega_e/2\omega_e\chi_e)-1$ となる．H_2 の場合にあてはめると

$$v^* = 18, \quad \delta = 0.136$$

を得る．つまり H_2 分子は19個の振動準位をもち，その解離エネルギーは

$$D_e = G(v^*+\delta) = \frac{\omega_e^2}{4\omega_e\chi_e} - \frac{\omega_e\chi_e}{4}$$

であるから，H_2 分子の場合，$D_e = 39879\,\mathrm{cm}^{-1}$ となる．実際の値は $v^* = 14$ で15の準位が存在する．モースポテンシャルは解離限界に近い領域で実際のポテンシャルよりも短い振動振幅を与えている．

H_2 のような分子では，解離状態以下に有限個の振動量子準位が存在するが，無限個の準位をもつ分子もある．それは LiF のようにイオン結合からなる分子で，それはクーロン引力が遠距離でも働くからである．　□

多原子分子の振動は，2原子分子のように1つの結合距離の変化で表すことができないが，分子の構造を表現する結合距離や結合角の変化の関数で**基準座標**(normal coordinate)を作り，それにともなう**基準**(normal)**振動**を定義することができる．基準振動の数は，分子を構成する原子数を N とすると

直線分子の場合　　　$3N-5$ 個

非直線分子の場合　　$3N-6$ 個

である．各原子の運動の方向は x, y, z の3方向あるので，分子全体としての運動自由度は $3N$ である．しかし，分子全体の並進運動の自由度が3，分子の回転運動の自由度が直線分子の場合2，非直線分子の場合3で，これらの運動自由度を $3N$ から除いた残りが基準振動の数となる．

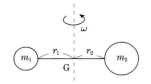

図 5-8 2原子分子の回転．原子質量 m_1, m_2 の2つの原子から成る2原子分子が重心Gのまわりで回転する．

分子の回転

2原子分子を，それぞれの原子の質量 m_1, m_2 をもつ質点が質量のない硬い棒で結ばれた剛体回転子と見なす．この回転子は図 5-8 に示すように重心Gのまわりに**回転**(rotation)をする．古典力学での回転エネルギーは重心のまわりの慣性モーメント I と回転の角速度 ω によって

$$E = \frac{1}{2}I\omega^2 \qquad (5.46)$$

となる．慣性モーメントは

$$I = m_1 r_1{}^2 + m_2 r_2{}^2 = \mu r^2 \qquad (5.47)$$

で，r は結合距離で $r = r_1 + r_2$ である．μ は換算質量 $m_1 m_2 / (m_1 + m_2)$ である．2原子分子の回転は，重心のまわりを質量 μ の質点が結合距離 r の半径で回転するのと等しい．回転の角運動量 L は

$$L = I\omega \qquad (5.48)$$

であるから回転エネルギーは

$$E = \frac{L^2}{2I} \qquad (5.49)$$

となる．量子力学によると角運動量は $h/2\pi (= \hbar)$ の単位で量子化される．すなわち，

$$L^2 = \frac{h^2}{4\pi^2}J(J+1) \qquad J = 0, 1, 2, \cdots \qquad (5.50)$$

である．したがって，2原子分子回転のエネルギーは，

$$E = \frac{h^2}{8\pi^2 I}J(J+1) \qquad (5.51)$$

のようにとびとびの値をとる．回転準位のエネルギーをスペクトル項値として波数単位で表すのが分子分光学で通例となっている．つまり，

$$F(J) = \frac{E}{hc} = BJ(J+1) \qquad (5.52)$$

と表す．ここで B は**回転定数**(rotational constant)で

$$B = \frac{h}{8\pi^2 Ic} \qquad (5.53)$$

である．回転の量子準位エネルギーは，$J = 0, 1, 2, \cdots$ に対応して，$0, 2B, 6B, 12B, \cdots$ のように間隔が $2B$ ずつ増える．なお，回転の角運動量はベクトルであるからその方向が量子化される．すなわち，$\boldsymbol{J}$ の z 軸成分は

$$\boldsymbol{J}_z = J, J-1, \cdots, 0, \cdots, -J+1, -J$$

の $2J+1$ の値をとる．これらの状態のエネルギーは等しいので，回転状態 J は $2J+1$ の縮重度をもつことになる．

化学反応の場合の化学結合の切断や組み替えのエネルギーに比較すると回転エネルギーはきわめて小さく，反応活性化に対して重要な役割を果たすことはない．

> **例題 5.11　2 原子分子の回転準位分布と平均エネルギーを計算する**
> 温度 T において回転量子数 J の準位の分布を求めよ．また，平均の回転エネルギーはいくらか？

▶ 分配関数の意義については付録 §A1 参照．

［答］回転量子数 J の準位の縮重度は $2J+1$ である．したがって，回転項値 $F(J)$ の準位の分布数は

$$N_J = N\frac{(2J+1)\exp[-hcBJ(J+1)/k_\text{B}T]}{Q_\text{r}} \quad (5.54)$$

となる．ここで，N は分子総数，Q_r は回転運動の分配関数で

$$Q_\text{r} = \sum_{J=0}^{\infty}(2J+1)\exp[-hcBJ(J+1)/k_\text{B}T]$$

常温以上の温度においては，$B/k_\text{B}T \ll 1$ であるから和は積分に置換することができて

$$Q_\text{r} = \int_0^{\infty}(2J+1)\exp[-hcBJ(J+1)/k_\text{B}T]dJ$$
$$= \frac{k_\text{B}T}{hcB} \quad (5.55)$$

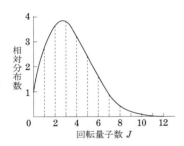

図 5-9　298 K における HCl 分子の回転状態の分布．

である．各 J 準位についての分布数 N_J の割合を J についてプロットすると図 5-9 のようになる．N_J の関数の前指数因子が J とともに大きくなるのに対して，指数関数は減少する．したがって，ある回転準位で分布が極大となる．

分子当たりの回転の平均エネルギーは

$$\varepsilon_\text{r} = \frac{1}{Q_\text{r}}\sum_{J=0}^{\infty}hcBJ(J+1)(2J+1)\exp[-hcBJ(J+1)/k_\text{B}T]$$
$$= \frac{1}{Q_\text{r}}\int_0^{\infty}hcBJ(J+1)(2J+1)\exp[-hcBJ(J+1)/k_\text{B}T]dJ$$

である．ここで，$B/k_\text{B}T \ll 1$ のために和を積分に置き換えられるとした．置換積分法を用いて計算すると

$$\varepsilon_\text{r} = k_\text{B}T \quad (5.56)$$

となる．回転運動に分配されるエネルギーは，分子の種類によらず温度のみの関数である．これは，エネルギー等分配の法則によるものである．　□

> **例題 5.12　反応生成分子の回転温度を推定する**　$F + H_2 \rightarrow HF + H$ の反応において生成物の HF の回転運動自由度に分配されるエネルギーは $12\,\text{kJ}\,\text{mol}^{-1}$ である．HF の各回転準位への分布が平衡的であるとしたとき，回転温度はいくらか？

［答］1 mol 当たりの回転エネルギーと回転温度 T_r との関係は，$E_\text{r} = RT_\text{r}$ である．したがって，回転温度は，$T_\text{r} = 12 \times 10^3\,\text{J}\,\text{mol}^{-1}/8.31\,\text{J}\,\text{K}^{-1}\,\text{mol}^{-1} = 1440\,\text{K}$ である．　□

電子状態遷移バンド

光吸収に伴って起こる2原子分子の電子状態遷移を考えよう．分子の量子準位は，電子・振動・回転の各状態によって指定され，全エネルギーはその総和で

$$E = E_e + E_v + E_r \tag{5.57}$$

である．これをスペクトル項値(cm^{-1} 単位)で表すと

$$T = T_e + G + F \tag{5.58}$$

である．2原子分子の場合，G は振動項値で量子数 v で，F は回転項値で量子数 J で，それぞれ式(5.38),(5.52)で表される．

分光学では，基底電子状態を X，励起電子状態をエネルギーの順に A, B, ⋯ と名付け，振動・回転量子数には，下の状態に $''$ を，上の状態に $'$ をつけて区別する．遷移を命名する場合，吸収・発光の区別なく上下の量子状態をハイフンでつなぐ．たとえば，$A^1\Sigma_u^+(v', J')$-$X^1\Sigma_g^+(v'', J'')$ のように書く．

どの量子準位間で発光が許容なのかは，式(5.16)の遷移双極子モーメントが有限な値をもつかどうかで定まる．それを選択則というが，その詳細は参考書を参照してほしい．

遷移双極子モーメントは，遷移の前後の波動関数で双極子モーメント演算子を挟んで積分したものである．すなわち，

$$\boldsymbol{R} = \int \Psi'^* \boldsymbol{M} \Psi'' d\tau \tag{5.59}$$

である．ここで，Ψ', Ψ'' はそれぞれ上下の状態の波動関数で，Ψ'^* は Ψ' の共役複素数であり，$\boldsymbol{M}$ は双極子モーメント演算子である．双極子モーメントは方向をもっているから $\boldsymbol{M}$ はベクトル演算子となる．双極子モーメントに対して電子と核の運動による寄与を分離して考えて

$$\boldsymbol{M} = \boldsymbol{M}_e + \boldsymbol{M}_n \tag{5.60}$$

とする．第1項が電子の，第2項が核の寄与である．遷移双極子モーメントは

$$\boldsymbol{R} = \int \Psi_e'^* \Psi_v' (\boldsymbol{M}_e + \boldsymbol{M}_n) \Psi_e'' \Psi_v'' d\tau$$

で，

$$\boldsymbol{R} = \int \Psi_v' \Psi_v'' d\tau \int \Psi_e'^* \boldsymbol{M}_e \Psi_e'' d\tau + \int \Psi_e' \Psi_e'' d\tau \int \Psi_v'^* \boldsymbol{M}_n \Psi_v'' d\tau$$

第2項は電子波動関数の直交性のために消える．

$$\boldsymbol{R}_e = \int \Psi_e'^* \boldsymbol{M}_e \Psi_e'' d\tau$$

とすると

▶ スピン多重度が基底電子状態と異なる準位シリーズがある場合，それらに対してエネルギーの順に $a, b, \cdots$ と区別して準位を命名する．なお，N_2 だけは例外で，この規則に従わない．

$$R = R_\mathrm{e} \int \Psi_\mathrm{v}{}' \Psi_\mathrm{v}{}'' \mathrm{d}\tau \tag{5.61}$$

となり，電子状態の遷移によって定まる双極子モーメントに加えて，2つの電子状態の振動波動関数の重なりに対応する因子が掛かる．遷移確率は式(5.16)に示すように遷移双極子モーメントの2乗 $|R|^2$ に比例する．そこで，振動波動関数の重なりの寄与

$$\left| \int \Psi_\mathrm{v}{}' \Psi_\mathrm{v}{}'' \mathrm{d}\tau \right|^2$$

を**フランク-コンドン**(Franck-Condon)**因子**という．この因子は，電子状態遷移に対する核の位置についての必要条件を与えるものである．その原理は，分子の電子状態遷移に伴って電子の運動状態変化は，振動運動の変化に比較してずっと速く起こることに起因している．したがって，原子核の位置は止まったまま電子の励起が起こる．図 5-10 のように電子基底状態のポテンシャルから励起状態のポテンシャルへ遷移が起こる場合，核の位置が変わらない垂直遷移が優先して起こる．このことを**フランク-コンドン原理**(Franck-Condon principle)という．

電子基底状態と励起状態の平衡核間距離が図 5-10(a)のようにほぼ等しいときには，基底状態の振動基底状態 $v''=0$ からの吸収は $v'=0$ への遷移確率がもっとも大きく，遷移の行先が $v'=1,2,\cdots$ となるにつれ小さくなる．一方，電子励起状態の平衡核間距離が基底

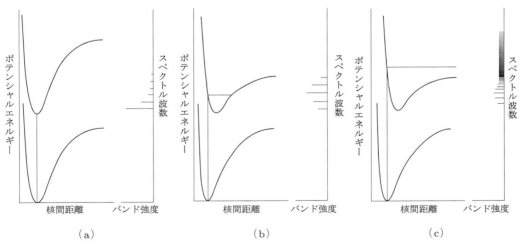

図 5-10 電子基底状態から励起状態への遷移における，フランク-コンドン原理による振動遷移についての説明．(a)基底状態と励起状態の平衡核間距離がほぼ同じ場合，(b)励起状態の平衡核間距離が基底状態のそれより大きい場合，(c)励起状態の平衡核間距離が基底状態のそれよりずっと大きい場合．それぞれの場合について右側に予想される遷移スペクトルを示した．スペクトル波数を横軸にバンド強度を縦軸にすれば観測スペクトルとして理解しやすい．

状態よりも大きいとき，$v''=0$ からの吸収遷移は基底状態から垂直に引いた線が励起状態ポテンシャルと交差する近傍でもっとも遷移確率が大きくなる．したがって，図 5-10(b) に示すように，振動遷移線は特定の v' への遷移を中心にして分布する形式となる．図 5-10(c) のように励起電子状態の解離状態にある連続エネルギー状態へ遷移することもある．このような遷移は光化学反応の基本過程の1つである．

例題 5.13 O_2 の紫外吸収スペクトルより解離エネルギーを求める

O_2 のポテンシャル曲線を図 5-11 に与える．また，$A^3\Sigma_u^-$-$X^3\Sigma_g^-$ 遷移の振動帯の吸収スペクトルの測定から基底状態の $v''=0$ から v' への遷移波数を表 5-7 に与える．これを用いて電子基底状態の解離エネルギーを求めよ．なお，O 原子の基底状態 ^3P と励起状態 ^1D とのエネルギー差は 15868 cm^{-1} である．

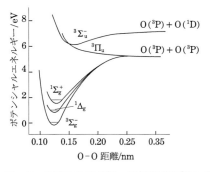

図 5-11 O_2 の基底電子状態，励起電子状態のポテンシャルエネルギー曲線．X 状態の結合距離は A 状態のそれに比べて短い．したがって，吸収スペクトルでは，A 状態の高い振動準位への遷移が観測できる．

表 5-7 O_2 $A^3\Sigma_u^-$-$X^3\Sigma_g^-$ v'-$v''=0$ 遷移の遷移波数とその第1，第2階差

v'	ω/cm^{-1}	$\Delta\omega$/cm^{-1}	$\Delta^2\omega$/cm^{-1}
9	54624.4		
		428.9	
10	55053.3		-40.7
		388.2	
11	55441.5		-42.8
		345.4	
12	55786.9		-44.7
		300.7	
13	56087.6		-45.7
		255.0	
14	56342.6		-46.6
		208.4	
15	56551.0		(-47.6)
		(160.8)	
16	(56711.8)		(-48.5)
		(112.3)	
17	(56824.1)		(-49.5)
		(62.8)	
18	(56886.9)		(-50.4)
		(12.4)	
19	(56899.3)		

注）（ ）内の値は外挿値．

［答］ A 状態の振動準位間エネルギーを求める．準位間エネルギーは非調和性のため高い準位ほど小さくなっている．解離状態では，間隔はゼロとな

る．表 5-7 の準位エネルギーから間隔を計算し，さらにその階差を計算し，間隔がゼロとなる準位エネルギーを求める．間隔がゼロとなるのは，$v'=19$ を超えた状態で，そのエネルギーは $56900\,\mathrm{cm}^{-1}$ と見積もられる．A 状態は，$O(^3P)$ と $O(^1D)$ へ解離するから，基底状態の解離エネルギーは，$56900-15900\,\mathrm{cm}^{-1}=41000\,\mathrm{cm}^{-1}=490\,\mathrm{kJ\,mol}^{-1}$ である．なお，より精密な値は，$493.6\,\mathrm{kJ\,mol}^{-1}$ である． □

§3 光化学反応

ポイント 励起原子分子が反応を含めてどのような過程をたどるのかを学ぶ．

電子状態励起・蛍光・りん光

有機分子の多くはいろいろな色を示す．色素はその代表である．色素は π 電子共役系分子で，π 電子が励起されて吸収する光の補色がその示す色である．π 電子の占めるエネルギー最高の分子軌道を **HOMO**(Highest Occupied Molecular Orbital)という．HOMO 軌道の次に高いエネルギーをもつ軌道を **LUMO**(Lowest Unoccupied Molecular Orbital)という．HOMO と LUMO のエネルギー差に相当する光が有機分子に吸収されると，図 5-12 に示すように HOMO の電子の 1 つは LUMO へ励起される．HOMO を占める電子は 2 個で，そのスピン量子数は $m_s=\pm 1/2$ である．その 1 つが LUMO へ励起される場合，スピン量子数を保存する場合と $+1/2\to -1/2$ のように逆転する場合とがある．前者の励起状態の全スピン S は 0 であるのに対し，後者は 1 となる．全スピンの配向自由度 $2S+1$ を考えると前者は 1 で，これを**一重項**(singlet)とよび，後者の自由度は 3 で**三重項**(triplet)という．

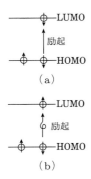

図 5-12　HOMO から LUMO への電子励起におけるスピン量子数の 2 つの場合．(a)の励起状態は一重項，(b)のそれは三重項．

色素のような共役系分子を光励起するとき，電子基底状態は S_0 で，全スピン保存則より励起一重項 S_1 へ励起される．色素のような大きい分子では，いろいろな振動状態があるが，一定圧力以上の気体，溶液では非常に短い時間 ($\sim 10^{-12}\,\mathrm{s}$) で S_1 状態の振動基底準位へ緩和する．S_1 分子は**蛍光**(fluorescence)を発して S_0 状態へ遷移する．それと同時にスピン多重度 3 の三重項状態 T_1 へ**項間交差**(ISC, intersystem crossing)によって移動することもある．移動先の T_1 状態の振動励起状態はただちに基底状態へ緩和する．T_1 から S_0 へは双極子放射は禁止されるが，多極子放射その他の摂動によって T_1 はきわめて弱い光を発する．この光を**りん光**(phosphorescence)という．りん光による遷移速度は非常に小さいので，T_1 状態は準安定

で，その寿命は長い．場合によると秒の桁以上の寿命をもつ．以上の励起分子の遷移や緩和を図 5-13 に模式的に示した．三重項状態は常磁性分子，たとえば，O_2 と衝突して脱励起される．したがって，溶液の場合，溶媒に溶けた空気の存在で寿命が短縮されることがある．S_1, T_1 状態が S_0 状態と相互作用をして S_0 状態へ移動することがある．$S_n \rightarrow S_1$, $T_n \rightarrow T_1$ の過程を含めてこれを**内部転換**(IC, internal conversion)という．

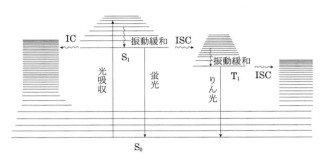

図 5-13 分子の光励起と放射，緩和．矢印は放射遷移，波矢印は無放射遷移．

吸収スペクトルと発光スペクトルとは，電子状態遷移の振動状態間の関係から図 5-14 に示すように互いに鏡像な形となることが多い．π電子励起の場合，分子の基本構造は変わらないので，基準振動は電子基底状態と励起状態とでほとんど変わらない．すると吸収での電子基底状態 $v''=0$ から電子励起状態の振動準位 v' への遷移が，発光での電子励起状態の $v'=0$ から基底状態の振動準位 v'' への遷移とちょうど裏返しの関係になる．図 5-14 にその状況の説明と実例を挙げてある．

電子励起分子の主要な変化過程は，内部転換，蛍光，項間交差，光化学反応の諸過程であるが，吸収した光子当たりの素過程の起こる回数をその素過程の**量子収率** Φ という．すなわち，

$$\Phi = \frac{\text{励起分子の素過程が起こる回数}}{\text{吸収した光子数}}$$
$$= \frac{\text{励起分子の素過程の速度}}{\text{単位体積，単位時間当たりの吸収光子数}}$$

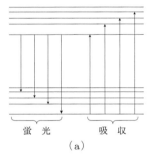

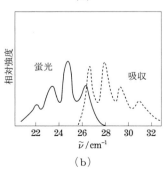

図 5-14 (a) 発光(蛍光)スペクトルと吸収スペクトルの振動遷移の関係，(b) アントラセンのベンゼン溶液の吸収・蛍光スペクトルの鏡像関係．

S_1 励起状態の分子が関係する素過程を反応式で示すと

$$S_0 + h\nu \longrightarrow S_1 \quad : \quad \text{速度} \quad k_a I[S_0] \quad \text{(R5.2)}$$
$$S_1 \longrightarrow S_0 + h\nu_f \quad : \quad k_f[S_1] \quad \text{(R5.3)}$$
$$S_1 \longrightarrow T_1 \quad : \quad k_{ISC}[S_1] \quad \text{(R5.4)}$$
$$S_1 \longrightarrow S_0 \quad : \quad k_{IC}[S_1] \quad \text{(R5.5)}$$

である．ここで，k_a は吸光係数，I は励起光の照射強度，$k_\mathrm{f}, k_\mathrm{ISC}$, k_IC はそれぞれの過程の速度定数である．S_1 状態の分子密度の速度式を書くと次のようになる．

$$\frac{\mathrm{d}[S_1]}{\mathrm{d}t} = k_\mathrm{a} I [S_0] - k_\mathrm{f}[S_1] - k_\mathrm{ISC}[S_1] - k_\mathrm{IC}[S_1] \quad (5.62)$$

ここで，励起光が定常光であるとすると，$\mathrm{d}[S_1]/\mathrm{d}t = 0$ の定常条件が成立するから

$$[S_1] = \frac{k_\mathrm{a} I [S_0]}{k_\mathrm{f} + k_\mathrm{ISC} + k_\mathrm{IC}} \quad (5.63)$$

である．したがって，蛍光量子収率は

$$\Phi_\mathrm{f} = \frac{k_\mathrm{f}[S_1]}{k_\mathrm{a} I [S_0]} = \frac{k_\mathrm{f}}{k_\mathrm{f} + k_\mathrm{ISC} + k_\mathrm{IC}} \quad (5.64)$$

となる．蛍光量子収率は励起 S_1 状態分子が蛍光を発する割合を表現する．

例題 5.14 蛍光の量子収率より寿命を求める　色素ローダミン 6G の S_1-S_0 の蛍光量子収率 Φ_f は 0.87，また，S_1 の寿命は 5 ns である．蛍光寿命 τ_f，非放射(IC および ISC)寿命 τ_nr はいくらか？

［答］$\Phi_\mathrm{f} = k_\mathrm{f}/(k_\mathrm{f} + k_\mathrm{ISC} + k_\mathrm{IC})$, S_1 の寿命 $\tau = 1/(k_\mathrm{f} + k_\mathrm{ISC} + k_\mathrm{IC}) = 5$ ns, したがって，$k_\mathrm{f} = \Phi_\mathrm{f}/\tau$. $\tau_\mathrm{f} = 1/k_\mathrm{f} = 5/0.87$ ns $= 5.7$ ns, $\tau_\mathrm{nr} = \tau/(1 - \Phi_\mathrm{f}) = 38$ ns.　□

励起三重項状態の寿命は長いので，他の分子と衝突して反応を起こす．たとえば，ベンゾフェノンの 2-プロパノールの溶液に高圧水銀灯の 366 nm の光を照射すると，ベンズピナコールとアセトンを生ずる．ベンゾフェノンは光照射によって S_1 状態を経て T_1 状態に至る．T_1 ベンゾフェノンはアルコールから水素原子を引き抜く反応を行う．

$$\mathrm{Ph_2CO^*(T_1)} + \mathrm{RR'CHOH} \longrightarrow \mathrm{Ph_2COH} + \mathrm{RR'COH} \quad (R5.6)$$
$$\mathrm{Ph_2CO^*(T_1)} + \mathrm{RR'COH} \longrightarrow \mathrm{Ph_2COH} + \mathrm{RR'CO} \quad (R5.7)$$

ラジカル $\mathrm{Ph_2COH}$ は 2 量化してベンズピナコール $\mathrm{Ph_2C(OH)C(OH)Ph_2}$ を生成する．

励起原子の蛍光とその消光

原子気体に光を照射して励起すると，励起原子は光を発して基底状態へ遷移する．すなわち，

$$\mathrm{A} + h\nu' \longrightarrow \mathrm{A}^* \quad (R5.8)$$
$$\mathrm{A}^* \longrightarrow \mathrm{A} + h\nu'' \quad (R5.9)$$

のようにその過程を表現できる．励起原子の蛍光 $h\nu''$ を発する速度定数 k_f は，式(5.7)で定義したアインシュタインの自然放出係数である．ここで，原子の基底準位と励起準位間の遷移が光の吸収・蛍光に相当していれば，吸収と蛍光の振動数は等しく $\nu' = \nu''$ である．そのような遷移線を**共鳴線**(resonance line)という．その名のいわれは，励起原子の発する蛍光線が基底状態原子に共鳴的に吸収されるからである．Na原子のNaD線，Hg原子の波長253.7 nmの紫外線は有名である．

いま，原子気体を照射する光の強度を I_ex とし，吸収の速度定数を k_a とすると，

$$\frac{\mathrm{d}[\mathrm{A}^*]}{\mathrm{d}t} = k_\mathrm{a} I_\mathrm{ex} [\mathrm{A}] - k_\mathrm{f} [\mathrm{A}^*] \tag{5.65}$$

である．一定の強度の光が原子気体を照射しているとすると，定常条件が適用され，式(5.65)はゼロである．したがって，

$$[\mathrm{A}^*] = \frac{k_\mathrm{a} I_\mathrm{ex}}{k_\mathrm{f}} [\mathrm{A}] \tag{5.66}$$

である．蛍光強度 I_f は，

$$I_\mathrm{f}^0 = k_\mathrm{f} [\mathrm{A}^*] = k_\mathrm{a} I_\mathrm{ex} [\mathrm{A}] \tag{5.67}$$

である．蛍光を発する原子気体に別の分子気体を加えると，蛍光が弱くなることがある．それを**消光**(quenching)といい，加えた分子気体は**消光剤**(quencher)とよばれる．それは，加えた分子が衝突によって励起原子を脱励起するためである．いま，その分子をQという記号で表せば，脱励起過程は

$$\mathrm{A}^* + \mathrm{Q} \longrightarrow \mathrm{A} + \mathrm{Q} \tag{R5.10}$$

である．その速度定数を k_q とすると，式(5.65)の代わりに

$$\frac{\mathrm{d}[\mathrm{A}^*]}{\mathrm{d}t} = k_\mathrm{a} I_\mathrm{ex} [\mathrm{A}] - k_\mathrm{f} [\mathrm{A}^*] - k_\mathrm{q} [\mathrm{A}^*][\mathrm{Q}] \tag{5.68}$$

となる．定常状態において式(5.68)はゼロとなるから

$$[\mathrm{A}^*] = \frac{k_\mathrm{a} I_\mathrm{ex} [\mathrm{A}]}{k_\mathrm{f} + k_\mathrm{q} [\mathrm{Q}]} \tag{5.69}$$

となり，蛍光強度は

$$I_\mathrm{f} = k_\mathrm{f} [\mathrm{A}^*] = \frac{k_\mathrm{f} k_\mathrm{a} I_\mathrm{ex} [\mathrm{A}]}{k_\mathrm{f} + k_\mathrm{q} [\mathrm{Q}]} \tag{5.70}$$

である．消光剤を含まない条件下の蛍光強度(5.67)との比率をとると，

$$\frac{I_\mathrm{f}}{I_\mathrm{f}^0} = \frac{k_\mathrm{f}}{k_\mathrm{f} + k_\mathrm{q} [\mathrm{Q}]} = \frac{1}{1 + (k_\mathrm{q}/k_\mathrm{f})[\mathrm{Q}]} \tag{5.71}$$

となる．この式を**シュテルン-フォルマーの式**(O. Stern, M. Volmer, 1919)という．消光剤の濃度の関数で蛍光強度の減少を観測すれば，消光速度定数 k_q，すなわち，消光衝突断面積を求めることができる．

原子の光励起をパルス光で行うと，式(5.68)より励起原子の濃度の時間変化は，

$$[A^*] = [A^*]_{t=0} \exp[-(k_f + k_q[Q])] \quad (5.72)$$

となる．すなわち，励起原子の蛍光寿命の逆数は

$$\frac{1}{\tau} = k_f + k_q[Q] \quad (5.73)$$

したがって，寿命を測定し，その逆数を消光剤の濃度に対してプロットすれば，k_q を測定することができる．定常光励起による蛍光強度を消光剤の濃度の関数で求める式(5.71)よりも，蛍光寿命から式(5.73)によって消光速度定数を決定する方がより正確である．表5-8 に Hg 原子の 253.7 nm 光励起で生成する $Hg(6^3P_1)$ 励起原子の消光速度定数を示す．

励起水銀原子と消光分子とのポテンシャルエネルギー曲線の概要を図5-15に示した．消光分子が励起原子の電子エネルギーを直接電子状態励起に変換する

$$Hg^* + Q \longrightarrow Hg + Q^*$$

の反応の場合，消光断面積は大きく，反応は気体運動論の衝突頻度で進行する．一方，Hg^* と Q の間の断熱的ポテンシャルエネルギー曲線が比較的引力的であるのに対し，Hg-Q のポテンシャルエネルギー曲線が非常な反発的であり，Hg^*-Q から Hg-Q のポテンシャルエネルギー曲線へ乗り移る結果，

$$Hg^* + Q \longrightarrow Hg + Q^{\ddagger}$$

のように消光分子の振動励起をもたらす．このような場合，衝突断面積は大きくない．また，H_2 との衝突を代表するように，Hg^* が H-H 結合に挿入して，結合を切断する次の項で述べる光増感反応もある．その衝突断面積は電子励起移動に比べて1桁くらい小さい．

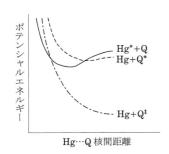

図 5-15 励起および基底状態水銀原子と消光分子 Q とのポテンシャルエネルギー曲線の模式図．

表 5-8 Hg 原子の励起状態 6^3P_1 の消光速度定数(25 °C)

消光分子	消光速度定数 $cm^3\ molecule^{-1}\ s^{-1}$	消光断面積 $10^{-20}\ m^2$	$\Phi(^3P_0)$	初期反応
O_2	8.6×10^{-11}	18	< 0.10	HgO+O, Hg+O+O
N_2O	8.8×10^{-11}	21	< 0.09	$Hg+N_2+O$
C_2H_4	2.3×10^{-10}	46	< 0.10	電子状態励起
CO	3.5×10^{-11}	6.9	0.56	振動状態励起
H_2	1.4×10^{-10}	7.8	< 0.01	HgH+H
C_3H_8	9.2×10^{-12}	2.2	0.54	Hg+R+H
CH_4	5.2×10^{-13}	0.08	0.13	同上
C_2H_6	2.8×10^{-12}	0.57	0.30	同上
NH_3	2.5×10^{-11}	4.0	0.32	$(HgNH_3)^*$ の発光

[H. Horiguchi and S. Tsuchiya, *Bull. Chem. Soc. Jpn.* **47**, 2768(1974)]

光増感反応

原子分子が光吸収によって励起状態となり，そのエネルギーを他の分子に移動させた結果，その分子の化学反応が誘起される．このような化学反応を**光増感反応**(photosensitized reaction)という．増感というのは，反応する分子の光吸収の確率が小さくても，別の原子分子が光吸収をして，そのエネルギーを反応分子へ移動させるので，その原子分子が光の増感剤の役割を果たしているという意味である．

光増感反応の中で，もっともよく研究されているのは，Hg 光増感反応である．水銀の蒸気圧は常温で 10^{-3} Torr の桁にあり，低圧水銀ランプの発する Hg 共鳴線の波長 253.7 nm の照射によって，反応系内の Hg 原子が励起状態 6^3P_1 状態へ励起され，励起 Hg 原子と衝突する分子の反応を誘起する．たとえば，水銀蒸気を含む N_2O 気体に 253.7 nm 共鳴線を照射すると，励起 Hg 原子が生成し，

$$\text{Hg}(6^3P_1) + N_2O \longrightarrow \text{Hg}(^1S_0) + N_2 + O \quad (\text{R5.11})$$

の反応が起こり，O 原子が生成する．反応分子は，光を直接吸収する代わりに，励起原子分子の量子エネルギーを衝突によって受け取って反応する．表 5-8 に励起水銀原子の消光速度定数をいろいろな消光分子について記載した．励起水銀原子を消光するとき，いろいろな過程がある．

$$\text{Hg}(6^3P_1) + Q \longrightarrow \text{Hg}(6^3P_0) + Q \quad (\text{R5.12})$$

$$\text{Hg}(6^3P_1) + Q \longrightarrow \text{Hg}(6^1S_0) + Q^* \quad (\text{R5.13})$$

$$\text{Hg}(6^3P_1) + Q \longrightarrow \text{Hg}(6^1S_0) + P \quad (\text{R5.14})$$

$\text{Hg}(6^3P_0)$ というのは，6^3P_1 状態より $1767\,\text{cm}^{-1}(21.1\,\text{kJ mol}^{-1})$ だけ低い準安定な状態にある水銀原子である．この状態は，基底状態へ蛍光遷移が禁止されているので，準安定な状態である．(R5.13) は，$\text{Hg}(6^3P_1)$ と衝突して消光分子がエネルギー移動によって電子状態励起や振動状態励起をする場合である．(R5.14) は，消光分子が $\text{Hg}(6^3P_1)$ と衝突して，化学反応を行う．(R5.11) の N_2O の場合，量子収率は 1 に近い．したがって，水銀光増感反応を利用して，酸素原子を得る便利な方法ともいえる．生成した酸素原子の物質量は，同時に生成する N_2 の物質量と等しいわけで，その定量分析から光増感反応の進行を把握することができる．

例題 5.15　$I(^2P_{1/2})$ 原子の脱励起断面積を求める　I_2 気体に 499 nm よりも短波長の光を照射すると $I(^2P_{1/2})$ と $I(^2P_{3/2})$ とに光解離する．ここで，$I(^2P_{1/2})$ は励起エネルギー 7603 cm^{-1} の第 1 電子励起状態で，近赤外の蛍光を発して基底状態 $^2P_{3/2}$ へ遷移する．$I(^2P_{1/2})$

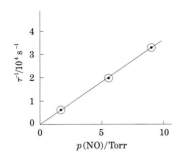

図 5-16 NO 気体中における I(^{2}P$_{1/2}$) の寿命の測定値の逆数と NO 圧力との関係.

の蛍光寿命を NO の存在下で測定したところ表 5-9 のようになった. I(^{2}P$_{1/2}$) の NO との衝突による脱励起速度定数を求めよ.

表 5-9 I(^{2}P$_{1/2}$) の NO 気体中(25 ℃)での寿命

$p(NO)$/Torr	1.6	5.5	9.0
I(^{2}P$_{1/2}$) の寿命 τ/μs	159	49.1	29.5
$\tau^{-1}/10^4$ s^{-1}	0.629	2.04	3.39

[答] I(^{2}P$_{1/2}$) の蛍光寿命の逆数は蛍光の速度定数 k_f であり, NO による脱励起速度定数を k_q とすれば, $k_f = k_{f0} + k_q[NO]$ となるはずである. 図 5-16 に I(^{2}P$_{1/2}$) の寿命の逆数 $\tau^{-1} = k_f$ を NO の圧力の関数でプロットした. $k_f = a + bp(NO)$ の関係を満たしていることがわかる. 最小 2 乗法で, a および b を決定した. その結果, $a = 185$ s^{-1}, $b = 3730$ Torr^{-1} s^{-1} の結果を得た. いま, 25 ℃ において 1 Torr $= 3.24 \times 10^{16}$ molecule cm^{-3} であるから, $k_q = 1.15 \times 10^{-13}$ cm^3 molecule^{-1} s^{-1} を得る. これを脱励起衝突断面積に換算すると, 2.25×10^{-18} cm^2 である. なお, I(^{2}P$_{1/2}$) の放射寿命は, $p(NO) = 0$ のときの寿命で, 5.40×10^{-3} s となる. □

光解離反応

2 原子分子が光吸収によって解離反応に至るメカニズムには 2 つある. 図 5-17 に電子基底状態と励起状態のポテンシャルエネルギー曲線が与えてある. フランク-コンドン原理に従って基底状態のポテンシャル極小近傍から垂直に励起状態へ移行するのに相当するエネルギーをもつ光がもっとも強く吸収される. 図 5-17 によれば励起状態が反結合的であるから分子は解離状態となり, 2 つの原子に解離する. その場合, 2 つの原子の相対的な運動エネルギー E_{kin} は, 光エネルギーを E_{ex} とすると

$$E_{kin} = E_{ex} - D_0 \tag{5.74}$$

となる. ここで, D_0 は分子の解離エネルギーである. 図 5-17(b) の励起状態は結合的であるが光エネルギーが解離状態よりも大きい場合には, 光吸収した分子は解離する. ただし, 解離した 2 つの原子の相対的な運動エネルギーは, 式(5.74)から原子の励起エネルギーを差し引いたものとなる.

第 3 のメカニズムは, 図 5-17(c) のポテンシャルエネルギー曲線の場合である. 電子励起状態には A と B の 2 つの状態があり, A は結合的であるのに対し, B は反結合的で, そのポテンシャルエネルギー曲線は A のそれを横切る形となっている. B 状態への光吸収の遷移は選択則によって禁止されており, 吸収遷移は A 状態の振動準位に対して起こる. したがって, 吸収スペクトルは離散的なスペクトル線となる. しかし, A 状態と B 状態のポテンシャルエネルギー

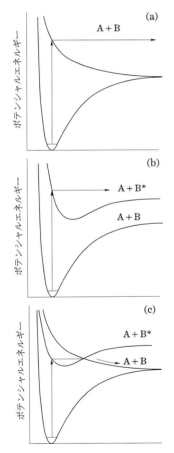

図 5-17 電子基底状態と励起状態のポテンシャルエネルギー曲線. (a)励起状態が反結合的な場合, (b)励起状態が結合的な場合, (c)結合的な励起状態から反結合的な状態へ移行する前期解離の場合.

表 5-10 光解離反応の例

反応分子	生成原子分子	波長/nm	量子収率または反応分岐率(%)
水素化物			
HBr	$H(^2S)+Br(^2P)$	<250	~ 1
H_2O	$H+HO(^2\Pi)$	<242	~ 1
	$H+HO(^2\Sigma)$	<135.6	
	$H_2+O(^1D)$	123.6	
NH_3	NH_2+H	<217	96% at 184.9 nm
	$NH(^3\Sigma^-)+2H$	<155	
	$NH(^1\Pi)+H_2$	<129.5	14% at 123.6 nm
	$NH_3^+ + e^-$	<123	
酸素化合物			
O_2	$2O(^3P)$	~ 245.4	
	$O(^3P)+O(^1D)$	<175.9	~ 1
	$O(^3P)+O(^1S)$	<134.2	
O_3	$O(^1D)+O_2(^1\Delta_g)$	<310	~ 1
	$O(^1D)+O_2(^1\Sigma_g^+)$	<266	
	$O(^3P)+O_2(^3\Sigma_g^-)$	~ 600	
SO_2	$SO+O$	<218	
N_2O	$N_2(X^1\Sigma_g^+)+O(^1D)$	~ 180	~ 1
	$N+NO$		12% at 123.6 nm
NO_2	$NO(X^2\Pi)+O(^3P)$	<400	~ 1
	$NO(X^2\Pi)+O(^1D)$	228.8	
CO_2	$CO(^1\Sigma^+)+O(^1D)$	<167.2	~ 1
	$CO(^1\Sigma^+)+O(^3P)$	<227.4	0.06 at 157 nm
ハロゲン			
I_2	$I(^2P_{3/2})+I(^2P_{1/2})$	<499	~ 1
	$2I(^2P_{3/2})$	<803.7	

[J. G. Calvert and J. N. Pitts, *Photochemistry*. Wiley(1966)]

曲線が交差点近傍よりもエネルギーの高い A 状態の振動状態は定常的とならず，B 状態との相互作用によって解離状態へ移行する．A 振動状態がどの位の寿命をもつかは，B 状態との相互作用の強さによる．いったん，束縛状態へ励起され，その後に解離状態へ移行するメカニズムの光解離を**前期解離**(predissociation)という．前期解離状態の励起量子準位は，解離反応のためにその寿命 τ が短くなるため 83 ページの注で説明したように

$$\Delta\varepsilon \sim h/2\pi\tau$$

のエネルギー幅をもつ．したがって，スペクトル線の線幅は広くなる．

例題 5.16　光解離生成原子の速度を求める　　HI→H+I($P_{3/2}$) の解離エネルギー D_0 は 295 kJ mol^{-1} である．HI は解離エネルギー以上のエネルギーをもつ光の照射によって反結合状態へ励起され，直接解離をする．KrF レーザー (248 nm) の光照射で生ずる水素原子の速度を求めよ．

[答]　光解離生成物 H, I 原子に与えられる運動エネルギーは，光励起エネルギー $N_A h\nu$ から D_0 を差し引いた $N_A h\nu - D_0$ である．いま，H, I の質量を m_H, m_I，速度を v_H, v_I，運動エネルギーを E_H, E_I とする．解離に際して運動量は保存されるから $m_H v_H - m_I v_I = 0$ で，H と I は互いに反対方向へ運動する．$E_I = (1/2) m_I v_I^2 = (m_H/m_I) E_H$, $E_H + E_I = N_A h\nu - D_0$，したがって，

$$E_H = (N_A h\nu - D_0)/[1 + (m_H/m_I)]$$
$$= (482 - 295) \text{ kJ mol}^{-1} / [1 + (1/127)] = 186 \text{ kJ mol}^{-1}$$

ここで，248 nm の光子エネルギーは 482 kJ mol^{-1} である．これより，水素原子の速度は

$$v_H = (2 \times 186 \times 10^3 \text{ J mol}^{-1} / 1 \times 10^{-3} \text{ kg mol}^{-1})^{1/2} = 19300 \text{ m s}^{-1}$$

である．　　□

高層大気の光化学

地球大気の温度は，高度，緯度によって変化する．高度による変化を図 5-18 に示したが，その模様は大気圏をいろいろな層に分ける根拠となっている．地表の大気の平均温度は水蒸気や二酸化炭素が太陽光エネルギーを貯蔵する温室効果などで決められているが，

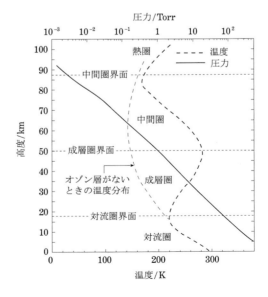

図 5-18　大気温度と大気圧力の高度分布および大気構造．

地表から 11 km 付近までの対流圏では，高度とともに対流による断熱膨張のため温度は低下する．しかし，高度 11 km を超えると逆に温度が上昇する．したがって，ここに成層圏という温度の逆転層が存在する．それは成層圏(高度 11〜50 km)にはオゾン O_3 が存在するからである．オゾンは太陽の紫外線を吸収して解離して $O+O_2$ となる．また，それらは再結合してふたたびオゾンとなる．その結果，オゾンが吸収した光エネルギーを熱エネルギーに変換して，大気温度を高める．図 5-18 には，オゾンが存在しないと仮定した場合の温度分布も示してある．実際の分布と比較していかにオゾンが成層圏大気を加熱しているかがわかる．

成層圏にオゾンが生成するためには，酸素原子の生成が必要である．酸素原子は酸素分子と結合してオゾンが生成する．酸素分子は 242 nm より短波長の太陽光の紫外線を吸収して解離する．生成した酸素原子は酸素分子と再結合してオゾンを生成するが，オゾンは 350 nm より短波長の紫外線によって光分解して，酸素原子と酸素分子に戻る．成層圏でのオゾンに関係する化学反応をまとめると次の反応となる．

$$O_2 + h\nu \;(< 242\,\text{nm}) \longrightarrow O + O \tag{R5.15}$$

$$O + O_2 + M \longrightarrow O_3 + M \tag{R5.16}$$

$$O_3 + h\nu \;(< 350\,\text{nm}) \longrightarrow O + O_2 \tag{R5.17}$$

$$O_3 + O \longrightarrow O_2 + O_2 \tag{R5.18}$$

反応(R5.15)，(R5.16)で生成するオゾンは，反応(R5.17)，(R5.18)で消滅する．したがって，成層圏のオゾンの濃度は，これらの反応のバランスによって定常状態となっている．この反応機構は，最初の提案者の名をとって**チャプマン(Chapman)機構**と名づけられている．

ここで，k_1 を(R5.16)の，k_2 を(R5.18)の速度定数とし，J_1, J_2 を紫外線吸収によって O_2, O_3 がそれぞれ光分解する速度定数とする．J_1, J_2 は単位体積に入射する紫外線光束に光解離の吸収断面積を掛けたものである．オゾンの定常状態の条件式は

$$k_1[O][O_2][M] = J_2[O_3] + k_2[O][O_3] \tag{5.75}$$

である．酸素原子についての同様な条件式は

$$2J_1[O_2] + J_2[O_3] = k_1[O][O_2][M] + k_2[O][O_3] \tag{5.76}$$

となる．(5.75)と(5.76)を加えて，これを整理すると

$$J_1[O_2] = k_2[O][O_3]$$

を得る．これを式(5.75)に代入すると

$$k_1 J_1[O_2]^2[M] = k_2 J_2[O_3]^2 + k_2 J_1[O_2][O_3]$$

となり，$[O_3]$ について 2 次式

§3 光化学反応 109

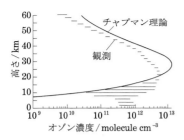

図 5-19 チャップマン機構に基づくオゾン濃度の高度分布の計算値と観測との比較．オゾン濃度は緯度，時期などによって異なるが，このデータは年平均値を与える．［島崎達夫『成層圏オゾン』東京大学出版会 (1989) 図 7］

$$k_2 J_2 [O_3]^2 + k_2 J_1 [O_2][O_3] - k_1 J_1 [O_2]^2 [M] = 0$$

となる．高層大気中では，$J_2 \gg J_1$ の条件が適用できる．すると，上式の第 2 項を無視する近似が成立して

$$[O_3] = \left(\frac{J_1 k_1 [M]}{J_2 k_2}\right)^{1/2} [O_2] \quad (5.77)$$

となる．オゾン濃度の高度による変化は，主として J_1 と $[O_2]$ の変化によって支配される．成層圏以上の高度でオゾンを光解離させる紫外光強度はほぼ一定であるのに対し，酸素を光解離する紫外光強度は高度とともに指数関数的に増加する．逆に，酸素濃度は減少する．したがって，オゾン濃度は 20〜30 km 程度の高度で極大となるような分布を示す．図 5-19 にチャップマン機構による計算値と観測の比較を示した．

▶ 最近の研究によれば，南極のオゾンの減少は [O] の少ない下部成層圏で起きており，(R5.20) よりも $(ClO)_2$ による

$(ClO)_2 + h\nu \longrightarrow Cl + ClOO$
$ClOO + M \longrightarrow Cl + O_2 + M$

のような反応で Cl が再生しているといわれている．

▶ モリーナ，ローランドはドイツの化学者クルッツェン (P. Crutzen) とともに「オゾンの形成と分解に関する大気化学的研究」によって 1995 年度ノーベル化学賞を受賞した．

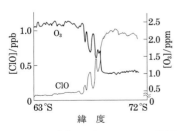

図 5-20 南極オゾンホールの境界の周辺におけるオゾンと ClO 濃度の分布の測定 (1987 年 9 月中旬の測定)．

─ オゾンホール ─

南極の春に上空のオゾンが異常に減少する現象が過去 20 年以上にわたって起きている．これはオゾンホールとよばれ，フロン (たとえば，CF_2Cl_2) の光分解で生じた Cl 原子が次のような連鎖反応を行い，成層圏オゾンを破壊するために起こるといわれている．連鎖反応は，次のような反応である．

$Cl + O_3 \longrightarrow ClO + O_2$ (R5.19)
$ClO + O \longrightarrow Cl + O_2$ (R5.20)

この連鎖反応の正味の結果は

$O + O_3 \longrightarrow O_2 + O_2$ (R5.21)

である．連鎖担体の Cl を除去する反応が少ないので，連鎖反応は効率よく進行する．フロンはその安定性の故に，対流圏での寿命はきわめて長い．そのため成層圏に達して紫外線によって光分解をして Cl 原子を生成する．フロンがオゾン層破壊の原因物質であるという指摘は，1974 年にモリーナ (M. J. Molina) とローランド (F. S. Rowland) によってなされ，実際に成層圏オゾンはすでに 5% 以上減少しており，フロン類の使用禁止の国際的合意がなされている．

南極大陸は冬の間その周辺の強い西風によって成層圏の下部は周辺から孤立した状況にあって，冷却のために雲を生ずる．この雲が夏の間に Cl 原子から生成した塩化物をトラップする役割をはたし，春とともにそれが一挙に放出されるためオゾン濃度が局所的に減少するといわれている．これを観測実証したのが図 5-20 のデータである．それはオゾンと ClO ラジカルをオゾンホールに向かって航空機で観測した結果である．オゾンと ClO の濃度が逆相関しており，塩素原子がオゾンの分解の原因となっていることが明瞭に示されている．

> **例題 5.17 チャプマン機構でオゾン濃度を見積もる** チャプマン機構を仮定して，3月15日，北緯45°，正午，高度20 km におけるオゾン濃度を見積もれ．ただし，圧力は 55.3 hPa，温度 217 K，大気組成は地表と同じ（N_2 78%, O_2 21%, Ar 1%）で，O_2, O_3 の光解離反応速度はそれぞれ $J_1 = 1.3 \times 10^{-13}\,\mathrm{s^{-1}}$, $J_2 = 5.4 \times 10^{-4}\,\mathrm{s^{-1}}$ である．また，$k_1 = 6.0 \times 10^{-34}(T/300)^{-2.3}\,\mathrm{cm^6\,molecule^{-2}\,s^{-1}}$, $k_2 = 8.0 \times 10^{-12} \exp(-17.1\,\mathrm{kJ\,mol^{-1}}/RT)\,\mathrm{cm^3\,molecule^{-1}}$ である．また，反応（R5.16）の第3体効果は N_2, O_2, Ar について差がないものとする．

［答］ 式(5.77)に数値を代入すればよい．分子密度は，$pV/k_\mathrm{B}T = 55.3 \times 10^2\,\mathrm{Pa} \times 1 \times 10^{-6}/1.38 \times 10^{-23}\,\mathrm{J\,K^{-1}} \times 217\,\mathrm{K} = 1.85 \times 10^{18}\,\mathrm{molecule\,cm^{-3}}$ である．したがって，$[O_2] = 3.9 \times 10^{17}\,\mathrm{molecule\,cm^{-3}}$．よって，$[O_3] = [1.3 \times 10^{-13}\,\mathrm{s^{-1}} \times 6.0 \times 10^{-34}\,\mathrm{cm^6\,molecule^{-2}\,s^{-1}}(217/300)^{-2.3} \times 1.85 \times 10^{18}\,\mathrm{molecule\,cm^{-3}}/5.4 \times 10^{-4}\,\mathrm{s^{-1}} \times 8.0 \times 10^{-12} \exp(-17100/8.31 \times 217)\,\mathrm{cm^3\,molecule^{-1}\,s^{-1}}]^{1/2} \times 3.9 \times 10^{17}\,\mathrm{molecule\,cm^{-3}} = 1.2 \times 10^{13}\,\mathrm{molecule\,cm^{-3}}$．これを圧力に直すと $p = 1 \times 10^6 \times 1.2 \times 10^{13} \times 1.38 \times 10^{-23} \times 217 = 0.036\,\mathrm{Pa}$．20 km の高度における圧力は 55.3 hPa であるから，オゾンのモル分率は 6.5×10^{-6} しかない．それにもかかわらず，オゾン層は生物にとって有害な紫外線を取り除く役割を果たし，地球上の生態系に大きな影響を与えている．□

6

反応ダイナミックス

　化学反応は，反応分子どうしが衝突をして生成分子に至る過程である．第3,4章では，反応分子集団のマクロな反応速度が反応分子どうしのミクロな衝突断面積で表現できることを学んだ．その場合の速度定数や衝突断面積は，反応始状態の反応分子から終状態の生成分子への変化の速度または確率を表現している．しかし，その途中がどうなっているかは不問であった．化学反応の本質は，反応分子どうしが相互作用をするミクロな過程にある．それは，反応の進行を表す座標の関数で1つの運動（ここでは，ダイナミックスとよぶ）として描くことができる．この章では，そのような「化学反応の分子ダイナミックス」に焦点をあてる．

§1　ポテンシャルエネルギー曲面

ポイント　反応分子が生成分子へ移り変わる過程のエネルギー状態の表示を学ぶ．

　反応分子が反応始状態から終状態へ変化する過程において，反応分子が有する全エネルギーは保存される．全エネルギーは運動エネルギーとポテンシャルエネルギーの和である．したがって，ポテンシャルエネルギーが与えられれば，反応分子系がどのような運動をするかを議論することができる．反応途中のいろいろな幾何学的構造に対して反応分子系がとるエネルギーをプロットしたのが**ポテンシャルエネルギー曲面**(potential energy surface)である．
　原子Aと分子BCの反応 $A+BC \rightarrow AB+C$ を考えよう．その反応の途中の構造は左図のようになるから，反応分子系の構造変化を記述する座標は $\{r_{AB}, r_{BC}, r_{CA}\}$ の3つの座標である．各構造のエネルギーをこの座標の関数で表現しようとすると4次元空間が必要となり，われわれの3次元の世界で表現することができない．そこで

∠ABCを固定して反応過程を観察することにすれば，各構造に対するエネルギーを表示できる．いま，∠ABCを180°，AがBCの分子軸に沿って運動する場合を考え，x軸でr_{AB}をy軸でr_{BC}を，z軸でエネルギーを表現すれば，A⋯B⋯Cの各構造に対してエネルギーを図6-1(a)のように立体図として描くことができる．立体図は視覚的にはわかりやすいが，いろいろな構造をもつA⋯B⋯Cのエネルギー値をより正確に読み取るには不便である．そこで地図の等高線と同じようにr_{AB}, r_{BC}の関数で等エネルギー線をエネルギーの一定間隔ごとに引いた図6-1(b)がよく用いられる．

ポテンシャルエネルギー曲面を用いて反応の進行を記述してみよう．反応初期では，A–B距離が無限大で，ポテンシャルをr_{BC}に沿って眺めるとそれは分子BCのポテンシャルエネルギー曲線となっている．一方，B–C距離が無限大である状態は，生成物AB+Cに相当しており，r_{AB}に沿ったポテンシャルエネルギーは分子ABのそれとなっている．反応は，始状態のA+BCから終状態のAB+Cへ至る道すじ（軌跡）をたどる．反応の開始は，ちょうど谷間を峠へ向かっていくように，AがBCに近づくとともにエネルギーが上昇する．そして，峠の頂上を**鞍点**(saddle point)とよび，それが反応のエネルギー障壁に相当する．鞍点のA⋯B⋯Cを**活性錯合体**(ac-

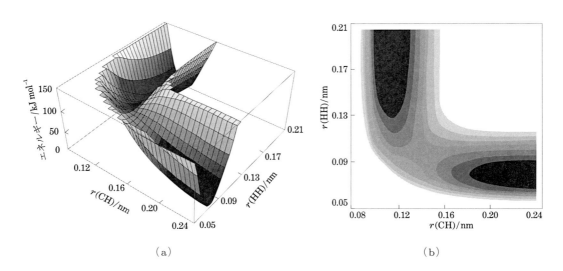

図6-1　反応A+BC(∠ABC=180°に固定)のポテンシャルエネルギー曲面．(a)x軸，y軸にそれぞれr_{AB}, r_{BC}をとりz軸にポテンシャルエネルギーをとった立体図，(b)等エネルギー面を表したポテンシャルエネルギー曲面．この図は，CH$_3$+H$_2$→CH$_4$+Hの反応のポテンシャル図を表している．実際には，CH$_3$⋯H⋯Hの途中で，CH$_3$ラジカルの構造はC-HおよびH-H距離の関数で変化している．等エネルギー面は，最低の等高線が30 kJ mol^{-1}で，30 kJ mol^{-1}ごとに引いてある．［お茶の水女子大学理学部化学科武次徹也氏提供］

tivated complex)，または，**遷移状態**(transition state)とよぶ．遷移状態を過ぎると，B-C 間隔が大きくなり，エネルギーは徐々に低下する．B-C 距離が無限大になった状態が反応終状態である．

Fukui(福井謙一)は，反応経路を代表する座標として**固有反応座標**(IRC, intrinsic reaction coordinate)を提案した．この座標は，ポテンシャルエネルギー曲面の鞍点を通り，各構造においてすべての基準振動座標と直交し，かつ，その座標に沿う速度はゼロとして定義される．実際の反応は，固有反応座標に近い軌跡をたどって行われると考えられる．化学反応は，反応の進行を表現する座標の関数でプロットしたポテンシャルエネルギー曲面上を反応の始状態から終状態に至る過程である．したがって，ポテンシャルエネルギー曲面は化学反応をミクロな立場で理解する上で非常に重要である．

ポテンシャルエネルギー曲面に関する実験情報については次節で説明するが，曲面を詳細にわたって実験で決定することは難しい．反応分子は非常に短い時間($\sim 10^{-15}$ s, fs, フェムト秒)のスケールで反応経路をたどるので，反応途中の分子をとらえてその量子状態エネルギーを決定することはできない．したがって，ポテンシャルエネルギー曲面は理論計算によって求める必要がある．反応分子系のようなミクロな対象のエネルギーの計算には，量子力学を適用しなければならない．その実際の計算はこの教科書の範囲の外であるから，ここではその結果のみを説明する．

▶ 福井謙一は，ホフマン(R. Hoffmann)とともに「化学反応過程の理論的研究」によって 1981 年度ノーベル化学賞を受賞した．

ab initio 量子化学計算

A+BC 反応分子系の核配置が座標 $\boldsymbol{r}=\{r_{AB}, r_{BC}, \angle ABC\}$ で，電子座標が $\boldsymbol{r}_e=\{r_1, r_2, \cdots\}$ である場合，その電子状態のエネルギー固有値 $E(\boldsymbol{r})$ は，波動関数 $\Psi(\boldsymbol{r}_e, \boldsymbol{r})$ にエネルギー演算子のハミルトニアン $\hat{H}$ を作用させた式，シュレーディンガー方程式によって得られる．

$$\hat{H}\Psi(\boldsymbol{r}_e, \boldsymbol{r}) = E(\boldsymbol{r})\Psi(\boldsymbol{r}_e, \boldsymbol{r}) \quad (6.1)$$

ここで，$\boldsymbol{r}$ は変数ではなく，反応分子系のある構造を表現するパラメーターである．式(6.1)の両辺に $\Psi^*(\boldsymbol{r}_e, \boldsymbol{r})$ ($\Psi(\boldsymbol{r}_e, \boldsymbol{r})$ の共役関数)を掛けて全空間について積分すると，エネルギー固有値 $E(\boldsymbol{r})$ を求めることができる．すなわち，

$$E(\boldsymbol{r}) = \int \Psi^*(\boldsymbol{r}_e, \boldsymbol{r})\hat{H}\Psi(\boldsymbol{r}_e, \boldsymbol{r}) \mathrm{d}\boldsymbol{r}_e \quad (6.2)$$

によって，いろいろな $\boldsymbol{r}$ について式(6.2)を計算して求めた $E(\boldsymbol{r})$ を $\boldsymbol{r}$ の関数でプロットすればポテンシャルエネルギー曲面を求めることができる．電算機の進歩によって，式(6.1), (6.2)を仮定なしに

数値計算できるようになった．それを **ab initio** 量子化学計算という．この方法は非常な進歩を遂げ，反応の途中の分子の構造やそのエネルギーについて正確な情報が得られるようになった．図 6-1 は電算機による計算の結果である．

ポテンシャルエネルギー曲面のすべてを *ab initio* 法で計算しなくても，固有反応座標に沿って平衡構造と遷移状態（TS）のポテンシャルエネルギーを計算するだけで反応のメカニズムを議論することができる．たとえば，図 6-2 は

$$H + NO_2 \longrightarrow HO + NO \qquad (R6.1)$$

の反応を追跡したものである．H は NO_2 に付加して HNO_2 を中間体として生成するが，過剰エネルギーをもつため再配列の活性化エネルギーを越えて *trans*-HONO をもう 1 つの中間体とすることができる．この中間体のエネルギーも過剰であれば N-O 結合が切断して，最終生成物に至る．なお，*trans*-HONO 中間体の生成は実験的に確認されている．

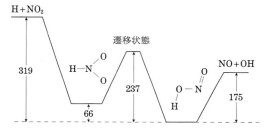

図 **6-2** *ab initio* 量子化学計算による $H+NO_2 \to HO+NO$ の反応物，中間体，遷移状態，生成物のエネルギー（$kJ\,mol^{-1}$）と構造．エネルギー値は零点エネルギーの補正を含んでいる．［S. Takane and T. Fueno, *Theor. Chem. Acta* **87**, 433(1994)］

単分子解離反応の反応軌跡の *ab initio* 量子化学計算の例を挙げよう．HFCO を紫外光照射によって S_1 状態に励起するとただちに内部転換によって S_0 状態の高い振動状態へ移動し，単分子解離反応が起こる．すなわち，

$$HFCO + h\nu \longrightarrow HFCO(S_1) \longrightarrow HFCO(S_0) \longrightarrow HF + CO \qquad (R6.2)$$

の反応である．反応初期の HFCO から固有反応座標に沿っていかに構造が変化するかを図 6-3 に示した．これは反応の途中のスナップショットを示したものである．反応初期の構造では R と記した位置に各原子が位置している．これが，徐々に変化し，TS と記した位置に達したとき遷移状態となる．遷移状態の構造は実線で表され

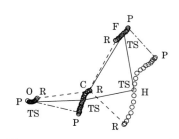

図 **6-3** HFCO → HF+CO の固有反応座標に沿った各原子の位置の変化の *ab initio* 量子化学計算の結果．R が反応原系，TS が遷移状態，P が生成系．［K. Kamiya and K. Morokuma, *J. Chem. Phys.* **94**, 7294(1991)］

る．そのエネルギーは，反応初期に比較して $243\,\mathrm{kJ\,mol^{-1}}$ だけ高い位置にある．遷移状態が生成物側へ変化し，HF と CO を生成する．この反応は，$17\,\mathrm{kJ\,mol^{-1}}$ の発熱である．反応途中の構造変化で，一番変化が顕著なのが水素原子である．CH 距離，∠FCH は大きく変化し，FH 結合の生成と CF 結合の切断とが同時進行することがわかる．

ポテンシャルエネルギー曲面の関数表示・LEPS 法

ab initio 量子化学計算が可能になる以前の反応理論に用いられた曲面は，経験的量子化学計算によって求められたものである．中でも反応理論の発展にもっとも大きい役割を果たしたのは **LEPS** (London-Eyring-Polanyi-Sato)法である．

量子力学(波動力学)が完成した直後の 1927 年に，化学結合の解明への応用がハイトラー(W. Heitler)とロンドン(F. London)によってなされた．それは**原子価結合**(Valence-Bond, VB)法とよばれている．2 原子分子 BC の結合を扱うとき，原子 B の価電子の波動関数を Ψ_B，原子 C の価電子の波動関数を Ψ_C とするとき，共有結合の 2 つの電子のとる波動関数は，1 番目の価電子が原子 B に，2 番目の価電子が原子 C に局在する波動関数 $\Psi_\mathrm{B}(1)\Psi_\mathrm{C}(2)$ と，2 番目の価電子が原子 B に，1 番目の価電子が原子 C に局在する波動関数 $\Psi_\mathrm{B}(2)\Psi_\mathrm{C}(1)$ の，和または差，すなわち

$$\Psi = \frac{1}{\sqrt{2(1 \pm S_\mathrm{BC})}}[\Psi_\mathrm{B}(1)\Psi_\mathrm{C}(2) \pm \Psi_\mathrm{B}(2)\Psi_\mathrm{C}(1)] \quad (6.3)$$

で表現できるとした．ここで，

$$S_\mathrm{BC} = \int \Psi_\mathrm{B}^*(2)\Psi_\mathrm{C}^*(1)\Psi_\mathrm{B}(1)\Psi_\mathrm{C}(2)\mathrm{d}\tau \quad (6.4)$$

は**重なり積分**という．式(6.3)の係数は，波動関数の規格化係数である．結合エネルギーは，式(6.3)を式(6.2)へ代入して計算すると

$$E_\mathrm{BC} = \frac{1}{1 \pm S_\mathrm{BC}}(A \pm \alpha) \quad (6.5)$$

となる．ここで，A は**クーロン積分**で $\hat{H}$ を結合電子に対するハミルトン演算子とすれば

$$A = \int \Psi_\mathrm{B}^*(1)\Psi_\mathrm{C}^*(2)\hat{H}\Psi_\mathrm{B}(1)\Psi_\mathrm{C}(2)\mathrm{d}\tau \quad (6.6)$$

また，α は**交換積分**で

$$\alpha = \int \Psi_\mathrm{B}^*(2)\Psi_\mathrm{C}^*(1)\hat{H}\Psi_\mathrm{B}(1)\Psi_\mathrm{C}(2)\mathrm{d}\tau \quad (6.7)$$

▶ 規格化とは，$\int \Psi^*\Psi\mathrm{d}\tau = 1$ の条件を満たすことである．

である．後者は結合状態において電子が区別できない，つまり，電子が非局在的であるための寄与を表す項である．A と α は解離状態をゼロとし，結合状態の電子の安定化エネルギーを表す負の物理量である．式(6.3)の右辺がマイナスで結合する場合は，式(6.5)のマイナスに対応し，これは反結合的な状態である．

ロンドンは2原子分子に対する式(6.5)を3原子分子 ABC へ拡張した．図6-4のように分子 ABC の各結合が孤立して存在しているときのクーロン積分と交換積分を定義すると，3原子分子の結合エネルギーは

$$E = \frac{A}{1+S_{BC}} + \frac{B}{1+S_{AC}} + \frac{C}{1+S_{AB}} - \left\{\frac{1}{2}\left[\left(\frac{\alpha}{1+S_{BC}} - \frac{\beta}{1+S_{AC}}\right)^2 + \left(\frac{\beta}{1+S_{AC}} - \frac{\gamma}{1+S_{AB}}\right)^2 + \left(\frac{\gamma}{1+S_{AB}} - \frac{\alpha}{1+S_{BC}}\right)^2\right]\right\}^{1/2} \quad (6.8)$$

となることを示した．この式は**ロンドン方程式**とよばれている．

1931年にアイリング(H. Eyring)とポラニ(M. Polanyi)は互いに独立に式(6.8)を利用して H⋯H⋯H のポテンシャルエネルギー曲面を計算した．二人はクーロン積分と交換積分を H-H 距離の関数で実際に計算せずに，その比率 $f = A/(A+\alpha)$ が一定という仮定をし，それをパラメーターとして扱った．その上，式(6.5)の $A+\alpha$ (S を無視)の値には，水素分子の核間ポテンシャル

$$E = D_e[e^{-2\beta(r-r_e)} - 2e^{-\beta(r-r_e)}] \quad (6.9)$$

のモース関数とする近似を採用した．ここで，D_e は H_2 の解離エネルギー，r_e は平衡核間距離である．この仮定によって A と α を核間距離の関数で定め，式(6.8)(S は無視)によって計算したポテンシャルエネルギー曲面を **LEP 曲面**という．

しかし，計算された H⋯H⋯H の3原子系の LEP 曲面には問題があった．遷移状態の H⋯H⋯H 付近にポテンシャルのくぼみができて，遷移状態の H_3 分子が準安定に存在するように見える．これは誤りであって，H_3 分子は安定には存在できない．これに対し，Sato(佐藤伸)は1955年に A と α を求めるための $f = $ 一定という仮定を改め，A と α をモース関数から直接求める提案をした．すなわち，結合状態のエネルギーを

$$\frac{A+\alpha}{1+S_{BC}} = D_e^{BC}[e^{-2\beta^{BC}(r-r_e)} - 2e^{-\beta^{BC}(r-r_e)}] \quad (6.10)$$

とし，反結合状態のエネルギーを

$$\frac{A-\alpha}{1-S_{BC}} = \frac{D_e^{BC}}{2}[e^{-2\beta^{BC}(r-r_e)} + 2e^{-\beta^{BC}(r-r_e)}] \quad (6.11)$$

図 6-4　A⋯B⋯C 反応系における LEP ポテンシャルエネルギー曲面の計算で用いる，各結合におけるクーロン積分と交換積分の定義．

▶ 式(6.9)のモース関数では，$r = \infty$ の場合を $E = 0$ の基準としており，式(5.41)のモース関数では，$r = r_e$ の場合を $E = 0$ の基準としている．

▶ 佐藤伸は東京工業大学在職中に LEP 法の改良の提案を行った．[S. Sato, *Bull. Chem. Soc. Jpn.* **28**, 450(1955); *J. Chem. Phys.* **23**, 592, 2465(1955)]

§1 ポテンシャルエネルギー曲面 —— 117

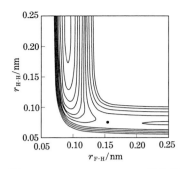

図 6-5 F+H$_2$ → HF+H の反応が共軸，F⋯H⋯H が直線形の場合のポテンシャルエネルギー曲面の LEPS 法による計算結果．ポテンシャルエネルギーの等高線は 21 kJ mol^{-1} ごとに引いてある．遷移状態の形は $r_{\text{F-H}} = 0.154$ nm，$r_{\text{H-H}} = 0.076$ nm で，エネルギー障壁は 4.4 kJ mol^{-1} である．[P. A. Whitlock and J. T. Muckerman, *J. Chem. Phys.* **61**, 4624(1974)]

のように変形モース関数で表すことを Sato は提案し，A と α を核間距離の関数として求めるようにした．ここでは，S を無視せず，調節パラメーターとして残している．その結果，ポテンシャルエネルギー曲面の遷移状態近傍にはくぼみを生ずることはない．この経験的な計算法は，LEP 法が改良されたものという意味で，**LEPS 法**とよばれる．図 6-5 は，反応

$$\text{F} + \text{H}_2 \longrightarrow \text{HF} + \text{H} \qquad (\text{R6.3})$$

のポテンシャルエネルギー曲面の LEPS 法による計算結果である．反応経路をたどると，反応初期の F+H$_2$ の状態から，ごく低い遷移状態のエネルギー障壁を越えて，生成系の FH+H の深いポテンシャルの谷へ落ち込む発熱反応であることがわかる．

例題 6.1　LEPS 法で遷移状態エネルギーを計算する　　反応 H+H$_2$ が直線構造を保って進むと仮定したときの遷移状態エネルギーを LEPS 法で計算せよ．遷移状態 H$_3$ の H-H 距離は等しく 0.093 nm で，$S = 0.14$ である．また，H$_2$ のモース関数パラメーターは，$D_\text{e} = 458.2$ kJ mol^{-1}，$r_\text{e} = 0.0742$ nm，$\beta = 19.4$ nm^{-1} である．なお，モースパラメーターの β と交換積分の β と混同しないように注意する必要がある．

[答] 式(6.10)，(6.11)より

$$A = D_\text{e}\left[\left(\frac{3}{4} + \frac{1}{4}S\right) \text{e}^{-2\beta(r-r_\text{e})} - \left(\frac{1}{2} + \frac{3}{2}S\right) \text{e}^{-\beta(r-r_\text{e})}\right]$$

$$\alpha = D_\text{e}\left[\left(\frac{1}{4} + \frac{3}{4}S\right) \text{e}^{-2\beta(r-r_\text{e})} - \left(\frac{3}{2} + \frac{1}{2}S\right) \text{e}^{-\beta(r-r_\text{e})}\right]$$

を得る．パラメーターを代入すると，$A = C = -52.9$，$B = -32.3$，$\alpha = \gamma = -419.8$，$\beta = -79.8$ kJ mol^{-1} を得る．式(6.8)に代入すると $E^\ddagger = -419.3$ kJ mol^{-1} となる．反応始状態のエネルギーは -458.2 kJ mol^{-1} であるから活性化エネルギーは 38.8 kJ mol^{-1} である．なお，この値は零点エネルギーの補正をしていない．

なお，遷移状態 H$_3$ の構造が正三角形の場合を比較のために計算しておこう．H-H 核間距離は等しいから $A = B = C$，$\alpha = \beta = \gamma$，$S_{AB} = S_{BC} = S_{AC} = S$ である．式(6.8)より

$$E = 3A/(1+S)$$

で，交換積分の寄与がなくなる．核間距離が 0.093 nm の場合，$A = -52.9$ kJ mol^{-1}，$S = 0.14$ で，$E = -139.2$ kJ mol^{-1} である．直線形に比べてそのエネルギーは 280 kJ mol^{-1} だけ高い．　　　□

座標の直交化・skew 角

化学反応は「ポテンシャルエネルギー曲面上を代表点が反応始状態から終状態へ運動する」と表現できる．しかし，A+BC の反応が直線構造を保って反応する図 6-5 の場合，r_{AB}, r_{BC} の座標のもとで

運動を考えるのは不都合である．なぜなら 2 つの座標は互いに独立でないからである．運動エネルギーをこの座標で表示すると次の式となる．

$$T = \frac{1}{2}\frac{m_A m_B}{m_A + m_B}\dot{r}_{AB}^2$$
$$+ \frac{1}{2}\frac{(m_A + m_B)m_C}{m_A + m_B + m_C}\left(\dot{r}_{BC} + \frac{m_A}{m_A + m_B}\dot{r}_{AB}\right)^2 \quad (6.12)$$

ここで，第 1 項は A と B の相対運動の運動エネルギーを，第 2 項は AB と C との相対運動のそれを表している．式(6.12)を展開すると $\dot{r}_{AB}\dot{r}_{BC}$ の項が生ずる．直交する座標 x, y を導入すれば，運動エネルギーは

$$T = \frac{1}{2}m\dot{x}^2 + \frac{1}{2}m\dot{y}^2 \quad (6.13)$$

と書ける．そのためには，r_{AB}, r_{BC} の座標系を図 6-6 のように互いに傾けて直交座標 x, y と関係づけることにする．両者の関係は次の式のようになる．

$$r_{AB} = x - y\cot\theta, \quad x = r_{AB} + \alpha^{-1}r_{BC}\cos\theta$$
$$r_{BC} = \alpha y \operatorname{cosec}\theta, \quad y = \alpha^{-1}r_{BC}\sin\theta \quad (6.14)$$

ここで，θ は $\dot{x}\dot{y}$ の交差項をゼロとするように，また α は $\dot{x}^2, \dot{y}^2$ の係数を等しくするよう選ぶ．その結果，

$$\cos\theta = \left[\frac{m_A m_C}{(m_A + m_B)(m_B + m_C)}\right]^{1/2}, \quad \alpha = \left[\frac{m_A(m_B + m_C)}{m_C(m_A + m_B)}\right]^{1/2},$$
$$m = \frac{m_A(m_B + m_C)}{m_A + m_B + m_C} \quad (6.15)$$

となる．x, y は**質量補正座標**(mass-adjusted coordinate)で，そのスケールは同じ A+BC 型の反応であっても原子質量の比率によって大きく変わる．$m_A, m_C \gg m_B$ ('heavy-light-heavy', HLH)の場合，θ が 0° に近く，r_{AB} と r_{BC} の座標軸は鋭い角で交わることになる．一方，$m_A \ll m_B, m_C$ ('light-heavy-heavy', LHH)の場合には，θ は 90° に近く，2 つの座標軸は直角に近い角度で交わる．図 6-7 は

$$\text{Br} + \text{HI} \longrightarrow \text{BrH} + \text{I} \quad (R6.4)$$

の反応が ∠BrHI = 180° を保って進行する場合のポテンシャルエネルギー曲面である．この反応は HLH の場合に相当し，r_{HBr} と r_{HI} の座標軸は鋭い角度で交わる．反応の代表点は反応物側にある遷移状態を通って生成物側に鋭く曲がる必要がある．代表点が反応物から生成物へ鋭角的に曲がる結果，生成物側で代表点は蛇行する．つまり，生成物の HBr は振動励起状態にあり，その結合距離 r_{HBr} が周期的に伸縮する．

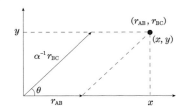

図 6-6 r_{AB}, r_{BC} 座標系と x, y 座標系との関係．

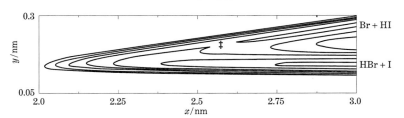

図 6-7 Br＋HI → HBr＋I の反応の LEPS ポテンシャルエネルギー曲面．‡記号は，遷移状態の位置を示す．[S.E. Bradforth, et al., *J. Chem. Phys.* **92**, 7205(1990)]

例題 6.2　Br + HI 反応の skew 角を求める　Br⋯H⋯I の r_{HBr}, r_{HI} と質量補正座標との関係式に m_{Br}, m_H, m_I を式(6.15)に代入して，skew 角 θ と質量補正係数を求めよ．

［答］ Br の同位体は質量数 79 と 80 がほぼ同じ割合で存在する．ここでは ^{79}Br について計算する． $m_{Br}=79$, $m_H=1$, $m_I=127$ amu を式(6.15)に代入する． $\alpha = [(79 \times 128)/(127 \times 80)]^{1/2} = 0.998$, $\theta = \cos^{-1}(79 \times 127/80 \times 128)^{1/2} = 8.2°$. $x = r_{HBr} + 0.992 r_{HI} \sim r_{BrI}$, $y = 0.145 r_{HI}$. 図 6-7 では，x, y のスケールを 7 倍して，$x = 7 r_{BrI}$, $y = r_{HI}$ としてある．　□

§2　反応ダイナミックスを探る実験

ポイント　反応分子・生成分子の量子状態の測定から反応ダイナミックスを検証する．

化学発光

ある種の化学反応は，励起状態の原子分子を生成し，基底状態への遷移にともなって発光する．それを**化学発光**(chemiluminescence)という．化学発光の分光測定を行えば，反応エネルギーが生成原子分子の運動自由度にどのように分配されたかがわかる．

化学発光反応の最初の研究は，ポラニ(M. Polanyi)によって 1920 年代になされた．塩素気体中にナトリウム気体を細い管から噴出させると，管の先端から炎のように NaD 線(590 nm)の橙色に輝く反応帯が生成する．ポラニは，炎中の NaD 線の発光強度分布や生成する NaCl の沈殿物の位置的分布から次の反応機構を導いた．

$$\text{Na}_2 + \text{Cl} \longrightarrow \text{NaCl}^\ddagger + \text{Na} \tag{R6.5}$$

$$\text{NaCl}^\ddagger + \text{Na} \longrightarrow \text{NaCl} + \text{Na}^* \tag{R6.6}$$

まず，反応(R6.5)で振動励起分子 NaCl‡ を生成し，次に，NaCl‡ と Na の衝突によって NaCl 分子の振動エネルギーが Na の電子状態へ移動して，NaD 線の励起準位の Na* を生成する．その結果，NaD

線の発光が起こる．(R6.5)の反応でなぜ振動励起NaCl分子が生成するのかについて，ポラニはエバンス(M. G. Evans)とともに次のメカニズムを提案した．

Cl原子がNa₂分子に近づくと，ClとNa間に引力が，また，2つのNa原子の間には反発力が働く．模型的に示すと

$$\text{Cl} \rightarrow \quad \leftarrow \text{Na} \quad \text{Na} \rightarrow$$

のようになる．

仮に，ClがNa₂の片方のNaに近づき，NaClの結合がほとんど完成した後に，もう1つのNa原子がゆっくり離れるとする．この場合，放出される反応エネルギーの大部分は新しく生成したNa-Cl結合に供給され，NaCl分子は高励起振動状態をとる．このダイナミックスのモデルを図6-8に示す．振動励起をもたらす反応のポテンシャルエネルギー曲面上の運動では，生成分子が生成する過程で反応エネルギーが放出される．つまり，反応のエネルギー障壁の位置が反応経路の比較的入口側に存在する．そこで，このような曲面を**早期障壁**("early barrier")型とよぶ．

もう1つの反応ダイナミックスの型がある．それを反応(R6.5)を使って説明しよう．ClがNa₂に接近すると，Na-Na結合が切断し，2つのNa原子が大きな反発力を受ける．そのようなダイナミックスをもたらすポテンシャルエネルギー曲面では，曲面上のエネルギ

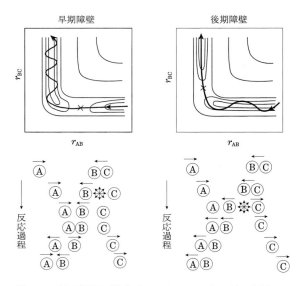

図 **6-8** 反応経路に沿うポテンシャルエネルギー曲面の2つの型と反応 A+BC→AB+C の反応ダイナミックス．反応入口ではAとBの接近が，反応出口ではBとCの分離が起こると考える．入口と出口の境界は，ポテンシャルエネルギー曲面においてA-B線とC-D線の交点と仮定する．
[J. C. Polanyi, *Acc. Chem. Res.* **5**, 161(1972)]

一障壁が反応経路の後期にある**後期障壁**("late barrier")型曲面と分類される．

　反応エネルギーの生成分子の各運動自由度への分配とポテンシャルエネルギー曲面の形および反応ダイナミックスとを結びつけたポラニ，エバンスの提案は，次の章でとりあげる遷移状態理論への展開のきっかけとなった．

　ポラニのナトリウム希薄炎の実験と同じ研究の流れが1960年代に再び展開された．その主要な推進者は，奇しくもポラニ(M. Polanyi)の子息(J. C. Polanyi)であった．彼は，主として反応 A+BC → AB+C の生成分子 AB の振動回転状態分布を赤外発光スペクトルによって測定した．その結果をポテンシャルエネルギー曲面上の運動軌跡の古典力学計算と比較して検討した．これによって，反応エネルギーの生成分子の運動自由度への分配とポテンシャルエネルギー曲面上の運動との関連を明らかにした．

　赤外化学発光反応の1つの典型例として

$$F + RH \longrightarrow HF(v, J) + R \qquad (R6.7)$$

をとりあげよう．RHは水素原子をもつ反応分子である．高速に流れるRHを微量含むキャリアーガスの中に放電で生成したF原子を混合すると反応帯から生成分子HFの赤外化学発光が観測される．そのスペクトルからHFの振動状態分布や回転状態分布が決定される．(R6.7)の反応では，

$$E^* = E_a - \Delta H_0^\circ + \left(\frac{3}{2}\right)RT + \left(1 \text{ or } \frac{3}{2}\right)RT \qquad (6.16)$$

のエネルギーが生成分子に分配される．ここで，ΔH_0° は反応エンタルピー，第2項はFとRHの相対運動エネルギーの平均値(例題4.4参照)，第3項はRHの回転エネルギーの平均値である．第2項，第3項を加えた値は活性化エネルギー E_a より大きい必要がある．表6-1に，反応(R6.7)の生成分子に分配可能なエネルギー E^* のうち，HF分子の振動，回転，並進運動の各自由度へ分配される割合をそれぞれ f_v, f_r, f_t として示した．

▶ ポラニ(J. C. Polanyi)は，ハーシュバッハ(D. R. Herschbach)，リー(Y.-T. Lee)とともに「化学反応素過程の動力学的研究への寄与」によって1986年度ノーベル化学賞を受賞した．

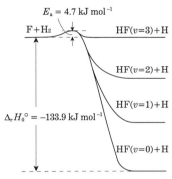

図 6-9　$F + H_2 \to HF(v) + H$ の反応エネルギーが生成分子HFの振動運動自由度へ配分される状況を概念的に示したポテンシャル図．

表 6-1　$F + RH \to HF + R$ の反応の生成 HF の振動，回転，並進運動自由度への反応エネルギーの分配

RH	$E^*/\text{kJ mol}^{-1}$	f_v	f_r	f_t
H_2	146	0.63	0.08	0.29
HCl	149	0.53	0.21	0.26
C_2H_6	171	0.57	—	—
$cyclo\text{-}C_6H_{12}$	183	0.54	—	—
$C_6H_5CH_3$	226	0.50	—	—

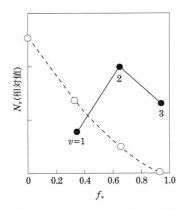

図 6-10 F+H$_2$ → HF(v)+H の反応で生成する HF の振動エネルギー分布．$f_v = E_v/E^*$．●：赤外化学発光の分光測定，○：統計計算．

F+H$_2$ の反応（R6.7）では，反応エネルギーの 63% が HF の振動状態に分配されている．その分布は，図 6-10 に示すように，HF の振動準位の $v=2$ で最大となる形をしている．もしも，エネルギー分配が各状態に対して等しい確率で行われるならば，当然 $v=0$ が最大で，$v=1,2,\cdots$ と高い準位になるに従って小さくなる分布をとる．なぜなら，統計分布では，エネルギー的に分布可能な準位が多ければ分布の確率が大きくなるからである．すなわち，$v=0$ の場合，分布可能な HF の回転準位の数が一番多く，かつ並進運動の状態数ももっとも大きい．そして，$v=2,3$ となるにつれ分布可能な回転準位の数は少なくなる．実験結果は統計的な予想からはほど遠く，したがって，特定の振動準位の分布が優先する反応メカニズムが働いていることを示す．つまり，振動分布は F+H$_2$ の反応ダイナミクスを反映したものとなっている．図 6-5 のポテンシャルエネルギー曲面によれば，F$\cdots$H$\cdots$H の遷移状態は直線形で，$r_\text{H-H} = 0.076$ nm, $r_\text{F-H} = 0.154$ nm である．H$_2$ 分子の結合距離は 0.074 nm であるから，遷移状態で H$\cdots$H 距離は H$_2$ 分子のそれとほとんど同じである．したがって，遷移状態を通り過ぎた生成物側で反応エネルギーの放出が行われる．つまり，F+H$_2$ 反応のポテンシャルエネルギー曲面は図 6-8 の早期障壁型に相当する．図 6-5 のポテンシャルエネルギー曲面で遷移状態から生成系へ曲面をすべり落ちるとき，F$\cdots$H$\cdots$H の真ん中の H が反跳によって F 側へ押されるために HF の振動励起がもたらされる．このことは，後に述べる交差分子線の実験でも実証された．

表 6-1 の F+RH → HF+R の反応で E^* のうち生成分子の振動自由度へ分配される割合 f_v は，RH の R によってあまり変化しない．それは，多原子分子の RH と 2 原子分子の H$_2$ や HCl と反応メカニズムは本質的に同じであることを意味する．RH がトルエンの場合，F がトルエンの H を引き抜いた直後のベンジルラジカルが構造変化をして安定化する時点には，生成分子の HF はラジカルから遠く離れている．つまり，F$\cdots$H$\cdots$CH$_2$C$_6$H$_5$ の活性錯合体の寿命は非常に短い．そのために f_v の値は 2 原子分子の場合に比較して小さくなっている．F+RH の反応では，F 原子が H 原子を引き抜く反応のために影響を及ぼす領域は局限されており，F$\cdots$H$\cdots$R において R の構造変化が起こる以前に反応は高速に行われる．そのために HF 分子に分配されるエネルギーの割合は小さいものとなる．

生成物の回転状態分布を測定した例として反応

$$\text{O}(^1\text{D}) + \text{H}_2 \longrightarrow \text{HO}(v, J) + \text{H} \tag{R6.8}$$

をとりあげよう．生成分子の OH の振動回転状態をレーザー分光法

で調べた結果を図6-11に示す．高い回転状態のHOが非常に多く生成していることがわかる．反応エネルギー（206 kJ mol^{-1}）のうち回転状態励起に大きい割合（$f_r \sim 0.3$）が分配されている．このことは，O原子がH-H結合の中心に挿入して，

の遷移状態を経て，HとHが反跳する結果，OHに矢印の方向にトルクが働き，結果として回転励起が起こる．O原子がH-Hの分子軸方向から引き抜き反応をしたのでは，回転励起の確率は低い．したがって，O(^{1}D)は結合に垂直方向から挿入的な反応を行う．

統計的エネルギー分配（ミクロカノニカル分布）

励起状態 ^{1}D にあるO原子と衝突したCO分子の振動励起反応

$$\text{O}(^1\text{D}) + \text{CO} \longrightarrow \text{O}(^3\text{P}) + \text{CO}(v) \tag{R6.9}$$

によるCOの振動分布を図6-12に示す．実験結果は，低い振動準位で分布が大きく，高い準位で分布が小さくなる形式となっており，統計分布が実現されている可能性が大きい．この反応では，反応中間体OCO‡が長い寿命をもつために，活性化エネルギーを含む反応エネルギーが中間体の各運動自由度に対して統計的な分布をとる．そのために，生成物の運動状態においても統計分布が成立する．反応中間体の寿命が長い事実は，同位体置換の実験からも実証されている．すなわち，

$$^{16}\text{O}(^1\text{D}) + \text{C}^{18}\text{O} \longrightarrow {}^{16}\text{OC}^{18}\text{O} \begin{array}{c} \xrightarrow{50\%} \text{C}^{16}\text{O} + {}^{18}\text{O}(^3\text{P}) \\ \xrightarrow{50\%} \text{C}^{18}\text{O} + {}^{16}\text{O}(^3\text{P}) \end{array} \tag{R6.10}$$

の反応において中間体OCOのどちらのCO結合が切断するかは等しい確率となっている．このことは，中間体のCO$_2$の2つのO原子のどちらが^{1}D状態であったかが区別できないほど寿命が長いことを意味する．

エネルギーE^*が分子ABと原子Cの相対的並進運動，ABの振動と回転運動に統計的に分配されるとき，各状態の分布（ミクロカノニカル分布）を計算しよう．生成系の各運動自由度のエネルギーの和と与えられたエネルギーの間には，$E^* = E_t + E_v + E_r$ の関係が成立する．統計分布は，各運動自由度にエネルギー的に許される状態の数の比率となる．まず，並進運動の状態数を計算しよう．

古典力学では，運動量pと位置xで運動状態を記述するが，量子力学では不確定性原理 $\delta p \delta x \sim h$ によって1つのミクロな状態を形成

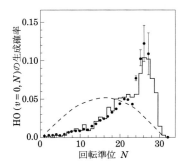

図 6-11 O(^{1}D)+H$_2$ → HO+H の反応で生成したHOの回転状態分布．黒丸が実験データ，実線は古典力学軌道計算による回転状態の頻度，破線は反応エネルギーが統計分配した場合の分布．[J. E. Butler, G. M. Jurish, I. A. Watson and J. R. Wiesenfeld, *J. Chem. Phys.* **84**, 5365 (1986)]

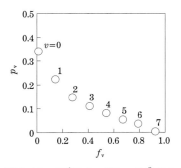

図 6-12 O(^{1}D$_2$)+CO → O(^{3}P)+CO(v) の反応によって生じた振動励起COの分布．図では，O(^{1}D$_2$)のもつエネルギー（15868 cm^{-1} = 198.9 kJ mol^{-1}）のCOの振動エネルギーへの変換割合f_vの関数で分布を示した．[R. G. Shortridge and M. C. Lin, *J. Chem. Phys.* **64**, 4076 (1976)]

する．3次元の運動を考えると

$$\delta p_x \delta p_y \delta p_z \delta x \delta y \delta z \sim h^3 \qquad (6.17)$$

が1つの状態に対応する．するとエネルギー E_t 以下の並進運動の状態数(**状態和**という)は，可能な運動量と位置とでつくる空間(**位相空間**という)の体積を h^3 で割った

$$W(E_t) = (1/h^3)\left(\iiint_0^{E=E_t} \mathrm{d}p_x \mathrm{d}p_y \mathrm{d}p_z \int_0^L \mathrm{d}x \int_0^L \mathrm{d}y \int_0^L \mathrm{d}z\right) \qquad (6.18)$$

の式となる．この式で位置に関する積分は容器の大きさ L^3 となる．運動量については，$E_t = (p_x^2 + p_y^2 + p_z^2)/2\mu$ の条件が積分の上限となる．したがって，積分値は半径 $(2\mu E_t)^{1/2}$ の球の体積となる．単位体積当たりの状態数を数えることにすると

$$W(E_t) = \frac{4\pi}{3h^3}(2\mu E_t)^{3/2} \qquad (6.19)$$

を得る．E_t と $E_t + dE_t$ のエネルギー幅の中にある状態数は状態密度 $N(E_t)$ に dE_t を掛けたものとなり，状態密度は上の式を微分して得られる．

$$N(E_t) = C_t E_t^{1/2}, \quad C_t = 2\pi(2\mu/h^2)^{3/2} \qquad (6.20)$$

AB の振動状態が v，回転状態が J の場合，その状態密度は，回転の縮重度が $2J+1$，振動のそれは 1 であることを考えると

$$N(E_v + E_r) = (2J+1)C_t(E^* - E_v - E_r)^{1/2} \qquad (6.21)$$

となる．ここで，$E_t = E^* - E_v - E_r$ である．また，AB の振動状態 v の状態密度は，可能な回転状態の和をとって

$$N(E_v) = \sum_J^{J_{\max}} N(E_v + E_r), \quad E_r \leqq E^* - E_v \qquad (6.22)$$

となる．図 6-10 の $F + H_2$ の反応における生成物 HF の振動状態の統計分布は，この式で計算したものである．

例題 6.3 反応エネルギーの統計分配の計算　図 6-11 に与えた CO の振動状態分布が統計的分布であることを実証せよ．

［答］ 式(6.22)を計算する必要があるが，CO の回転定数が $1.9\,\mathrm{cm}^{-1}$ で振動準位間隔 $2100\,\mathrm{cm}^{-1}$ に比べて小さい．したがって，回転準位はほぼ連続的に存在すると仮定する近似が成立する．すると，式(6.22)の和を積分に置き換えることができる．

$$N(E_v) = \int_{J=0}^{J=J_{\max}} (2J+1)C_t(E^* - E_v - E_r)^{1/2} \mathrm{d}J$$

ここで，$E_r = BJ(J+1)$ である．これを代入して，$\mathrm{d}[J(J+1)] = (2J+1)\mathrm{d}J$ であることに注意すれば，上式は置換積分によって計算でき，

$$N(E_v) = \frac{2}{3B}C_t(E^* - E_v)^{3/2} \qquad (6.23)$$

を得る．いま，振動状態へのエネルギーの分配率 $f_\mathrm{v}=E_\mathrm{v}/E^*$ を用いると状態密度を

$$N(f_\mathrm{v})=\frac{2}{3B}C_\mathrm{t}E^{*3/2}(1-f_\mathrm{v})^{3/2}$$

と書き直すことができる．振動状態 v の分布比率を定義すると

$$p(v)=\frac{N(f_\mathrm{v})}{\sum_v N(f_\mathrm{v})}=\frac{(1-f_\mathrm{v})^{3/2}}{\sum_v(1-f_\mathrm{v})^{3/2}} \qquad (6.24)$$

を得る．ここで，CO の振動を調和的と仮定する．すると $E^*=v_\mathrm{max}h\nu$ ($h\nu$ は振動の1量子エネルギー)となり，$f_\mathrm{v}=v/v_\mathrm{max}$ である．v_max が大きい場合，$1/v_\mathrm{max}$ が小さく，f_v を連続な数 x と近似できる．すると，

$$\sum_{v=0}^{v_\mathrm{max}}(1-f_\mathrm{v})^{3/2}=v_\mathrm{max}\int_0^1(1-x)^{3/2}\mathrm{d}x=\frac{2}{5}v_\mathrm{max}$$

となり，したがって，

$$p°(v)=\frac{5}{2v_\mathrm{max}}(1-f_\mathrm{v})^{3/2} \qquad (6.25)$$

である．表6-2に CO の各振動状態の統計分布の式(6.24)による計算値と実験値とを比較した．ほぼ，統計的分布が成立していると結論できる．

表 6-2 $O(^1\mathrm{D})+\mathrm{CO}\to O(^3\mathrm{P})+\mathrm{CO}(v)$ の反応における CO の振動状態分布

振動準位 v	f_v	$(1-f_\mathrm{v})^{3/2}$	$p_\mathrm{v}°$	$p_\mathrm{v}(\mathrm{obs})$
0	0	1	0.282	0.34
1	0.135	0.805	0.227	0.23
2	0.268	0.626	0.177	0.15
3	0.400	0.465	0.131	0.11
4	0.530	0.322	0.091	0.08
5	0.659	0.199	0.056	0.06
6	0.785	0.100	0.028	0.03
7	0.910	0.027	0.008	0.003
		計 3.544		

□

例題 6.4　サプライザル解析を反応エネルギーの分配に適用する　分子の量子状態 i の分布 $p(i)$ が統計分布 $p°(i)$ からどのくらいずれているかを表すパラメーターとして，サプライザル $I(i)$

$$I(i)=-\ln\frac{p(i)}{p°(i)}$$

がレヴィン(R. D. Levine)，バーンシュタイン(R. B. Bernstein)によって提案された．反応エネルギーの振動や回転エネルギーへの分配率 f_v や f_r の関数でサプライザルをプロットすると直線となることが多い．表6-3に

$$\mathrm{O}+\mathrm{CS}\longrightarrow\mathrm{CO}(v)+\mathrm{S}, \quad E^*=376\,\mathrm{kJ\,mol^{-1}}(31430\,\mathrm{cm^{-1}}) \quad (\mathrm{R}6.11)$$

の反応で生成した CO の赤外発光の測定から求めた振動状態分布を与え

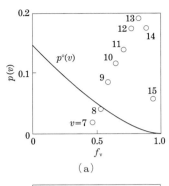

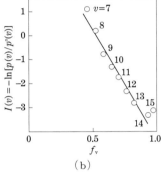

図 6-13 (a)反応 $O+CS \rightarrow CO(v)+S$ によって生成した CO の振動状態分布の測定結果と統計分布の計算値 $p°(v)$ を反応エネルギー E^* の振動エネルギーへの変換率 f_v の関数でプロットした．(b)(a)のデータのサプライザルプロット．

る．統計分布を計算し，サプライザルを計算し，それを f_v の関数でプロットせよ．

表 6-3 反応 $O+CS \rightarrow CO(v)+S$ によって生成した CO の振動状態分布の測定値

振動準位 v	$\varepsilon(v)/\mathrm{cm}^{-1}$	$p_{\mathrm{obs}}(v)$	振動準位 v	$\varepsilon(v)/\mathrm{cm}^{-1}$	$p_{\mathrm{obs}}(v)$
0	0	—	9	18342	0.093
1	2143	—	10	20249	0.116
2	4260	—	11	22131	0.138
3	6350	—	12	23987	0.173
4	8414	—	13	25817	0.190
5	10452	—	14	27622	0.175
6	12464	—	15	29401	0.057
7	14449	0.019	16	31154	—
8	16408	0.040			

[答] f_v を計算し，式(6.24)に従って，$p°(v)$ を求める．その結果を表 6-4 と図 6-13(b)に示す．

図 6-13(a)に測定された CO の振動分布を f_v の関数でプロットし，比較のために統計分布の場合の分布を実線で示した．この反応の CO は反応エネルギーの大部分をその振動エネルギーに変換していることがわかる．(b)の図では，サプライザルを計算して，f_v の関数でプロットした．もっとも高い準位の CO を除けば，サプライザルはほぼ直線となっている．

サプライザルが直線になっていることを式で表すと

$$I(v) = \lambda_0 + \lambda_v f_v$$

である．反応(R6.11)のようにサプライザルプロットの傾きが大きいということは，反応エネルギーの分配が統計分配から大きくずれていることを意味する．それは，反応エネルギーの大部分を CO の振動自由度に分配するダイナミクスが遷移状態のまわりで支配的に起きていると解釈される．

表 6-4 反応 $O+CS \rightarrow CO(v)+S$ の $CO(v)$ の統計分配およびサプライザルの計算

振動準位 v	f_v	$(1-f_v)^{3/2}$	$p°(v)$	I	振動準位 v	f_v	$(1-f_v)^{3/2}$	$p°(v)$	I
0	0	1	0.147	—	9	0.584	0.268	0.0394	−0.86
1	0.068	0.900	0.132	—	10	0.644	0.212	0.0312	−1.31
2	0.136	0.803	0.1181	—	11	0.704	0.161	0.0237	−1.76
3	0.202	0.713	0.105	—	12	0.763	0.115	0.0169	−2.32
4	0.268	0.626	0.092	—	13	0.821	0.076	0.0112	−2.83
5	0.333	0.545	0.080	—	14	0.879	0.042	0.0006	−3.34
6	0.397	0.468	0.0688	—	15	0.935	0.017	0.0002	−3.13
7	0.460	0.397	0.0584	1.127	16	0.991	0.0008		
8	0.522	0.330	0.0485	0.197			計 6.676		

交差分子線反応

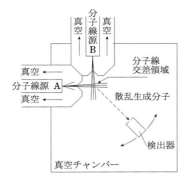

図 6-14 交差分子線の実験装置の概念図. 反応分子 A と B が真空チャンバー内で互いに直角方向からただ1回の衝突をし, 生成分子を散乱させる. これをいろいろな角度方向においた検出器で検出し, 微分散乱断面積のデータとする. 最近では, 2次元的な広がりをもつ検出器によって反応分子を画像として取り込む技術が発展している.

分子線は, 真空中を一定方向へ飛行する分子のビームである. 分子線は分子線源の気体チャンバーの小さな孔から気体を真空中へ噴出させ, スキマーとよばれるスリットを通すことによってビームを作り出す. 図 6-14 に示すように, 2つの分子線を交差させ, ただ1回の衝突による反応生成分子を特定の方向で検出し, その速度を測定する. この実験方法は非常に高度な技術であって, 生成分子をイオンとして計数する方法を用い, 実験系の制御とデータ処理にはコンピューターを用いるものである. 交差分子線の実験から反応ダイナミックスを探求することを可能にした立役者はリー (Y.-T. Lee) とその共同研究者である.

交差分子線反応では, 2つの衝突分子が互いに直角方向から衝突するが, 衝突のダイナミックスには2つの分子の相対運動を考えればよい. $F+H_2$ の反応の交差分子線の実験結果を図 6-15 に示す. この図は F 原子と H_2 分子と生成 HF 分子の速度関係を表し, **ニュートンダイアグラム**とよばれている.

実験では, F 原子と H_2 分子が $7.69\,\mathrm{kJ\,mol^{-1}}$ の相対運動エネルギーで衝突する. F 原子と H_2 分子の相対運動の方向は, それらの速度ベクトルの先端を結んだ線上にある. F 原子と H_2 分子の系の重心の速度ベクトルは, 図で O から G へ向かっている. 相対運動は前述の線上で, G からそれぞれの速度ベクトルの先端に引いた速度ベクトルである. 相対速度は F 原子が $280\,\mathrm{m\,s^{-1}}$, H_2 分子が $2620\,\mathrm{m\,s^{-1}}$ である. F 原子と H_2 分子は O 点で衝突し, HF をいろいろな方向に散

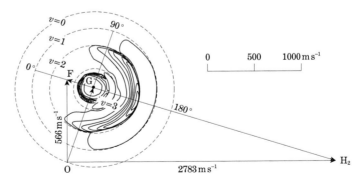

図 6-15 $F+H_2 \rightarrow HF(v)+H$ の交差分子線反応のニュートンダイアグラム. 生成 HF 分子の速度ベクトル先端の分布確率は等高線として与えられている. $v=0, 1, 2, 3$ の破線の円周は, O から円周に向かって引いた生成 HF の速度ベクトルの先端で, 回転運動自由度への分配がゼロの場合である.

乱する．その速度は振動回転状態によって違ってくる．図6-15で，
$$F + H_2 \longrightarrow HF\,(v=1,2,3,\,J=0) + H$$
の反応で生成したHF分子がもつべき相対運動の速度ベクトルは，重心Gを中心にした円周上にその先端がある．実際の実験室座標では，O点よりこの円周上に引いた速度ベクトルとなる．図では，生成するHF分子の速度ベクトルの先端がその速度をもつ分子の個数に比例するよう等高線地図のように書いてある．この等高線地図より$v=2$の振動状態のHF分子がもっとも多く生成することがわかる．これは赤外化学発光の実験と一致している．交差分子線の実験では，生成したHF分子がF原子とH_2分子の衝突の後にどちらの方向へどんな速度で進行するかを測定するものである．生成HF分子はF原子が衝突する方向とは逆方向に散乱する．完全に逆ではなく側方へも散乱するが，平均としては逆方向となる．このような散乱を**後方散乱**という．このことから次のことが結論できる．

反応遷移状態はF…H…Hの直線構造に近く，H–H間の結合が切断する反跳でHF分子の振動励起が起こり，その進行方向はF原子の接近する方向と逆になる．図6-15の交差分子線反応の散乱実験結果をポテンシャルエネルギー曲面上の反応ダイナミックスの理論の計算と比較して，曲面の形やダイナミックスの詳細を探求することができる．

現在までに，いろいろな反応の交差分子線の実験がなされ，典型的な反応メカニズムが提案されている．それを図6-16に示す．第1の反応

$$F + C_2H_4 \longrightarrow C_2H_3F + H \tag{R6.12}$$

は反応遷移状態の寿命が長く，活性錯合体$FC_2H_4^{\ddagger}$分子が回転するため生成分子の散乱方向が等方的となる場合である．第2は，$F+H_2$の反応のように遷移状態の寿命が短く，F…H…Hが直線的な反応で後方散乱となる場合である．第3は，反応分子間で電子が移動して中間にイオン対状態を経て反応する場合である．

$$K + I_2 \longrightarrow K^+I_2^- \longrightarrow KI + I \tag{R6.13}$$

その場合は，生成分子は前方散乱となる．この反応では，K原子の電子がI_2分子へ移行し，K^+正イオンとI_2^-負イオンがクーロン引力で互いに近づき，活性錯合体$K^+I_2^-$において$KI+I$への反応が起こる．したがって，Kから発する電子をもりにたとえて**もり打ち**（harpooning）**反応**とよぶことがある．

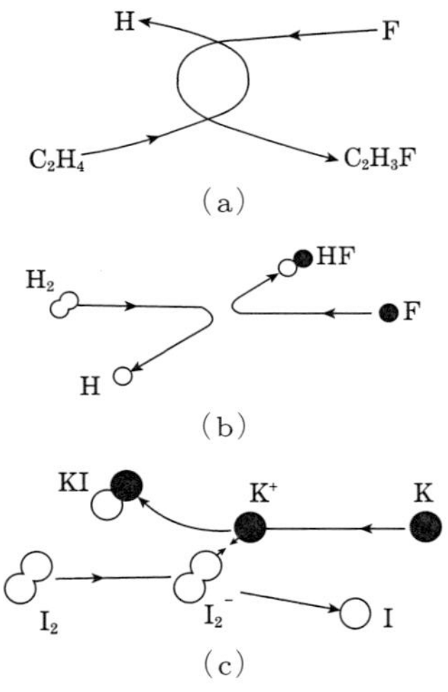

図6-16 いくつかの典型的反応ダイナミックスのタイプ．(a) $F+C_2H_4 \rightarrow C_2H_3F + H$ の反応．遷移状態の寿命が長く，生成物のC_2H_4FとHはどの方向にも均等に散乱する．(b) $F+H_2 \rightarrow HF+H$ の反応．HFはFの進んできた方向を逆行するように生成する．(c) $K+I_2 \rightarrow KI+I$ の反応．途中でイオン対状態を経由する．クーロン力で，K^+とI_2^-が相互に近接する．KIはKの進んできた方向に散乱する．

▶ 反応遷移状態の分光測定について さらに勉強したい読者には次の文献 を紹介する。J. C. Polanyi and A. H. Zewail, "Direct Observation of the Transition State", *Acc. Chem. Res.* **28**, 119(1995).

反応ダイナミックスの実時間測定

ポテンシャルエネルギー曲面上を反応系から生成系へ進行する反応分子を高速度写真で観測するようにとらえる実験が，ズヴェイル（A. H. Zewail, 1999 年ノーベル化学賞）を中心にして行われた．フェムト秒（10^{-15} s）の幅のレーザー光で分子を励起し，フェムト秒の単位で調節できる遅れ時間の次のパルスによって反応しつつある分子を観測する．この方法は，**ポンプ・プローブ法**とよばれる．

例として，NaI 分子の解離過程を追跡したデータを図 6-17(a) に示す．NaI のポテンシャル曲線は，図 6-17(b) に示すように，平衡距離近傍では Na^+I^- のイオン結合的であるが，0.7 nm 付近で共有結合 NaI ポテンシャルと交差する．したがって，共有結合の解離限界を超え，イオン結合の解離限界よりも低いエネルギー状態にフェムト秒パルスで励起すると，励起分子は共有結合ポテンシャルの上を波束（wave packet）として運動を開始する．両ポテンシャルの交差領域に達すると一部はイオン結合ポテンシャルに反射してもとに戻るが，一部は交差領域を突き抜けて Na+I に解離する．図 6-17(a) では，NaI の波束が周期約 1.2 ps で往復する様子と一往復ごとに解離生成 Na 原子が蓄積されることが実時間で示されている．

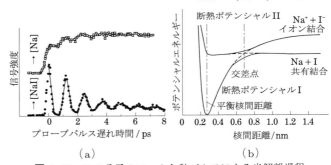

図 6-17　NaI 分子のフェムト秒パルスによる光解離過程のポンプ・プローブ実験の結果．(a) 励起光(ポンプ)パルスで NaI 共有結合ポテンシャルに励起した後，NaI と Na をプローブパルスで時間的に追跡した図．(b) NaI のイオン結合ポテンシャルと共有結合ポテンシャルの図．[T. S. Rose, M. J. Rosker, A. H. Zewail, *J. Chem. Phys.* **91**, 7415(1989)]

§3 分子エネルギー移動

ポイント　反応速度が，分子エネルギー移動速度よりも大ならばダイナミックスが，小ならば統計論が適用される．分子エネルギー移動の速さを支配する因子は何かを探る．

反応エネルギーの生成分子の各運動自由度への分配において遷移

状態の寿命が長い場合には，生成分子の状態分布が統計的となることを前節で学んだ．その理由と条件をより詳しく掘り下げよう．

反応 $A+BC(v,J) \rightarrow AB(v',J')+C$ を例にとって議論する．図6-18に示すように A は振動・回転状態 v,J の BC と衝突し，振動・回転状態 v',J' の AB と C を生成する．反応系，生成系とも量子状態を指定しているので，このような反応を**状態から状態へ**(state-to-state)**の反応**とよぶことがある．この反応では，ポテンシャルエネルギー曲面上の反応軌跡は反応系と生成系とをある確率で結んでいる．ここで，反応系と生成系を逆にした場合を考えよう．その場合も同じ反応軌跡をたどって反応は逆行する．このことを**ミクロな可逆性**(microscopic reversibility)という．つまり，反応始状態と終状態は反応軌跡によってある確率で結ばれている．

一方，反応始状態からスタートした反応軌跡がポテンシャルエネルギー曲面の途中でエネルギー，運動量保存を満たす他の軌跡へ乗り換えることがある．反応の中間体，遷移状態において状態間の相互作用が効果的であれば，どの反応軌跡をとるかは統計確率の問題となる．反応エネルギーの生成分子への分配が統計的となるのは，このようなメカニズムによっている．すなわち，分子内でどのような速度でエネルギーが移動するかによって，反応を統計的（ミクロカノニカル）に扱ってよいかどうかが決まる．

化学反応についてもう1つの見方がある．上の議論では，A 原子1つが BC 分子1つと反応すると考えていた．実際には，莫大な数の原子と分子が反応する．しかも，場合によっては溶媒のような第3体が共存していることもある．すなわち，図6-18で反応始状態の量子状態が反応開始以前に別の状態へ移動し，実質的にはある温度のもとの平衡分布状態（カノニカル分布状態）となる可能性がある．状態を選択した反応分子の反応速度が単にある温度の下の反応速度に

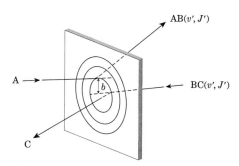

図 6-18 $A+BC(v,J) \rightarrow AB(v',J')+C$ の '状態から状態へ'(state-to-state)の化学反応の衝突過程．

なってしまうかどうかは，分子間でどのような速度でエネルギー移動をするかにかかっている．なお，温度平衡下の反応では，正反応速度と逆反応速度の間には**詳細釣り合いの原理**(principle of detailed balancing)が成立して，速度定数の比は化学平衡定数となる．

化学反応は反応分子の原子の組み替えを含む過程であるから，原子間間隔や結合角が振動する運動がもっとも反応に関与すると考えられる．したがって，振動エネルギー移動に焦点をあてることにする．

分子間エネルギー移動

分子間衝突に伴って起こるエネルギー移動の起こりやすさを判断する規準として，マッセイ(H. W. S. Massey)の判別パラメーターがある．それは，衝突の相互作用の時間と衝突分子の内部運動周期との比較である．衝突の相互作用が及ぼされる時間内に分子の内部運動が何回も周期運動を繰り返せば，相互作用に対して内部運動が十分歪むことができる．そのことは，相互作用がなくなったときには内部運動が元の状態に戻ることを意味している．つまり，衝突の結果何も起こらないわけで，断熱的である．一方，衝突の相互作用のかかる時間が，内部運動周期に比べて短い場合，内部運動の歪みは衝突後に残る．つまり，非断熱的な衝突で，その結果エネルギー移動が起こる．衝突速度の平均を v，相互作用を及ぼす距離を a とするとき，

$$\frac{衝突の相互作用時間}{分子内部運動周期} = \frac{(a/v)}{(\Delta E/h)^{-1}} = \frac{a\Delta E}{hv} \quad (6.26)$$

がマッセイパラメーターである．ここで，ΔE は内部運動の量子準位間隔である．マッセイパラメーターによる断熱・非断熱の判別は

$a\Delta E/hv > 1$ の場合，断熱的衝突

$\leqq 1$ の場合，非断熱的衝突

となる．常温の気体中での衝突の場合，この判別条件から並進運動や分子回転のエネルギー移動の遷移衝突断面積が大きいことを予想できる．一方，分子振動や電子状態について衝突は断熱的でそのエネルギー移動の断面積は小さい．

例題 6.5 振動・回転エネルギー移動のマッセイパラメーターの計算

25℃における窒素気体中の分子衝突による振動・回転エネルギー移動が相互作用距離 $a = 0.1$ nm で起こるとし，パラメーターを計算する．振動状態は $v = 0 \rightarrow 1$ の遷移，回転状態は 25℃で分布がピークとなる回転準位から隣りの準位への遷移を問題とする．

[答] 窒素分子の平均速度は $v = (8k_\mathrm{B}T/\pi\mu)^{1/2}$ であり，$\mu = 14 \times 10^{-3}/$

$6×10^{23}$ kg を代入すれば,$v=671$ m s^{-1} である.表 5-7 によれば,窒素の $v=0$ と 1 のエネルギー差は,$2358.1[(3/2)-(1/2)]-14.2[(3/2)^2-(1/2)^2]=2330$ cm^{-1} である.

また,回転状態 J の分布数は,$N(J)=(2J+1)\exp[-BJ(J+1)/k_BT]/Q_r$ である.ここで,Q_r は回転の分配関数である.分布が最大となる回転量子数は,上式の J についての微分がゼロとなる値である.すなわち,$J_{max}=(k_BT/2B)^{1/2}-1/2$ である.$B=1.990$ cm^{-1}.1 cm$^{-1}=1.99×10^{-23}$ J.したがって,$J_{max}=7$.$J=7$ と 8 の回転エネルギーの差は $1.99(8×9-7×8)=31.8$ cm^{-1}.

いま,1 cm$^{-1}=1.99×10^{-23}$ J であるから,振動遷移についてのマッセイパラメーターは,$0.1×10^{-9}×2330×1.99×10^{-23}/6.6×10^{-34}×671=10$,回転遷移については,$0.1×10^{-9}×31.8×1.99×10^{-23}/6.6×10^{-34}×671=0.14$.

□

多原子分子 A の振動エネルギー移動を考える.振動の 1 量子が他の分子 M と衝突して並進運動に転換する過程を **V-T**(vibration-to-translation)**エネルギー移動**という.反応式で書くと分子 A の i 番目の振動モードが v_i から v_i-1 へ,またはその逆の衝突遷移は

$$A(v_i) + A \rightleftarrows A(v_i - 1) + A \quad (R6.14)$$

である.ここで,衝突遷移が $\Delta v=\pm 1$ という光学遷移と同じなのは,興味ある事実である.この過程の移動エネルギー ΔE が大きいので衝突断面積は小さい値をとる.分子気体の V-T 振動エネルギー移動は,超音波や衝撃波などの方法で振動緩和として測定されている.それは,分子の振動自由度に配分されたエネルギーが温度平衡値へどのくらいの時間,つまり緩和時間で近づくかを調べたものである.図 6-19 にいろいろな多原子分子についてその緩和時間の測定値が示してある.ここでは,緩和時間を衝突確率に変換して示してある.振動緩和は,多原子分子の一番低い振動数をもつモードの V-T エネルギー移動が律速になっていることがわかる.複雑な分子は低い振動数のモードをもつので短い振動緩和時間をもつ.それは,大きい分子には多くの振動モードがあり,モード間エネルギー移動が効率よく起こるためである.

▶ 衝突の際分子の振動座標方向に加わる力が遷移の原因となる.この力は,座標の 1 次に比例する大きさをもっている.それは,光の電場が双極子モーメントの振動による変化に対して作用を及ぼすのと似た効果をもっている.

> **例題 6.6 V-T エネルギー移動の衝突確率は衝突対の質量にどう依存するか** HCl($v=1$) の脱活性化の衝突確率は,300 K において Ar との衝突で $3×10^{-7}$ であるのに対し,He との衝突では $1.8×10^{-6}$ である.それはなぜか?

[答] 衝突の運動エネルギーの平均値は 2 つの場合で同じである.しかし,相対速度は He-HCl 衝突対の方が Ar-HCl よりも大きい.それは相対運動の換算質量が He-HCl の方が小さいため衝突の相対運動の速度が大きいからである.衝突速度が大きいとマッセイパラメーターが小さくなる.した

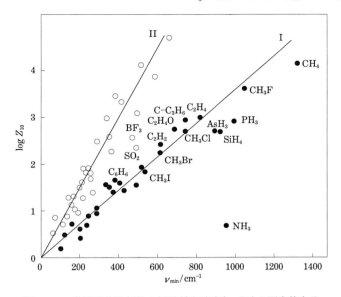

図 6-19 多原子分子気体の振動緩和速度(25℃)の測定値をそれぞれの分子の振動モードの最低振動数でプロットした．なお，図では，振動緩和速度を当該振動モードの $v=1\to 0$ の振動遷移の衝突確率 P_{10} の逆数 Z_{10} で V-T エネルギー速度を表現した．グループ I は 2 個以上の水素原子を含む分子，II は 1 個以下の水素原子をもつ分子の振動緩和のデータである．

がって，衝突が非断熱的となってエネルギー移動の衝突確率が大きくなる．
□

　多原子分子の振動モードの間でエネルギーをやりとりする過程を **V-V**(vibration-to-vibration)**エネルギー移動**という．この過程は，ΔE がゼロか非常に小さい共鳴的過程であるため，大きい衝突断面積をもつ．共鳴的 V-V エネルギー移動には次の 3 つの過程がある．
　(i) 分子間モード内:
$$\mathrm{A}(v_i)+\mathrm{A}(v_i')\rightleftarrows \mathrm{A}(v_i+\Delta)+\mathrm{A}(v_i'-\Delta) \quad (\mathrm{R}6.15)$$
　(ii) 分子間モード間:
$$\mathrm{A}(v_i)+\mathrm{A}(v_j)\rightleftarrows \mathrm{A}(v_i+\Delta)+\mathrm{A}(v_j-\Delta) \quad (\mathrm{R}6.16)$$
　(iii) 分子内モード間:
$$\mathrm{A}(v_i,v_j)+\mathrm{M}\rightleftarrows \mathrm{A}(v_i+\Delta,v_j-\Delta)+\mathrm{M} \quad (\mathrm{R}6.17)$$
ここで，$\mathrm{A}(v_i)$ は i 番目の振動モードに v_i 量子のエネルギーをもつ分子を意味する．衝突遷移が光学遷移と同じ条件を満たすならば，$\Delta=1$ である．(i) の過程は振動が調和的であれば完全に共鳴的で，その速度は大きい．すると，モード内のエネルギー分布は非常に短い時間内に平衡的なものとなる．(ii)，(iii) はモード間のエネルギー

のやりとりである．この場合のV-Vエネルギー移動は近共鳴的で，(i)の共鳴的エネルギー移動よりも速度は小さいが，モード間のエネルギー分布も平衡的なそれとなるための時間はやはり短い．

結論として，分子のある振動モードに励起エネルギーを与えたとき，そのエネルギーはそのモード内に平衡分布に向かってエネルギー移動が起こる．次にモード間のエネルギー移動によって振動モード全体に平衡的に分配される．最後にV-Tエネルギー移動によってまわりの第3体気体と温度平衡に達する．複雑な多原子分子の場合，振動モードの数が多いので振動状態分布が平衡に達する速度が大きい．かつ，振動数の低いモードをもつのでV-Tエネルギー移動を通して温度平衡状態に短時間で到達する．また，まわりの第3体気体の圧力が高いときには温度平衡状態がつねに保たれると考えてもよい．したがって，2,3原子分子よりも複雑な分子の化学反応は温度平衡のもとで行われ，その速度は統計的反応論による予測と一致する．

分子内エネルギー移動

分子線交差反応のように反応分子が孤立している場合に統計的反応論の考え方を適用できるかどうかを考えよう．それは，分子内のエネルギー移動の速度と反応速度との比較で決まる．

分子内エネルギー移動速度は外部条件によってその速度を制御できないので，その測定は容易でない．1つの例として，**ローカルモード**（local mode）の高倍音振動の分光実験をとりあげよう．分子振動は構成する原子の平衡点のまわりの調和振動子の集合であると考えて，基準振動モードで記述するのが普通である．しかし，振動エネルギーが大きい高励起分子では非調和性が顕著になって，C-H伸縮振動のように他の結合の振動と固有振動数がかけ離れているため独立に存在している場合，ローカルモードがよい近似となる．ローカルモードとは，その結合の伸縮振動が分子のほかの部分の影響を受けずに2原子分子のように振る舞うことをいう．

ベンゼンには6個の等しいC-H結合がある．いまC-H伸縮振動に6個の振動量子を配分した励起状態を考える．振動の非調和性は振動準位の上昇にともなって大きくなるから1個のC-H振動モードに6個の量子が配分された(600000)状態が一番低いエネルギーで，各C-H結合に1量子ずつ入った(111111)状態が一番高いエネルギーをもつ．図6-20に6倍音の領域のスペクトルを示す．倍音準位への遷移強度は非常に小さいにもかかわらずレーザーの微弱吸収の高感度検出法の採用によって測定された．スペクトルピークとして

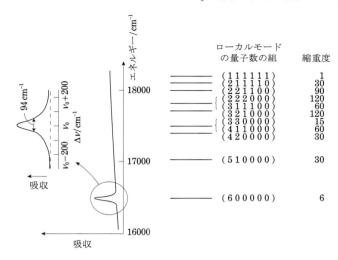

図 6-20 ベンゼンのローカルモード $6\nu_{CH}$ 倍音領域の吸収スペクトル．

現れたのは (600000) への遷移のみで，そのスペクトル線の形はローレンツ曲線で，その半値幅は $94\,\mathrm{cm}^{-1}$ もある．この幅は多くの準位への遷移が重なり合ったための線幅ではない．このエネルギー領域には，ベンゼン骨格の伸縮振動や変角振動による準位が数多く存在する．これらの準位へは基底状態から遷移確率は事実上ゼロである．したがって，これらの準位を**暗準位**(dark level)，一方 $6\nu_{CH}$ のローカルモードの倍音準位は**明準位**(bright level)である．光励起は，明準位に対して起こるが，この準位は暗準位と相互作用をして明準位と暗準位の混合した準位群が最終的にはできる．この過程を**分子内振動エネルギー再分配**(intramolecular vibrational energy redistribution, IVR)という．その過程を図 6-21 にモデル的に示した．スペクトル線の幅は，明準位の短い寿命を反映したものである．つまり，分子内エネルギー移動の速度が幅から決まる．ベンゼンの $6\nu_{CH}$ のローカルモード励起の場合，$50\,\mathrm{fs}$ の寿命となる．

いろいろな化学反応の反応速度を調べてみると，大部分の化学反応はすべての振動モードに平衡的にエネルギー分布(ミクロカノニカル分布)をした上で進行する．その理由は，IVR エネルギー移動が化学反応よりもずっと速いからである．とくに 4 原子分子よりも複雑な分子では，振動準位間の共鳴・近共鳴のいろいろなエネルギー移動の経路が可能となって，分子内エネルギー平衡分布のもとでの化学反応となる．一方，2,3 原子分子の化学反応の場合，化学反応が非平衡のもとで進行することがある．つまり，化学反応の速度を支配するのが，エネルギー移動の速度となる．そのような非平衡化学反応については，次章で学ぶこととする．

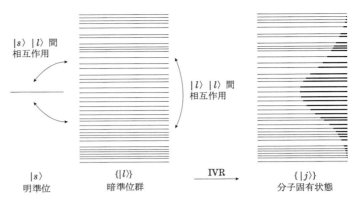

図 6-21 分子内エネルギー移動,IVR のメカニズムを示す準位モデル.光学的遷移が可能な明準位 $|s\rangle$ が,光学的禁制な準位群と結合して,最終的に準位群 $|j\rangle$ をつくる.それらの準位のそれぞれは,明準位の寄与をもつ.

7
化学反応の統計理論

　われわれが観測する化学反応は，特別の場合を除けばきわめて多数の反応分子どうしの反応である．したがって，求められた反応速度定数，または，反応断面積は，いろいろな量子状態の反応分子についての統計平均である．それぞれの分子は反応温度で決まる量子状態分布(カノニカル分布)をする．ただし，その前提として分子内・分子間エネルギー移動の速度が反応速度よりもずっと大きいという条件を満たす必要がある．この条件を満たす場合の統計理論は遷移状態理論である．一方，ある種の化学反応で分子内のエネルギー移動は反応速度より大きいが，分子間のエネルギー移動が反応速度を律している場合がある．この場合，遷移状態においてミクロな統計分布状態(ミクロカノニカル分布)は成立しているが，遷移状態を含め反応物の各量子状態の分布には温度平衡が成立しない．このような非平衡状態下の反応を統計論的に扱うのが単分子反応理論である．この章では，化学反応速度を扱う2つの統計理論を学ぶこととする．

§1　遷移状態理論

　ポイント　反応初期状態から遷移状態に至る過程に平衡関係を前提として，反応速度を計算する．

初期遷移状態理論

　1935年にアイリングとエバンス，ポラニは互いに独立に化学反応速度の**遷移状態理論**(transition state theory, TST)を提案した．この初期の理論は**温度平衡下の遷移状態理論**(canonical transition state theory, CTST)であって，その後の改良された遷移状態理論と区別されている．この理論では，どんな化学反応でもその遷移状態の構造とその量子エネルギー状態が推定できれば，反応速度が計

算される.

　遷移状態は，ポテンシャルエネルギー曲面上の反応経路上の反応物側から生成物側へ至る途中のもっともエネルギーの高い点の鞍点にある反応系 $X^{\ddagger}$ である．これを**活性錯合体**(activated complex)とよぶこともある．いま，原子 A と分子 BC の反応

$$A + BC \longrightarrow AB + C \qquad (R7.1)$$

を考える．この反応の経路では

$$A + BC \longrightarrow X^{\ddagger} \longrightarrow AB + C \qquad (R7.1')$$

のように遷移状態 $X^{\ddagger}$ を通過して生成物 AB+C に至る．その際，ポテンシャルエネルギー曲面上の反応経路に沿う座標を定義することができ，その座標の位置によって反応の進行の度合いを表現できるとする．そのような座標を**反応座標**(reaction coordinate)とよぶ．ここで，次の仮定「反応座標を生成物に向かって変化している途中の遷移状態または活性錯合体が，反応初期状態と化学平衡状態を保つ」を立てる．すなわち，原子 A と分子 BC との反応の場合には

$$\frac{[X^{\ddagger}]_f}{[A][BC]} = K^{\ddagger} \qquad (7.1)$$

の関係が成立する．ここで $[X^{\ddagger}]_f$ は生成物に変化しつつある活性錯合体の濃度である．活性錯合体が生成物へ変化する 1 次反応速度定数を $k^{\ddagger}$ とすると，反応(R7.1)の反応速度は

$$-\frac{d[BC]}{dt} = k[A][BC] = k^{\ddagger}[X^{\ddagger}]_f = k^{\ddagger}K^{\ddagger}[A][BC] \qquad (7.2)$$

となり，反応速度定数は

$$k = k^{\ddagger}K^{\ddagger} \qquad (7.3)$$

で表される．式(7.1)の平衡定数は，平衡に関与する i 番目の化学種の分配関数 Q_i とそれらの最低のエネルギー準位のエネルギー差 $\Delta\varepsilon_0$ によって

$$K^{\ddagger} = \frac{Q_X}{Q_A Q_{BC}} \exp\left(-\frac{\Delta\varepsilon_0}{k_B T}\right) \qquad (7.4)$$

のように記述できる．分配関数は，分子の分子量，慣性モーメント，基準振動の振動数などの分子定数が与えられれば計算することができる．分子の各運動自由度に対する分配関数の式は表 7-1 に与えてある．反応分子の分子定数はその分光測定によって正確に知ることができる．一方，遷移状態の構造や基準振動について，かつては正確な情報を得るのは困難であったが，最近の *ab initio* 量子化学計算の進歩によってその問題は解決されたといってよい．

　遷移状態の内部運動について考えよう．遷移状態(活性錯合体)の重心が空間を運動する並進運動の 3 自由度，重心のまわりで錯合体が回転する運動自由度(直線分子で 2，非直線分子で 3)，錯合体内

▶ 分配関数は，その温度における分布可能な量子状態数を表す．もし，化学平衡において，反応系と生成系のエネルギー差がなければ，その両者の平衡濃度比は，その温度で占めることのできる状態数の比となるであろう．それは，座席数の違った車両があった場合，それぞれの車両の乗車人数は座席数に比例するのが自然という比喩を考えるとわかる．後につく指数関数のボルツマン因子は，反応系と生成系のエネルギー差に由来する．高いエネルギー状態を占める数は，指数関数的に小さくなる．

の原子の平衡位置のまわりでの振動運動の自由度の 3 つがある．これらの運動自由度についての分配関数の計算法は付録§A1 に説明したが，表 7-1 にその結果を示した．並進，回転，振動の分配関数の積が全体の分配関数となる．

$$Q_\mathrm{X} = Q_\mathrm{X}^\mathrm{T} Q_\mathrm{X}^\mathrm{R} Q_\mathrm{X}^\mathrm{V} \tag{7.5}$$

このうち，振動運動をより詳しく考えよう．反応 (R7.1) の活性錯合体は 3 原子分子 A⋯B⋯C である．すると振動運動自由度の数は直線形なら 4，非直線形なら 3 である．A⋯B⋯C の振動モードを図 7-1 で説明しよう．A-B と B-C の 2 つの結合が同時に伸びる対称伸縮振動モードが第 1 に考えられる．このモードは，前章の図 6-1 のポテンシャルエネルギー曲面の鞍点で，A-B, B-C の結合が同時に伸縮する運動なので反応の進行方向に対して垂直方向の運動となる．2 番目の振動は ∠ABC が変化する振動である．この運動を前章の図 6-1 のポテンシャルエネルギー曲面上で示すわけにいかない．なぜなら，この曲面は，角度を 180° に固定したときの反応の進行を表しているからである．最後のモードは，A-B の伸縮と B-C のそれとの位相が逆になっている．A が B に近づき結合を作ろうとすると，反対に位置する C は B から離れる．この運動は，ちょうど図 6-1 の曲面上の反応軌跡に沿うもので，鞍点においてこの運動は振動とならない．つまり，ポテンシャルエネルギー曲面上のエネルギー障壁上を通過する運動で，それは反応物から生成物に向かう 1 次元の並進運動と考えることができる．いま，反応座標に沿う遷移状態（鞍点）の領域が図 7-2 のように δ の幅をもつものとする．すると，この δ の幅の中で反応座標に沿う運動は換算質量 μ の 1 次元並進運動である．しかも，活性錯合体 $\mathrm{X}^\ddagger$ の振動運動のうち反応座標に沿う並進運動は，他の振動運動と直交している．したがって，活性錯合体の振動の分配関数は

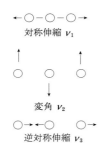

図 7-1　3 原子分子の振動モード．3 原子分子は ABA 型の直線対称型と仮定している．

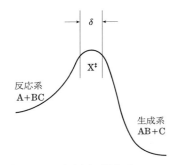

図 7-2　反応座標に沿うポテンシャルエネルギー曲線．

表 7-1　分子の各運動自由度の分配関数

運動自由度	次元	分配関数式	およその大きさ
並進	3	$\dfrac{(2\pi m k_\mathrm{B} T)^{3/2}}{h^3} = 1.879\times 10^{26}\left(\dfrac{T}{\mathrm{K}}\right)^{3/2}\left(\dfrac{M}{\mathrm{amu}}\right)^{3/2}$	$10^{31\sim 32}$ m^{-3}
回転（直線）	2	$\dfrac{8\pi^2 I k_\mathrm{B} T}{\sigma h^2} = 0.6950\dfrac{(T/\mathrm{K})}{\sigma(B/\mathrm{cm}^{-1})}$	$10^{1\sim 2}$
回転（非直線）	3	$\dfrac{8\pi^2(8\pi^3 I_\mathrm{A} I_\mathrm{B} I_\mathrm{C})^{1/2}(k_\mathrm{B} T)^{3/2}}{\sigma h^3} = 1.027\dfrac{(T/\mathrm{K})^{3/2}}{\sigma[(A/\mathrm{cm}^{-1})(B/\mathrm{cm}^{-1})(C/\mathrm{cm}^{-1})]}$	$10^{2\sim 3}$
振動（1 基準振動当たり）	1	$\dfrac{1}{1-\exp(-hc\tilde{\nu}/k_\mathrm{B} T)} = \dfrac{1}{1-\exp[-1.4388(\tilde{\nu}/\mathrm{cm}^{-1})/(T/\mathrm{K})]}$	$10^{0\sim 1}$

m: 分子の質量，M: 分子量，I: 直線分子に対する慣性モーメント，$I_\mathrm{A}, I_\mathrm{B}, I_\mathrm{C}$: 非直線分子の主軸 A, B, C のまわりの慣性モーメント，A, B, C: 回転の分光定数，σ: 対称数（分子が回転したとき空間内で同じ構造をとり得る数），$\tilde{\nu}$: 基準振動数，h: プランク定数，k_B: ボルツマン定数．

$$Q_X^V = Q_X^{RC} Q_X^{V'} \qquad (7.6)$$

のように反応座標に沿う並進運動と残りの振動運動の分配関数の積となる．

活性錯合体が生成物へ変化する速度定数 $k^\ddagger$ は，ポテンシャルエネルギー曲面上で錯合体の反応座標に沿ってもつ速度 $\bar{v}$ とその領域の幅 δ によって

$$k^\ddagger = \frac{1}{2} \frac{\bar{v}}{\delta} \qquad (7.7)$$

で表される．ここで，1/2 の因子は錯合体が生成物側に向かう場合と反対に反応物側に向かう場合の 2 つがあるので，生成物側へ向かう確率として導入した．速度は換算質量 μ をもつ質点の 1 次元の並進運動の速度と考えることができる．第 4 章 §1 で学んだ平均速度の式を再現すると

$$\bar{v} = \left(\frac{2k_B T}{\pi \mu}\right)^{1/2} \qquad (7.8)$$

となる．並進運動の分配関数は，1 次元の箱の中の自由運動をする粒子のそれであって，その計算は付録を参照されたい．その結果は

$$Q_X^{RC} = (2\pi \mu k_B T)^{1/2} \left(\frac{\delta}{h}\right) \qquad (7.9)$$

である．式(7.8), (7.9)を式(7.3), (7.4)に代入すると

$$\begin{aligned} k &= \frac{1}{2}\left(\frac{\bar{v}}{\delta}\right) K^\ddagger \\ &= \frac{1}{2}\left(\frac{2k_B T}{\pi \mu}\right)^{1/2} \frac{1}{\delta} \cdot \frac{Q_X^\ddagger}{Q_A Q_{BC}} \cdot (2\pi \mu k_B T)^{1/2} \left(\frac{\delta}{h}\right) \exp\left(-\frac{\Delta \varepsilon_0}{k_B T}\right) \\ &= \frac{k_B T}{h} \frac{Q_X^\ddagger}{Q_A Q_{BC}} \exp\left(-\frac{\Delta \varepsilon_0}{k_B T}\right) \end{aligned} \qquad (7.10)$$

となる．ここで

$$Q_X^\ddagger = Q_X^T Q_X^R Q_X^{V'} \qquad (7.11)$$

で，$Q_X^\ddagger$ は，活性錯合体 $X^\ddagger$ の分配関数から反応座標に沿う運動の分配関数のみを除いたものである．

ここで興味深いのは，活性錯合体の反応座標に沿う運動領域 δ が消去されてしまうことである．δ という量を厳密に指定するのは難しいので，このことは CTST にとって幸運である．式(7.10)では，活性錯合体が生成物側へ向かう場合には必ず反応するという前提となっているが，実際には反応物側へ再び逆行する場合もあり得る．そこで，**透過係数**(transmission coefficient) κ を導入する．式(7.10)は

$$k = \kappa \left(\frac{k_B T}{h}\right) \left(\frac{Q_X^\ddagger}{Q_A Q_{BC}}\right) \exp\left(-\frac{\Delta \varepsilon_0}{k_B T}\right) \qquad (7.12)$$

となる．透過係数は1つの経験的パラメーターであって，$\kappa=1$ とすることが多い．

式(7.10)または(7.12)では，$k_\mathrm{B}T/h$ は $T=300\,\mathrm{K}$ で $6\times10^{12}\,\mathrm{s}^{-1}$ で，また，分配関数は並進運動自由度のそれが (体積)$^{-1}$ の次元をもつから，式(7.12)の単位は (体積)$^{-1}\mathrm{s}^{-1}$ = (分子濃度)$^{-1}\mathrm{s}^{-1}$ となり，求められた速度定数の単位は2分子反応の速度定数の単位と一致する．これにアボガドロ定数を掛ければ，モル濃度単位の速度定数に変換することができる．

> **例題 7.1　2体衝突反応への CTST の応用**　原子のような構造のない粒子 A と B が衝突して遷移状態を経て反応する場合，遷移状態理論を適用してその速度定数を計算せよ．A, B の質量を $m_\mathrm{A}, m_\mathrm{B}$ とし，遷移状態の AB 距離を d とする．

[答]　A, B は並進運動自由度のみをもつのに対し，活性錯合体 $X^\ddagger$ は並進運動と回転運動自由度をもつ．$X^\ddagger$ の慣性モーメント $I^\ddagger$ は
$$I^\ddagger = \mu d^2$$
で，ここで μ は換算質量 $m_\mathrm{A}m_\mathrm{B}/(m_\mathrm{A}+m_\mathrm{B})$ である．

$$\begin{aligned}
k &= \kappa\frac{k_\mathrm{B}T}{h}\frac{Q^\ddagger_\mathrm{X}}{Q_\mathrm{A}Q_\mathrm{B}}\,e^{-\varepsilon_0/k_\mathrm{B}T} \\
&= \kappa\frac{k_\mathrm{B}T}{h}\frac{[2\pi(m_\mathrm{A}+m_\mathrm{B})k_\mathrm{B}T/h^2]^{3/2}}{(2\pi m_\mathrm{A}k_\mathrm{B}T/h^2)^{3/2}(2\pi m_\mathrm{B}k_\mathrm{B}T/h^2)^{3/2}}\left(\frac{8\pi^2\mu d^2 k_\mathrm{B}T}{h^2}\right)e^{-\varepsilon_0/k_\mathrm{B}T} \\
&= \kappa\pi d^2\left(\frac{8k_\mathrm{B}T}{\pi\mu}\right)^{1/2}e^{-\varepsilon_0/k_\mathrm{B}T}
\end{aligned}$$

である．この式は，もし，活性錯合体において A–B 距離が A, B の原子半径の和となっているとすれば，$\kappa=1$ の場合，衝突論の式(4.32)と同じである．ただ，原子どうしが衝突して再結合する反応は3分子反応として進行するのが一般であって，単純な2体衝突の機構を応用することはできない．　□

反応経路の対称性

CTST によって速度定数を求めるために，反応分子と遷移状態分子の分配関数を計算する必要がある．その場合分子回転の対称数 σ の問題がある．対称性のある分子回転の分配関数は対称数 σ で割り算することになっている．この点が CTST による速度定数の計算で問題を生ずることがある．たとえば，
$$\mathrm{H} + \mathrm{H_2} \longrightarrow \mathrm{H_2} + \mathrm{H}, \quad \mathrm{D} + \mathrm{H_2} \longrightarrow \mathrm{DH} + \mathrm{H}$$
の反応速度定数はそれぞれ次の式となる．

$$\begin{aligned}
k(\mathrm{H}+\mathrm{H_2}) &= \frac{Q^\ddagger/2}{Q_\mathrm{H}Q_\mathrm{H_2}/2}\exp(-\Delta\varepsilon_0/k_\mathrm{B}T) \\
&= \frac{Q^\ddagger}{Q_\mathrm{H}Q_\mathrm{H_2}}\exp(-\Delta\varepsilon_0/k_\mathrm{B}T)
\end{aligned}$$

$$k(\mathrm{D}+\mathrm{H}_2) = \frac{Q^\ddagger}{Q_\mathrm{D} Q_{\mathrm{H}_2}/2} \exp\left(-\Delta\varepsilon_0/k_\mathrm{B}T\right)$$

$$= 2\frac{Q^\ddagger}{Q_\mathrm{D} Q_{\mathrm{H}_2}} \exp\left(-\Delta\varepsilon_0/k_\mathrm{B}T\right)$$

ここで，$Q_{\mathrm{H}_2}, Q^\ddagger$ は対称数で割る前の分配関数を表す．遷移状態の H-H-H の対称数は 2 で，D-H-H は対称数 1 である．そのため D+H_2 の反応速度定数は H+H_2 のそれの約 2 倍となる．この結果は不条理である．そこで，回転の分配関数の対称数の代わりに**統計因子** (statistical factor) L を導入する．それは，反応分子の中の同種の原子を番号付けしたとき，異なる生成分子の数である．たとえば，H+$\mathrm{CH}_4 \to \mathrm{H}_2 + \mathrm{CH}_3$ の反応の場合，$\mathrm{H}^1 + \mathrm{CH}^2\mathrm{H}^3\mathrm{H}^4\mathrm{H}^5$ の反応による生成分子には，(1) $\mathrm{H}^1\mathrm{H}^2 + \mathrm{CH}^3\mathrm{H}^4\mathrm{H}^5$，(2) $\mathrm{H}^1\mathrm{H}^3 + \mathrm{CH}^2\mathrm{H}^4\mathrm{H}^5$，(3) $\mathrm{H}^1\mathrm{H}^4 + \mathrm{CH}^2\mathrm{H}^3\mathrm{H}^5$，(4) $\mathrm{H}^1\mathrm{H}^5 + \mathrm{CH}^2\mathrm{H}^3\mathrm{H}^4$ の 4 通りの組み合わせが可能である．したがって，統計因子 $L=4$ である．H+H_2，D+H_2 の反応の場合，両方とも $L=2$ である．統計因子を用いると式(7.12)の反応速度定数は，

$$k = \kappa L \left(\frac{k_\mathrm{B}T}{h}\right)\left(\frac{Q_\mathrm{X}^\ddagger}{Q_\mathrm{A} Q_\mathrm{BC}}\right)\exp\left(-\frac{\Delta\varepsilon_0}{k_\mathrm{B}T}\right) \quad (7.13)$$

となる．

例題 7.2　CTST によって反応速度定数を計算する　$\mathrm{F}+\mathrm{H}_2 \to \mathrm{HF}+\mathrm{H}$ の 300 K における反応速度定数を CTST によって計算せよ．ただし，直線形の遷移状態を仮定し，その分子パラメーターは反応分子とともに表 7-2 にまとめてある．

表 7-2　$\mathrm{F}+\mathrm{H}_2 \to \mathrm{HF}+\mathrm{H}$ の反応分子と遷移状態の構造パラメーター

パラメーター	F⋯H⋯H	F	H_2
$r(\mathrm{F\text{-}H})/\mathrm{nm}$	0.1602		
$r(\mathrm{H\text{-}H})/\mathrm{nm}$	0.0756		0.07417
$\tilde{\nu}_1/\mathrm{cm}^{-1}$	4008		4395
$\tilde{\nu}_2/\mathrm{cm}^{-1}$	398(縮重度 2)		
$\Delta E_0/\mathrm{kJ\,mol}^{-1}$	6.57		
M/amu	21.014	18.998	2.0156
$I/\mathrm{kg\,m}^2$	1.234×10^{-46}		4.603×10^{-48}
g_elec (電子状態の縮重度)	4[1]	4[1]	1

[1] F 原子の電子状態は $^2P_{3/2}$ であって，$2J+1 = 2\times(3/2)+1 = 4$ である．

[答]　CTST を応用すると

$$k = L\frac{k_\mathrm{B}T}{h}\left(\frac{Q_\mathrm{X}^\mathrm{T}}{Q_\mathrm{F}^\mathrm{T} Q_{\mathrm{H}_2}^\mathrm{T}}\right)\left(\frac{Q_\mathrm{X}^\mathrm{R}}{Q_{\mathrm{H}_2}^\mathrm{R}}\right)\left(\frac{Q_\mathrm{X}^{\mathrm{V}'}}{Q_{\mathrm{H}_2}^\mathrm{V}}\right)\mathrm{e}^{-\Delta\varepsilon_0/k_\mathrm{B}T}$$

となる．ここで，並進，回転，振動の分配関数をそれぞれ T, R, V の添え字をつけて定義した．

分配関数の比率を表7-1, 7-2を参照して$T = 300\,\mathrm{K}$として計算すると次のようになる.

$$\frac{Q_X^T}{Q_F^T Q_{H_2}^T} = \left(\frac{m_F + m_{H_2}}{m_F m_{H_2}}\right)^{3/2} \frac{h^3}{(2\pi k_B T)^{3/2}} = 4.11 \times 10^{-31}\,\mathrm{m}^3$$

$$\frac{Q_X^R}{Q_{H_2}^R} = \frac{I_X}{I_{H_2}} = 26.8$$

$$\frac{Q_X^V}{Q_{H_2}^V} = \frac{1 - \exp(-hc\tilde{\nu}_{H_2}/k_B T)}{[1-\exp(-hc\tilde{\nu}_1^\ddagger/k_B T)][1-\exp(-hc\tilde{\nu}_2^\ddagger/k_B T)]^2} = 1.38$$

$$L = 2$$

これらの値より透過係数を1としたときの値は

$$k/\mathrm{m}^3\,\mathrm{s}^{-1} = 1.90 \times 10^{-16} \exp(-\Delta E_0/RT)$$
$$k/\mathrm{cm}^3\,\mathrm{molecule}^{-1}\,\mathrm{s}^{-1} = 1.90 \times 10^{-10} \exp(-\Delta E_0/RT)$$

となる. 実験値は

$$k(T)/\mathrm{m}^3\,\mathrm{s}^{-1} = 2 \times 10^{-16} \exp(-\Delta E_0/RT), \quad \Delta E_0 = 6.57\,\mathrm{kJ\,mol^{-1}}$$

であって, CTSTによる速度定数とよい一致をしている.　　□

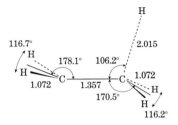

図 7-3　$C_2H_4 + H \rightarrow C_2H_5$の活性錯合体の最適化構造. [S. Nagase and C. W. Kern, *J. Am. Chem. Soc.* **101**, 2544 (1979)]

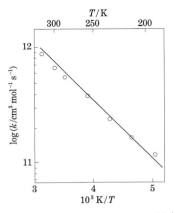

図 7-4　$C_2H_4 + H \rightarrow C_2H_5$の反応のCTST計算値(実線)と実験値(○). [S. Nagase, T. Fueno and K. Morokuma, *J. Am. Chem. Soc.* **101**, 5849 (1981)]

ab initio 量子化学計算によって計算された遷移状態の構造と, その結合や結合角の力の定数の値から遷移状態の分配関数を計算してCTSTを応用した例を紹介しよう. 反応はH原子の二重結合への付加反応

$$\mathrm{H} + \mathrm{C_2H_4} \underset{k_{-1}}{\overset{k_1}{\rightleftharpoons}} \mathrm{C_2H_5^*} + \mathrm{M} \xrightarrow{k_2} \mathrm{C_2H_5} \quad (\mathrm{R7.2})$$

である. この反応は過剰エネルギーをもつ生成物$C_2H_5^*$を生ずるので, 安定化のための衝突が必要である. しかし, 第3体の衝突頻度が非常に大きい高圧極限の下では, 上の反応は2分子反応で進行し, その速度定数はk_1となる. この反応の遷移状態の構造を図7-3に示す. エネルギー障壁の値は$\Delta E^\ddagger = 9.20\,\mathrm{kJ\,mol^{-1}}$であるが, エチレンと遷移状態の零点エネルギー準位(最低の振動準位)を考慮した活性化エネルギーは, $E_0 = 9.71\,\mathrm{kJ\,mol^{-1}}$となる. 遷移状態ではH原子がエチレンの片方のC原子に近づき, そのために$=CH_2$の平面形構造から$-CH_2\cdot H$の四面体角構造へ変わる途中の形となっている. 遷移状態の構造パラメーターと基準振動の計算値によるCTSTの計算値と実験値との比較を図7-4に与える. 実験値の頻度因子は$A = 2.2 \times 10^{13}\,\mathrm{cm^3\,mol^{-1}\,s^{-1}}$ ($3.7 \times 10^{-11}\,\mathrm{cm^3\,molecule^{-1}\,s^{-1}}$)で, 活性化エネルギー$E_a = 8.7\,\mathrm{kJ\,mol^{-1}}$である. これに対し, 理論値は$A = 3.0 \times 10^{13}\,\mathrm{cm^3\,mol^{-1}\,s^{-1}}$, $E_0 = 9.7\,\mathrm{kJ\,mol^{-1}}$で, 198-320 Kの温度範囲で両者の一致は非常によい. このように遷移状態の構造を正確に見積もることができれば, 遷移状態理論によって反応速度定数をよい精度で推定することができる.

遷移状態理論の熱力学的表現

反応初期状態と遷移状態との平衡関係は，熱力学関数で表現することもできる．溶液反応のような場合，反応分子は溶媒分子に囲まれて分子集団として反応が進行する．したがって，熱力学関数のようなマクロな物理量で反応速度を記述するのがふさわしい．

活性錯合体 $X^{\ddagger}$ と反応物 $A+BC$ との間の平衡関係はギブズエネルギー差 $\Delta^{\ddagger}G^{\circ}$ を用いて定義すると

$$K_c^{\ddagger} = \frac{[X^{\ddagger}]}{[A][BC]}c^{\circ} = \exp\left(-\frac{\Delta^{\ddagger}G^{\circ}}{RT}\right) \quad (7.14)$$

となる．溶液の場合，平衡定数は標準状態の濃度 c° と実際の濃度との比率で定義される．標準溶液について $c^{\circ}=1\,\mathrm{mol\,dm^{-3}}$ である．したがって，c° は表面には現れないが，$K_c^{\ddagger}$ の次元を決定しているので注意する必要がある．なお，2分子反応ではなく，n 分子反応の場合，式(7.14)は

$$K_c^{\ddagger} = \frac{[X^{\ddagger}]}{[A][BC]\cdots}c^{\circ(n-1)} = \exp\left(-\frac{\Delta^{\ddagger}G^{\circ}}{RT}\right) \quad (7.15)$$

となる．$\Delta^{\ddagger}G^{\circ}$ は標準状態における反応物と活性錯合体とのギブズエネルギー差で，**標準活性化ギブズエネルギー**という．式(7.12)を用いると，CTST の2分子反応の速度定数は

$$k = \frac{k_B T}{hc^{\circ}}K_c^{\ddagger} = \frac{k_B T}{hc^{\circ}}\exp\left(-\frac{\Delta^{\ddagger}G^{\circ}}{RT}\right) \quad (7.16)$$

となる．n 分子反応の場合，c° に $(n-1)$ のべき数がつく．

$$\Delta^{\ddagger}G^{\circ} = \Delta^{\ddagger}H^{\circ} - T\Delta^{\ddagger}S^{\circ}$$

の関係にあるので，

$$k = \frac{k_B T}{hc^{\circ}}\exp\left(\frac{\Delta^{\ddagger}S^{\circ}}{R}\right)\exp\left(-\frac{\Delta^{\ddagger}H^{\circ}}{RT}\right) \quad (7.17)$$

と書くこともできる．$\Delta^{\ddagger}S^{\circ}$, $\Delta^{\ddagger}H^{\circ}$ は，それぞれ**標準活性化エントロピー**，**標準活性化エンタルピー**という．活性化エネルギーは式(2.19)

$$E_a = RT^2\frac{d(\ln k)}{dT}$$

で定義される．したがって，式(7.16)より

$$E_a = RT^2\frac{d(\ln T)}{dT} + RT^2\frac{d(\ln K_c^{\ddagger})}{dT} = RT + \Delta^{\ddagger}U^{\circ} \quad (7.18)$$

である．標準活性化エンタルピーは

$$\Delta^{\ddagger}H^{\circ} = \Delta^{\ddagger}U^{\circ} + \Delta^{\ddagger}(pV) = E_a - RT + \Delta^{\ddagger}(pV) \quad (7.19)$$

である．溶液反応では体積変化はないと考えてよいが，気体反応では反応にともなう物質量変化を Δn とすれば，

$$\Delta^{\ddagger}H^{\circ} = E_a - RT + \Delta n RT \quad (7.20)$$

▶ 標準状態濃度として $c^{\circ}=1\,\mathrm{mol\,dm^{-3}}$ または $m^{\circ}=1\,\mathrm{mol\,kg^{-1}}$ をとることが推奨されているが，他の標準をとることも可能である．その場合は定義を与える必要がある．

▶ U° は標準内部エネルギーで，標準エンタルピー H° は，$U^{\circ}+pV$ と定義される．

となる．2分子反応の場合，$\Delta n = -1$ である．式(7.17)は

$$k = \left(\frac{k_B T}{hc^\circ}\right) \exp\left(\frac{\Delta^\ddagger S^\circ}{R}\right) \exp\left(-\frac{E_a}{RT} + 2\right) \quad (7.21)$$

となる．溶液反応では，

$$k = \left(\frac{k_B T}{hc^\circ}\right) \exp\left(\frac{\Delta^\ddagger S^\circ}{R}\right) \exp\left(-\frac{E_a}{RT} + 1\right) \quad (7.22)$$

である．この式とアレニウス式とを比較すれば，頻度因子は

$$A = \left(\frac{k_B T}{hc^\circ}\right) \exp\left(\frac{\Delta^\ddagger S^\circ}{R} + 1\right) \quad (7.23)$$

である．温度 300 K で，$\kappa = 1$，$\Delta^\ddagger S^\circ = 0$ の場合，$A = 1.7 \times 10^{13}$ dm^3 mol^{-1} s^{-1} である．$\Delta^\ddagger S^\circ > 0$ ならば，頻度因子はこの値よりも大きい．反応分子どうしが遷移状態を形成する場合，エントロピーが増大するのは，反応分子の結合が遷移状態で弱くなり，ゆらゆらと変形しやすいゆるい活性錯合体 "loose transition state" となる場合であろう．一方，頻度因子が上の値よりも小さい場合，$\Delta^\ddagger S^\circ < 0$ で反応分子のもつ並進や回転の運動自由度が遷移状態で振動運動自由度へ転換し，より硬い活性錯合体 "tight transition state" を経る反応である．

例題 7.3　活性化エントロピーを求める　例題 7.2 で求めた F + H$_2$ → HF + H の速度定数から活性化エントロピーを計算せよ．

［答］例題 7.2 の解答によれば，300 K において頻度因子は $A = 1.90 \times 10^{-10}$ cm^3 molecule^{-1} s^{-1} である．濃度単位を mol dm^{-3} へ変換すると，$A = (1.90 \times 10^{-10}$ cm^3 molecule^{-1} s$^{-1})(10^{-3}$ cm^{-3} dm$^3)(6.02 \times 10^{23}$ molecule mol$^{-1}) = 1.14 \times 10^{11}$ dm^3 mol^{-1} s^{-1} である．式(7.21)より

$$\Delta^\ddagger S^\circ = R(hAc^\circ/e^2 k_B T) = (8.31 \text{ J K}^{-1} \text{ mol}^{-1}) \ln[(6.63 \times 10^{-34} \text{ J s})$$
$$\times (1.14 \times 10^{11} \text{ dm}^3 \text{ mol}^{-1} \text{ s}^{-1})(1 \text{ mol dm}^{-3})/2.72^2$$
$$\times (1.38 \times 10^{-23} \text{ J K}^{-1}) \times (300 \text{ K})]$$
$$= -49.9 \text{ J K}^{-1} \text{ mol}^{-1}$$

となる．これは，F と H$_2$ の相対運動の自由度と H$_2$ の回転自由度が遷移状態錯合体で束縛的な振動運動へ転化するために生じたものである．　□

─── 自由エネルギー（ギブズエネルギー）直線関係 ───

遷移状態理論によれば，反応速度定数は活性化ギブズエネルギーによって定められるが，反応物と生成物との間の化学平衡はそのギブズエネルギー差で記述できる．いま，官能基をもつ有機化合物がその官能基による反応をする場合，有機化合物に置換基を導入した一連の化合物の反応の速度は互いに相関する．いま，置換基1と置換基2をもつ2つの化合物の反応を考えると，図7-5に示すように，反応座標に沿うギブズエネルギーの変化は互いに平行関係にあるので，2つの化合物の活性化ギブズエネルギーの違いと反応物-生成物間のギブズエネルギー差の違いは比例関係にある．すなわち，

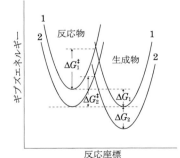

図 7-5　異なる置換基をもつ化合物 1 と 2 の反応物と生成物のギブズエネルギーの反応座標に沿う変化を模式的に表した図．

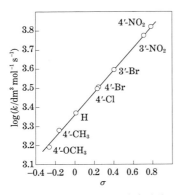

図7-6 パラビフェニル安息香酸エチルおよびその置換基導入化合物の88.7%エタノール水溶液中での加水分解速度定数のハメット係数との関係．〔E. Berliner and L. H. Liu, *J. Am. Chem. Soc.* **75**, 2417(1953)〕

$$\Delta G_1^\ddagger - \Delta G_2^\ddagger = \alpha(\Delta G_1^\circ - \Delta G_2^\circ) \quad (7.24)$$

である．

遷移状態理論を応用すると，その反応速度の比は平衡定数の比に比例する．すなわち，ρ を定数とすると

$$\log(k_2/k_1) = \rho \log(K_2/K_1) \quad (7.25)$$

となる．これを**自由エネルギー直線関係**(linear free energy relationship)といい，有機化学反応で置換基効果や溶媒効果などを整理する重要な関係式である．反応物1を置換基を導入する前の基本の化合物とするとき，$\log(K_2/K_1)$ を提案者の名を付した**ハメット**(Hammett)**係数** σ という．例として

Y─⟨⟩─⟨⟩─CO₂C₂H₅

のエタノール中での加水分解の速度定数をいろいろな置換基Yの化合物で測定した結果をハメット係数でプロットした図を示す．

化学反応速度の同位体効果

同位体原子で置換した分子の反応速度定数は置換前の分子の速度定数と一定の関係で結ばれるはずである．なぜならポテンシャルエネルギー曲面は両者の反応で等しいので，質量効果のみが現れる．反応速度の**同位体効果**(isotope effect)は，水素と重水素について大きく現れ，他の原子種ではその効果は小さい．2つの結合R-HとR-Dを考えよう．この結合の伸縮の振動数は式(5.36)に与えてあるように，結合の力の定数を k とすると，$\nu=(1/2\pi)(k/\mu)^{1/2}$ である．換算質量 μ は，R-HとR-D結合で

$$\mu_{RH} = \frac{m_R m_H}{m_R + m_H}, \quad \mu_{RD} = \frac{m_R m_D}{m_R + m_D} \quad (7.26)$$

となるから，もし，$m_R \gg m_H, m_D$ であれば

$$\frac{\mu_{RH}}{\mu_{RD}} = \frac{m_H}{m_D} = \frac{1}{2} \quad (7.27)$$

で，力の定数はR-HとR-D結合で同じであるから

$$\frac{\nu_{RH}}{\nu_{RD}} = \left(\frac{\mu_{RD}}{\mu_{RH}}\right)^{1/2} = \sqrt{2} \quad (7.28)$$

となる．振動の零点エネルギーは $(1/2)h\nu$ で，活性化エネルギーは反応物の零点エネルギー準位と活性錯合体の同じ準位の差である．したがって，反応物と活性錯合体の同位体が関係する結合の力の定数が違うと，活性化エネルギーに同位体効果が現れることになる．いま，$\Delta\varepsilon_e$ を反応物と活性錯合体間のポテンシャル極小間のエネルギー差とすると，活性化エネルギーは

$$\Delta\varepsilon_0 = \Delta\varepsilon_e + \frac{1}{2}h(\nu^\ddagger - \nu) \qquad (7.29)$$

である．したがって，RH と RD の反応における遷移状態の活性化エネルギーの間には

$$\begin{array}{ll} \nu_H^\ddagger > \nu_H \text{ の場合} & \Delta\varepsilon_0(H) > \Delta\varepsilon_0(D) \\ \nu_H^\ddagger = \nu_H & \Delta\varepsilon_0(H) = \Delta\varepsilon_0(D) \qquad (7.30) \\ \nu_H^\ddagger < \nu_H \text{ の場合} & \Delta\varepsilon_0(H) < \Delta\varepsilon_0(D) \end{array}$$

の関係がある．この見積もりは，重水素置換したときの基準振動モードの変化を単純に考えているので，活性化エネルギーに対する同位体効果の定性的な説明である．

水素原子のエチレン分子への付加反応について重水素置換の効果の CTST 計算および実験のデータを表 7-3 に示す．この反応は新しい結合ができるわけで，式(7.29)で $\nu=0$ に相当しており，H 付加の活性化エネルギーが D 付加よりも大きい．一方，C_2D_4 への H, D 付加反応の活性化エネルギーは C_2H_4 のそれとほとんど同じである．この事実は，活性化エネルギーの同位体効果に大きな影響を与えるのは，付加によって形成される結合に関連するものと予想される．D 付加の活性化エネルギーが小さいにもかかわらず，速度定数は H 付加に比較して小さい．このことは，H と D の並進運動の分配関数の効果が，活性化エネルギーの差のそれよりも大きいことを意味している．この反応の活性化エネルギーは小さいので，低温になると速度定数の指数部分の効果が大きくなる．事実，200 K における速度定数は，H 付加と D 付加でほぼ等しくなっている．H 付加と D 付加反応のように反応によって変化する結合に直接関係する同位体効果を **1 次同位体効果**という．これに対し，C_2H_4+H と C_2D_4+H の反応では，生成する新しい結合はともに C-H 結合である．このような場合，同位体効果は間接的で，**2 次同位体効果**という．

表 7-3 水素原子のエチレン分子への付加反応速度定数の重水素同位体効果

反応	$E_0/\mathrm{kJ\,mol^{-1}}$	$k/10^{13}\,\mathrm{cm^3\,mol^{-1}\,s^{-1}}$		
		200 K	295 K	400 K
$C_2H_4+H \to C_2H_5$	9.7	1.1	7.4(7.5±0.2)	22.9
$C_2H_4+D \to C_2H_4D$	8.7	1.1	6.3(5.2±0.2)	18.2
$C_2D_4+H \to C_2D_4H$	9.8	0.9	6.1(6.9±0.3)	20.1
$C_2D_4+D \to C_2D_5$	8.7	0.9	5.4(5.1±0.3)	16.4

計算：S. Nagase, T. Fueno and K. Morokuma, *J. Am. Chem. Soc.* **101**, 5850(1979).
実験：( )に示す．D. Mihelcic, V. Schubert, F. Hofler and P. Potzinger, *Ber. Bunsenges. Phys. Chem.* **79**, 1230(1975).

例題 7.4　CTST によって反応速度の同位体効果を計算する

CTST を応用して次の反応の 300 K および 1000 K における速度定数の比率を計算せよ．

$$D + H_2 \longrightarrow DH + H \qquad (R7.3)$$
$$H + D_2 \longrightarrow HD + D \qquad (R7.4)$$

なお，遷移状態(直線構造)と反応分子の分子パラメーターは表 7-4 に示した．

表 7-4 $D+H_2$ および $H+D_2$ の反応分子と遷移状態の構造パラメーター

	D⋯H⋯H	H⋯D⋯D	H_2	D_2
$r(\text{D-H})/\text{nm}$	0.0929			
$r(\text{H-D})/\text{nm}$		0.0929		
$r(\text{H-H})/\text{nm}$	0.0929		0.0741	
$r(\text{D-D})/\text{nm}$		0.0929		0.0741
$\nu_s^\ddagger/\text{cm}^{-1}$	1778	1778	4401	3112
$\nu_b^\ddagger/\text{cm}^{-1}$	861(縮重度 2)	687(縮重度 2)		
$E_a^{\text{classic}}/\text{kJ mol}^{-1}$	80.23	80.23(6707 cm^{-1})		

注) E_a^{classic} は，零点エネルギーについて未補正の古典力学的な活性化エネルギーである．

[答] $E_a(D + H_2) = [6707 + (1/2)(1778 + 2 \times 861 - 4401)]\,\text{cm}^{-1}$
$\qquad\qquad\quad = 6257\,\text{cm}^{-1} = 74.83\,\text{kJ mol}^{-1}$
$\quad E_a(H + D_2) = [6707 + (1/2)(1778 + 2 \times 687 - 3112)]\,\text{cm}^{-1}$
$\qquad\qquad\quad = 6727\,\text{cm}^{-1} = 80.45\,\text{kJ mol}^{-1}$
$\quad \Delta E_a = (74.83 - 80.45)\,\text{kJ mol}^{-1} = -5.62\,\text{kJ mol}^{-1}$
$\quad e^{-\Delta E_a/RT} = 9.52\,(300\,\text{K}),\ 1.97\,(1000\,\text{K})$

活性錯合体 H-D-D の重心を求め，慣性モーメントを計算する．$r = 0.0929$ nm, $m_D = 2m_H$ とする．$I(\text{D}\cdots\text{H}\cdots\text{H}) = (11/4)m_H r^2$, $I(\text{H}\cdots\text{D}\cdots\text{D}) = (14/5)m_H r^2$, $m(\text{H}\cdots\text{D}\cdots\text{D}) = 5m_H$, $m(\text{D}\cdots\text{H}\cdots\text{H}) = 4m_H$．

$$\frac{k(D+H_2)}{k(H+D_2)} = \frac{Q^\ddagger(\text{DHH})Q(\text{H})Q(\text{D}_2)}{Q^\ddagger(\text{HDD})Q(\text{D})Q(\text{H}_2)} e^{-\Delta E_a/RT}$$

$$\frac{Q^\ddagger(\text{DHH})}{Q^\ddagger(\text{HDD})} = \left(\frac{4}{5}\right)^{3/2}\left(\frac{5}{14}\cdot\frac{11}{4}\right)\frac{[1-e^{-1.44\times 1778/T}]}{[1-e^{-1.44\times 1778/T}]}\frac{[1-e^{-1.44\times 687/T}]^2}{[1-e^{-1.44\times 861/T}]^2}$$
$$\qquad\qquad = 0.673\,(300\,\text{K}),\ 0.549\,(1000\,\text{K})$$

$$\frac{Q(\text{H})Q(\text{D}_2)}{Q(\text{D})Q(\text{H}_2)} = \left(\frac{1}{2}\right)^{3/2}\left(\frac{4}{2}\right)^{3/2}\left(\frac{2}{1}\right)\frac{[1-e^{-1.44\times 4401/T}]}{[1-e^{-1.44\times 3112/T}]}$$
$$\qquad\qquad = 2.000\,(300\,\text{K}),\ 2.020\,(1000\,\text{K})$$

以上を計算すると
$$\frac{k(D+H_2)}{k(H+D_2)} =$$
$\qquad 12.8(\text{calc}), 14.1(\text{obs})$ at $300\,\text{K}$; $2.18(\text{calc}), 2.2(\text{obs})$ at $1000\,\text{K}$

を得る．計算値は，実測値[J. V. Michael, *J. Chem. Phys.* **92**, 3394(1990)]より小さく，その差は 300 K においてより大きい．これは，次に述べるトン

ネル効果によるものと考えられる．1000 K においては，遷移状態の障壁を越える反応が優勢であるが，低温の 300 K では，障壁を越える反応の確率が小さくなって，トンネル効果が相対的に比重を増す． □

トンネル効果

CTSTでは，遷移状態において活性錯合体は反応座標に沿ってポテンシャル障壁の鞍点を越えて生成物側へ運動すると仮定した．そのときの運動は古典力学で考えた．しかし，ミクロな立場に立って量子力学を適用すると，活性錯合体の運動は波動運動となる．ミクロな粒子はド・ブロイ波長

$$\lambda = \frac{h}{p} \qquad (7.31)$$

の波動である．水素原子以外の原子の質量は大きいので，化学反応論で問題にする温度のエネルギー領域では，その波長は 1 pm よりも小さい程度である．この波長は原子の大きさ 100 pm 程度に比べてずっと小さい．したがって，その運動に量子力学的な波動効果はほとんど現れない．つまり，運動は古典力学で記述できる．しかし，水素原子はその質量が小さいので，波長がずっと長くなる．その 300 K における平均速度は 2500 m s^{-1} で，波長は 160 pm となる．それは原子の大きさと同程度である．したがって，化学反応における水素原子の運動については量子力学的な波動効果を考えねばならない．

遷移状態のエネルギー障壁の鞍点を越えるのに十分なエネルギーをもつ活性錯合体が生成物に至ると考えてきたが，量子力学によれば活性化エネルギーよりも小さいエネルギーでも反応物はエネルギー障壁を突き抜けることがある．それを**トンネル効果**（tunnel effect）とよび，図 7-7 に模式的な説明を示した．反応分子中の反応に関わる水素原子の波は障壁に衝突した後，指数関数的に減衰しながら障壁の中に浸透する．障壁が薄ければ，水素原子の波は突き抜けて生成物側へ進行する．

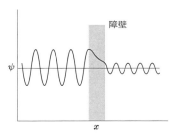

図 7-7 トンネル現象の説明．反応粒子の波が障壁に指数関数的に浸透し，障壁が薄い場合，それを突き抜けて進行する．

CTSTでは，ポテンシャル障壁を越える反応のみを考慮しているので，トンネル効果の補正を行う必要がある．そのもっとも簡単な補正は，ウィグナー（E. Wigner）が 1932 年に与えたもので，CTST式 (7.12) に次の因子を導入することである．

$$P_{\text{tunnel}} = 1 - \frac{1}{24}\left(\frac{h\nu^{\ddagger}}{k_{\text{B}}T}\right)^2 \qquad (7.32)$$

ここで，$\nu^{\ddagger}$ は遷移状態の反応座標に沿う上に凸のポテンシャルを放物線で近似したときの虚数の振動数である．$\nu^{\ddagger}$ が大きいということはポテンシャル障壁の曲率が大きいことを意味し，障壁が薄くな

> **極低温下のトンネル反応の実証**
>
> 4.2 K という極低温で水素原子と水素分子の反応 $D_2+H \rightarrow DH+D$ の反応速度を宮崎哲郎ら[T. Miyazaki et al., *J. Phys. Chem.* **96**, 10331(1992)]は測定するのに成功した.このような低温では,活性化エネルギー(38 kJ mol^{-1})を超える反応確率はほとんどゼロである.宮崎らは D_2/HD 混合物の 4.2 K の固体に放射線の γ 線を照射し,H 原子を生成させて [H] と [D] の時間変化を電子スピン共鳴分光法で測定した.その結果,[H] が減少し,[D] が増加することを見出した.その速度は,温度を 1.9 K としても変化しなかった.この結果は,明らかに $D_2+H \rightarrow DH+D$ の反応の進行を示しており,その反応速度定数は,1.9×10^{-3} cm^3 mol^{-1} s^{-1} であった.CTST による速度定数は 1×10^{-454} cm^3 mol^{-1} s^{-1} であって,測定された値は完全にトンネル効果によるものである.

るためトンネル効果の寄与が大きくなる.トンネル効果は,活性錯合体がポテンシャル障壁を越える割合が小さくなる低温で顕著となる.すでに,$H+H_2$ の反応でこの効果が見られることを述べたが,CTST 計算を適用し,トンネル効果の補正をした例として図 7-8 に $OH+H_2 \rightarrow H_2O+H$ の反応速度定数の温度依存性を示す.低温側で補正が大きく,実験との一致がよい.

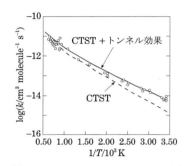

図 7-8 $HO+H_2 \rightarrow H_2O+H$ の反応速度定数のアレニウスプロット.破線:TST 計算,実線:トンネル効果を補正した TST 計算.[G. C. Schatz and S. P. Walch, *J. Chem. Phys.* **72**, 777(1980)]

> **例題 7.5 トンネル効果による補正因子を計算する** 反応 $OH+H_2 \rightarrow H_2O+H$ の遷移状態における反応座標方向の振動数は,虚数 1655i cm^{-1} である.式(7.32)のウィグナーのトンネル効果の補正因子を 300 K と 1000 K において計算せよ.

[答] トンネル効果の補正因子は

$$P_{\text{tunnel}} = 1 - \frac{1}{24}\left(\frac{h\nu^{\ddagger}}{k_B T}\right)^2$$

$$= 1 - \frac{1}{24}\left(\frac{6.63 \times 10^{-34}\,\text{J s} \times 3.00 \times 10^{10}\,\text{cm s}^{-1} \times 1655i\,\text{cm}^{-1}}{1.38 \times 10^{-23}\,\text{J K}^{-1}(T/\text{K})}\right)^2$$

$$= 1 + \frac{2.37 \times 10^5}{(T/\text{K})^2} = 3.63\,(300\,\text{K}),\ 1.24\,(1000\,\text{K})$$

である.300 K では,遷移状態の障壁を越える反応よりもトンネル効果による反応の方がより大きい寄与をしている.

トンネル効果は,低温の反応において重要な寄与をしている.たとえば,宇宙空間に存在する分子の生成は極低温の下のトンネル反応が関わっているという推定がなされている.   □

遷移状態理論の改良

CTST では,活性錯合体が反応座標を生成物側に進むか反対方向の反応物側に進むかは等しい確率とし,その 1/2 はポテンシャルエ

ネルギー曲面の遷移状態の鞍点を通過すると必ず生成物側へ進むと仮定した．しかし，実際には，活性錯合体の反応軌跡がポテンシャルエネルギー曲面の鞍点を通過しても生成物側へただちに進行せず，その近傍を動きまわり，鞍点を複数回通過し，生成物側に進む場合もあり，また，反応物側に戻ることもある．したがって，CTST は速度定数を過大に評価する可能性がある．そこで，鞍点を反応物と生成物とを隔てる面(dividing surface)とすることを前提としないで，この分離面の位置を鞍点の近傍で移動させて，分離面を複数回通過する機会を最小にするようにする．つまり，反応速度定数を最小とするよう操作する．これを**変分遷移状態理論**(variational transition state theory，VTST)という．この理論での変分遷移状態は，熱力学の表現を用いれば，活性化ギブズエネルギー $\Delta G^{\ddagger}$ を最小にすることと同等である．VTST では，初期エネルギー ε がミクロカノニカル分布をしている反応分子について，分離面の位置を動かす変分法によってミクロカノニカル速度定数の最小値を求める．得られた $k(\varepsilon)$ を温度 T のカノニカル分布で平均化すれば，温度の関数の速度定数 $k(T)$ を求めることができる．トンネル効果を補正した VTST によって計算された速度定数の正確さは，$D+H_2 \to DH+H$ などの基本的な反応について検証されている．

§2 単分子反応

ポイント 分子の活性化・脱活性化と解離反応や異性化反応が競争する系で，化学反応速度理論を考える．

リンデマン機構の問題点

リンデマンの提案した単分子反応の機構は第 3 章 §3 で説明したが，復習しよう．反応分子 A の活性化，脱活性化の過程は

$$A + M \underset{k_{-1}}{\overset{k_1}{\rightleftarrows}} A^* + M \qquad (R7.5)$$

で，活性化分子 A^* が解離や異性化をする反応過程は

$$A^* \overset{k_2}{\longrightarrow} 生成物 \qquad (R7.6)$$

である．単分子反応の速度定数 k_{uni} は

$$-\frac{d[A]}{dt} = k_{\text{uni}}[A] \qquad (7.33)$$

で定義される．A^* の濃度について定常濃度を仮定すると，単分子反応の速度定数は

▶ 式(7.34)において，[M] → ∞(高圧限界)で

$$k_{\text{uni}}^{\infty} = \frac{k_1}{k_{-1}} k_2,$$

[M] → 0(低圧限界)で

$$k_{\text{uni}}^0 = k_1[\text{M}]$$

となる．

$$k_{\text{uni}} = \frac{(k_1/k_{-1})k_2}{1+(k_2/k_{-1}[\text{M}])} \quad (7.34)$$

である．単分子反応速度定数が圧力によって変化する様子を**漸下曲線**(fall-off curve)といい，k_{uni} が $k_{\text{uni}}^{\infty}/2$ となる圧力を**漸下圧**(fall-off pressure)という．単分子反応のいくつかの実例について，表7-5に速度定数の高圧限界とともに漸下圧を示した．

表 7-5 単分子反応速度定数(高圧限界)と漸下圧の測定値の例

反応分子	生成分子	$\log_{10} A/\text{s}^{-1}$	$E_0/\text{kJ mol}^{-1}$	$p_{1/2}/\text{Torr}$ (反応温度/K)
一酸化二窒素	$N_2 + O$	11.9	255.7	1.3×10^4 (888)
イソシアン化メチル	アセトニトリル	13.6	160.7	65 (503)
塩化エチル	エテン+HCl	14.0	244.3	2.8 (794)
シクロプロパン	プロペン	15.5	274.4	5 (763)
オキセタン	$CH_2O + C_2H_4$	15.42	259.5	0.52 (732)

例題 7.6 リンデマン機構を検証する シクロプロパンのプロペンへの異性化反応の高圧限界の速度定数は $k_{\text{uni}}^{\infty}/\text{s}^{-1} = 3.16 \times 10^{15} \exp(-274.4\,\text{kJ mol}^{-1}/RT)$ である．763 K における漸下圧 $p_{1/2}$ を求めよ．ただし，シクロプロパンの衝突半径を 0.2 nm とする．

[答] リンデマン機構の反応速度式(7.34)に $k_{\text{uni}} = k_{\text{uni}}^{\infty}/2$ を代入すると，

$$[\text{M}]_{1/2} = k_2/k_{-1} \quad (7.35)$$

となる．いま，k_1 は $\varepsilon^* = \varepsilon_a$ 以上の衝突エネルギーをもつ衝突頻度で，k_{-1} は衝突頻度そのものである．すなわち，$k_1 = \sigma\bar{v}\exp(-\varepsilon^*/k_BT)$，$k_{-1} = \sigma\bar{v}$ で，$k_{\text{uni}}^{\infty} = k_2(k_1/k_{-1})$ となる．したがって，$k_1/k_{-1} = \exp(-274.4\,\text{kJ mol}^{-1}/RT)$，$k_2/\text{s}^{-1} = 3.16 \times 10^{15}$ である．脱活性化の速度定数は，衝突頻度に等しい．すなわち，r をシクロプロパンの衝突半径とすると

$$k_{-1} = \sigma\bar{v} = \pi(2r)^2 \left(\frac{8k_BT}{\pi\mu}\right)^{1/2}$$

となる．ここで，μ はシクロプロパン(分子量=42)どうしの衝突の換算質量である．763 K における衝突の平均速度は $\bar{v} = \left(\frac{8 \times 8.31\,\text{J K}^{-1} \times 763\,\text{K}}{3.14 \times 21 \times 10^{-3}\,\text{kg}}\right)^{1/2}$ = 877 m s^{-1}，$k_{-1} = 3.14 \times (0.4 \times 10^{-9}\,\text{m})^2 \times 877\,\text{m s}^{-1} = 4.4 \times 10^{-16}\,\text{m}^3$ molecule^{-1} s^{-1} = 4.4×10^{-10} cm^3 molecule^{-1} s^{-1}．したがって，$[\text{M}]_{1/2} = 3.16 \times 10^{15}\,\text{s}^{-1}/4.4 \times 10^{-10}\,\text{cm}^3\,\text{molecule}^{-1}\,\text{s}^{-1} = 7.2 \times 10^{24}$ molecule cm^{-3}. 763 K, 1 Torr = 133.3 Pa における分子濃度は，$133.3\,\text{Pa}/1.38 \times 10^{-23}\,\text{J K}^{-1} \times 763\,\text{K} = 1.27 \times 10^{16}$ molecule cm^{-3} である．したがって，漸下圧は，7.2×10^{24} molecule cm^{-3} / 1.27×10^{16} molecule cm^{-3} Torr^{-1} = 5.7×10^8 Torr となる．実験で求められた漸下圧は 5 Torr である．したがって，リンデマン機構は実験をまったく説明できない． □

リンデマン機構の単分子反応速度定数の式(7.34)において，右辺の分子にある k_1/k_{-1} は活性分子と基底状態分子の平衡濃度の比，つ

まり，平衡定数である．平衡定数は活性化分子のエネルギー状態によって変わるはずである．リンデマン機構ではこのことを考慮していなかった．いま，活性分子のとる量子状態エネルギーを ε_i とすると，温度 T の下でのそれに固有な平衡定数，すなわち，分布比率（分布関数）

$$F(\varepsilon_i) = \frac{[A(\varepsilon_i)]}{[A]} \qquad (7.36)$$

を定義できる．また，活性分子の反応速度 k_2 は，それがもつエネルギー ε_i によって定まるはずである．リンデマン機構では，活性分子の反応速度は一定であるとした．さらに，衝突による脱活性化速度も活性分子のもつエネルギーによって異なる可能性がある．

以上の3つの問題点を考慮するとリンデマン機構による単分子反応の速度定数 k_{uni} は次のように修正される．まず，量子状態エネルギー ε_i の活性分子の単分子反応の速度定数は，

$$k_{\mathrm{uni}}^{\infty}(\varepsilon_i) = \frac{F(\varepsilon_i) k_2(\varepsilon_i)}{1 + \{k_2(\varepsilon_i)/k_{-1}(\varepsilon_i)[\mathrm{M}]\}} \qquad (7.37)$$

である．単分子反応速度は，活性化エネルギー ε_0 以上の量子状態エネルギーの総和をとる必要がある．すなわち，

$$k_{\mathrm{uni}}^{\infty}(T) = \sum_{i=0}^{\infty} \frac{F(\varepsilon_i) k_2(\varepsilon_i)}{1 + \{k_2(\varepsilon_i)/k_{-1}(\varepsilon_i)[\mathrm{M}]\}} \qquad (7.38)$$

となる．もし，量子準位エネルギーの間隔が $k_{\mathrm{B}}T$ に比較してずっと小さい場合，ε_i は連続的であると考えることができ，式(7.38)の和を積分に置き換えることができる．すなわち，

$$k_{\mathrm{uni}}^{\infty}(T) = \int_{\varepsilon_0}^{\infty} \frac{F(\varepsilon) k_2(\varepsilon) \mathrm{d}\varepsilon}{1 + \{k_2(\varepsilon)/k_{-1}(\varepsilon)[\mathrm{M}]\}} \qquad (7.39)$$

の積分を実行すれば単分子反応速度定数を求めることができる．そのためには，エネルギー分布関数 $F(\varepsilon)$, $k_2(\varepsilon)$, $k_{-1}(\varepsilon)$ を求める必要がある．この目標に沿ってヒンシェルウッド（Hinshelwood），ライス（O. K. Rice）とラムスパージャー（H. C. Ramsperger），カッセル（L. S. Kassel）らが，反応分子の振動モードが励起されることによる活性化の理論を提案した．この理論は，頭文字をとって **RRK 理論**（本来ならば LHRRK 理論とするべきであろうが）とよばれている．

RRK 理論

リンデマン機構では，反応分子がいろいろな振動自由度にエネルギーを保持できることを考慮しなかった．その結果，活性分子の存在比率をきわめて過小に評価することとなった．その点を修正するために，反応分子が振動数 $\bar{\nu}$ の s 個の調和振動子をもつと仮定して，

エネルギー分布関数を計算しよう．反応分子が ε_i の振動エネルギーをもつ確率を定義すると

$$F(\varepsilon_i) = \frac{g(\varepsilon_i) \exp\left(-\dfrac{\varepsilon_i}{k_\mathrm{B}T}\right)}{Q_\mathrm{A}} \quad (7.40)$$

となる．ここで，$g(\varepsilon_i)$ は ε_i のエネルギーをもつ反応分子の状態数，つまり，多重度で，また，Q_A は分配関数である．多重度はエネルギー ε_i を s 個の振動子に分配する方法の数に等しい．いま，$\varepsilon_i = ih\bar{\nu}$ であるとすると i 個の球を s 個の箱に入れる方法の数である．それは，

$$g(\varepsilon_i) = \frac{(i+s-1)!}{i!(s-1)!}$$

▶ i 個の球を順に並べ，第 1 の箱に入れる分，第 2 の箱に入れる分，第 3 の……がわかるよう球の列に仕切りを入れる．仕切りの数は $s-1$ である．球と仕切りの並び方は $(i+s+1)!$ 通りある．しかし，球の順序と仕切りの順序には意味がないから $i!(s-1)!$ で割り算して数えすぎを補正する．

である．いま，i は非常に大きい数であるからスターリングの公式 $n! = (n/\mathrm{e})^n$ が適用できる．すると

$$\frac{(i+s-1)!}{i!} = \frac{(i+s-1)^{i+s-1}}{i^i \mathrm{e}^{s-1}} = \left(\frac{i}{\mathrm{e}}\right)^{s-1} \left(1 + \frac{s-1}{i}\right)^{i+\frac{s-1}{i}}$$

である．$i \gg s-1$ であるから

$$\lim_{i \to \infty} \left(1 + \frac{s-1}{i}\right)^{i+\frac{s-1}{i}} = \mathrm{e}^{s-1}$$

となる．したがって，

$$g(\varepsilon_i) = \frac{i^{s-1}}{(s-1)!} \quad (7.41)$$

となる．一方，分配関数は表 7-1 の 1 つの振動子に対する値の s 乗である．すなわち，

$$Q_\mathrm{A} = \left[1 - \exp\left(-\frac{h\nu}{k_\mathrm{B}T}\right)\right]^{-s} \quad (7.42)$$

である．量子エネルギー準位間隔 $h\nu$ が $k_\mathrm{B}T$ よりずっと小さい場合には，$\varepsilon = ih\nu$ を連続と見なしてよい．分配関数は

$$Q_\mathrm{A} = \left[1 - \exp\left(-\frac{h\nu}{k_\mathrm{B}T}\right)\right]^{-s} \approx \left[1 - \left(1 - \frac{h\nu}{k_\mathrm{B}T}\right)\right]^{-s} \approx \left(\frac{k_\mathrm{B}T}{h\nu}\right)^s \quad (7.43)$$

である．いま，準位密度は $1/h\nu$，また，縮重度が $g(\varepsilon_i)$ であるから状態密度 $g(\varepsilon)$ は $g(\varepsilon_i)/h\nu$ である．したがって，$\varepsilon, \varepsilon+\mathrm{d}\varepsilon$ のエネルギー幅における準位数は

$$g(\varepsilon)\mathrm{d}\varepsilon = \frac{i^{s-1}}{(s-1)!} \frac{1}{h\nu} \mathrm{d}\varepsilon = \frac{\varepsilon^{s-1}}{(s-1)!(h\nu)^s} \mathrm{d}\varepsilon$$

で，したがって，エネルギー分布関数は

$$F(\varepsilon)\mathrm{d}\varepsilon = \frac{1}{(s-1)!}\left(\frac{\varepsilon}{k_\mathrm{B}T}\right)^{s-1} \exp\left(-\frac{\varepsilon}{k_\mathrm{B}T}\right) \frac{\mathrm{d}\varepsilon}{k_\mathrm{B}T} \quad (7.44)$$

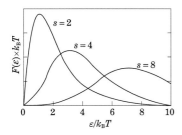

図 7-9 RRK 理論によるエネルギー分布曲線の振動子数 s への依存性．式(7.44)による計算値．

である．

例題 7.7 エネルギー分布関数を計算する $s = 2, 4, 8$ の場合の $F(\varepsilon)k_\mathrm{B}T$ を計算せよ．

［答］ $\varepsilon/k_\mathrm{B}T$ の関数で式(7.44)を計算する．なお，分布関数がピークとなるエネルギー値と分布関数の値を表 7-6 に，分布関数を図 7-9 に示す．$\varepsilon_\mathrm{max} = (s-1)k_\mathrm{B}T$ のとき

$$F(\varepsilon)\mathrm{d}\varepsilon = \frac{(s-1)^{s-1}}{(s-1)!}\,\mathrm{e}^{-(s-1)}\,\frac{\mathrm{d}\varepsilon}{k_\mathrm{B}T}$$

である．

表 7-6 エネルギー分布関数のピーク値

s	1	2	3	6	10
ε_max	0	$k_\mathrm{B}T$	$2k_\mathrm{B}T$	$5k_\mathrm{B}T$	$9k_\mathrm{B}T$
$F(\varepsilon_\mathrm{max})$	$1/k_\mathrm{B}T$	$0.37/k_\mathrm{B}T$	$0.27/k_\mathrm{B}T$	$0.18/k_\mathrm{B}T$	$0.13/k_\mathrm{B}T$

エネルギー分布関数は s が大きいとエネルギーに対する分布が広くなり，高エネルギーをもつ分子の割合が増える．ヒンシェルウッドは，反応のしきい値エネルギー ε_0 以上のエネルギーをもつ活性分子の分布数を

$$F(T) = \int_{\varepsilon_0}^{\infty} F(\varepsilon)\mathrm{d}\varepsilon \approx \frac{1}{(s-1)!}\left(\frac{\varepsilon_0}{k_\mathrm{B}T}\right)^{s-1} \exp\left(-\frac{\varepsilon_0}{k_\mathrm{B}T}\right) \quad (7.45)$$

のように導いた．高圧限界における単分子反応の速度定数は

$$k_\mathrm{uni}^\infty = F(T)k_2$$

である．リンデマン機構では，k_2 は一定値で，それを平均の振動数 $\bar{\nu}$ とすれば，

$$k_\mathrm{uni}^\infty = \bar{\nu}\frac{1}{(s-1)!}\left(\frac{\varepsilon_0}{k_\mathrm{B}T}\right)^{s-1} \exp\left(-\frac{\varepsilon_0}{k_\mathrm{B}T}\right) \quad (7.46)$$

となる．ヒンシェルウッドの修正は，リンデマン機構に比較して

$$\frac{1}{(s-1)!}\left(\frac{\varepsilon_0}{k_\mathrm{B}T}\right)^{s-1}$$

の因子だけ速度定数を大きくしている．$\varepsilon_0 > k_\mathrm{B}T$ であるから，とくに s の大きい複雑な分子ではこの因子は大きい． □

リンデマン機構では，活性分子の反応速度定数 k_2 はそれがもつエネルギーに関係なく一定としていた．ライスとラムスパージャー，カッセルはそれぞれ独立に $k_2(\varepsilon)$ を求めた．その前提として活性分子の振動エネルギーは各モードを自由に移動できるとし，かつ，特定のモードに一定以上のエネルギーが集中したとき反応が $\bar{\nu}$ の速度で起こると仮定した．すなわち，s 個の振動数 $\bar{\nu}$ をもつ振動子の分子に n 個の量子が分配され，そのうちの 1 個の振動子に m 個以

上の量子 $(mh\bar{\nu}=\varepsilon_0)$ が配分される方法の数は $(n-m+s-1)!/(n-m)!(s-1)!$ である．n 個の量子を s 個の振動子に分配する方法の数は $(n+s-1)!/n!(s-1)!$ であるから，n 個の量子のうち m 個以上の量子が特定のモードへ配分し，残りを特定のモードを含む s 個の振動子に分配する確率は

$$p_m^n = \frac{(n-m+s-1)!\,n!}{(n-m)!(n+s-1)!} \tag{7.47}$$

となる．n や m の量子数は非常に大きいので，スターリングの公式が適用される．すなわち，

$(n-m+s-1)!/(n-m)! \sim (n-m)^{s-1}$, $n!/(n+s-1)! \sim n^{-(s-1)}$

したがって，

$$p_m^n = \left(1 - \frac{m}{n}\right)^{s-1} \tag{7.48}$$

である．$\varepsilon = nh\nu$, $\varepsilon_0 = mh\nu$ であるから式(7.48)は

$$p_{\varepsilon_0}^\varepsilon = \left(1 - \frac{\varepsilon_0}{\varepsilon}\right)^{s-1} \tag{7.49}$$

と書くこともできる．特定のモードに ε_0 よりも大きいエネルギーをもつ分子は，平均振動数 $\bar{\nu}$ の速度で反応する．したがって，

$$k_2(\varepsilon) = \begin{cases} \bar{\nu}\left(1 - \dfrac{\varepsilon_0}{\varepsilon}\right)^{s-1} & (\varepsilon > \varepsilon_0) \\ 0 & (\varepsilon \leqq \varepsilon_0) \end{cases} \tag{7.50}$$

である．リンデマン機構では，$s=1$ で $k_2 = \bar{\nu}$ であった．図7-10 に k_2 をエネルギーの関数で示した．RRK 理論では，s が大きい複雑な分子ほど特定のモードへのエネルギーの集中の確率が小さくなることから理解できることである．

以上に説明した RRK 理論のエネルギー分布関数 $F(\varepsilon)$ と反応速度定数 k_2 によって単分子反応速度定数を次の式のように書くことができる．

$k_\mathrm{uni} =$

$$\int_{\varepsilon_0}^\infty \frac{[1/(s-1)!](\varepsilon/k_\mathrm{B}T)^{s-1} \exp(-\varepsilon/k_\mathrm{B}T)\bar{\nu}[1-(\varepsilon_0/\varepsilon)]^{s-1}}{1 + \{\bar{\nu}[1-(\varepsilon_0/\varepsilon)]^{s-1}/k_{-1}[\mathrm{M}]\}} \frac{\mathrm{d}\varepsilon}{k_\mathrm{B}T} \tag{7.51}$$

なお，k_{-1} のエネルギー依存については後で検討することとするが，RRK 理論では，衝突頻度 Z またはこれに脱活性の衝突確率 λ を掛けたもの λZ を仮定している．

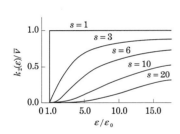

図 7-10 RRK 理論の活性分子の反応速度定数 $k_2(\varepsilon)$ の s 依存性の計算値．式(7.50)による．

例題 7.8　高圧極限式を遷移状態理論と比較する　RRK 理論の高圧限界速度定数が CTST 遷移状態理論による速度定数に一致することを証明せよ．

[答] 高圧極限では，$k_{-1}[\mathrm{M}] \gg \bar{\nu}$ であるから (7.51) の被積分関数の分母は 1 となって

$$k_{\mathrm{uni}}^{\infty} = \frac{\bar{\nu}}{(s-1)!} \int_{\varepsilon_0}^{\infty} \left(\frac{\varepsilon - \varepsilon_0}{k_{\mathrm{B}} T}\right)^{s-1} \exp\left(-\frac{\varepsilon}{k_{\mathrm{B}} T}\right) \frac{\mathrm{d}\varepsilon}{k_{\mathrm{B}} T}$$

$$= \bar{\nu} \exp\left(-\frac{\varepsilon_0}{k_{\mathrm{B}} T}\right) \qquad (7.52)$$

▶ $(\varepsilon - \varepsilon_0)/k_{\mathrm{B}} T = x$ とすると，$\mathrm{d}x = \mathrm{d}\varepsilon/k_{\mathrm{B}} T$ で，

$$k_{\mathrm{uni}}^{\infty} = \frac{\bar{\nu}}{(s-1)!} \exp\left(-\frac{\varepsilon_0}{k_{\mathrm{B}} T}\right) \times \int_0^{\infty} x^{s-1} \mathrm{e}^{-x} \mathrm{d}x.$$

$$\int_0^{\infty} x^{s-1} \mathrm{e}^{-x} \mathrm{d}x = (s-1)\Gamma(s-1) = (s-1)!.$$

を得る．

RRK 理論では，反応分子と遷移状態分子とは同じ構造をもつと仮定している．CTST では，

$$k_{\mathrm{CTST}} = \frac{k_{\mathrm{B}} T}{h} \frac{Q_{\mathrm{A}^*}}{Q_{\mathrm{A}}} \exp\left(-\frac{\varepsilon_0}{k_{\mathrm{B}} T}\right)$$

であるが，Q_{A^*} では反応座標に沿う運動の分配関数が除かれているので，Q_{A} のうち相当する振動運動の分配関数は相殺されない．したがって，

$$k_{\mathrm{CTST}} = \frac{k_{\mathrm{B}} T}{h} \left[1 - \exp\left(-\frac{h\bar{\nu}}{k_{\mathrm{B}} T}\right)\right] \exp\left(-\frac{\varepsilon_0}{k_{\mathrm{B}} T}\right)$$

である．いま，$h\nu \ll k_{\mathrm{B}} T$ の条件下では

$$k_{\mathrm{CTST}} = \bar{\nu} \exp\left(-\frac{\varepsilon_0}{k_{\mathrm{B}} T}\right)$$

となって，$k_{\mathrm{uni}}^{\infty} = k_{\mathrm{CTST}}$ である．遷移状態理論では，遷移状態と反応系との間の温度平衡を仮定しているが，それは衝突頻度の大きい高圧条件で達成される．したがって，上記は当然の結果である．□

低圧極限では，式 (7.51) の被積分関数の分母の第 2 項に対し，第 1 項を無視できる．すると，

$$k_{\mathrm{uni}}^{0} = \frac{k_{-1}[\mathrm{M}]}{(s-1)!} \int_{\varepsilon_0}^{\infty} \left(\frac{\varepsilon}{k_{\mathrm{B}} T}\right)^{s-1} \exp\left(-\frac{\varepsilon}{k_{\mathrm{B}} T}\right) \frac{\mathrm{d}\varepsilon}{k_{\mathrm{B}} T}$$

これを積分すると

$$k_{\mathrm{uni}}^{0} = k_{-1}[\mathrm{M}] \exp\left(-\frac{\varepsilon_0}{k_{\mathrm{B}} T}\right) \sum_{r=0}^{s-1} \frac{1}{r!} \left(\frac{\varepsilon_0}{k_{\mathrm{B}} T}\right)^r$$

で，$\varepsilon_0 \gg k_{\mathrm{B}} T$ であるから和の $r = s-1$ の項のみを残すと，2 次反応速度定数として

$$\frac{k_{\mathrm{uni}}^{0}}{[\mathrm{M}]} = \frac{k_{-1}}{(s-1)!} \left(\frac{\varepsilon_0}{k_{\mathrm{B}} T}\right)^{s-1} \exp\left(-\frac{\varepsilon_0}{k_{\mathrm{B}} T}\right) \qquad (7.53)$$

を得る．ここで，k_{-1} は後に述べる「強い衝突」の近似をとって衝突頻度とする．

高圧・低圧の極限にはさまれた圧力領域の漸下曲線を求めるためには，式 (7.51) を数値積分しなければならない．図 7-11 に計算結果を示す．振動子の数とともに漸下圧が低くなり，高圧限界の範囲が広くなる．小さい s では，高圧限界の圧力領域が非常に高くなる．2 原子分子では，$s = 1$ である．その解離反応では，高圧限界に達することはなく，反応は常に低圧限界の 2 次反応の領域で行われる．RRK 理論では，反応分子が同一振動数の s 個のモードをもつとい

う不自然な前提に立っているにもかかわらず，s をパラメーターとして選べば，実験の漸下曲線をよく説明できる．たとえば，シクロプロパンの場合，表 7-5 に示した高圧限界速度定数と $s=13\pm1$，衝突半径 0.2 nm を仮定すれば，実験で求められた圧力漸下曲線をよく再現することができる．その場合，$s=13$ は実際の基準モードの総数 21 よりずっと小さい．RRK 理論には，s や $\bar{\nu}$ の値に対する根拠があいまいであるという欠点がある．反応分子や遷移状態の構造を正しく反映した理論がマーカス(R. A. Marcus)によって 1950 年に提案され，その結果，単分子反応理論が完成されたと言ってよい．

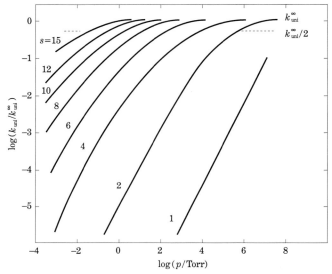

図 **7-11** RRK 理論，式(7.51)による圧力漸下曲線の計算値．いま，[M] は圧力単位をとり，$k_{-1}=4\times 10^{6}$ Torr^{-1} s^{-1} とした．また，$\nu=1\times 10^{13}$ s^{-1}，$\varepsilon_{0}/k_{B}T=40$ と仮定した．

RRKM 理論・ミクロカノニカル反応速度

マーカスは RRK 理論の考え方を改良して反応分子の実際の振動回転量子状態に基づいて反応速度定数を計算した．図 7-12 に示すように，全エネルギー ε をもつ励起量子状態を占める活性分子は，遷移状態の量子準位を経て生成物に至る．その場合，反応は次の前提条件を満たして進行するものとする．

(1) 全エネルギーの等しいどの量子準位も遷移状態の実現可能な準位へ等しい確率で移行できる．それらの遷移状態準位は ε とその最低準位エネルギー ε_{0} との間に存在する．これらの準位を「開いたチャンネル」という．

§2 単分子反応 —— 159

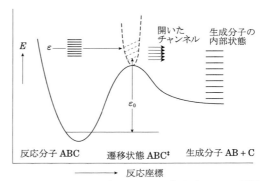

図 7-12 RRKM 理論における反応分子 ABC の活性量子準位と遷移状態準位 ABC‡ との関連の模式的な説明図.

(2)「開いたチャンネル」の各準位は，等しい重率で反応速度に寄与をする．

活性分子 ABC* が反応するためには，そのエネルギー ε が遷移状態の基底準位のエネルギー ε_0（反応しきい値エネルギー）よりも大きい必要がある．その差 $\varepsilon-\varepsilon_0=\varepsilon^{\ddagger}$ は，遷移状態の「開いたチャンネル」の内部エネルギーとなる．すなわち，$\varepsilon^{\ddagger}$ は振動回転準位エネルギーと反応座標に沿う運動エネルギーの和

$$\varepsilon^{\ddagger} = \varepsilon_{\mathrm{vr}}^{\ddagger} + \chi \tag{7.54}$$

である．活性分子の反応速度は

$$-\frac{d[\mathrm{ABC}^*]}{dt} = k_{\mathrm{a}}(\varepsilon)[\mathrm{ABC}^*] = \frac{d[\mathrm{product}]}{dt}$$

と定義される．反応は遷移状態 ABC‡ を通って生成物に至る．遷移状態についての反応速度定数を $k^{\ddagger}(\chi)$ とすれば

$$\frac{d[\mathrm{product}]}{dt} = k^{\ddagger}(\chi)[\mathrm{ABC}^{\ddagger}]$$

である．したがって，

$$k_{\mathrm{a}}(\varepsilon) = k^{\ddagger}(\chi)\frac{[\mathrm{ABC}^{\ddagger}]}{[\mathrm{ABC}^*]} \tag{7.55}$$

となる．いま，反応座標に沿う遷移状態の幅を δ とすると，遷移状態分子が単位時間当たりに δ を通過する数は，遷移状態分子反応速度定数 $k^{\ddagger}$ である．運動エネルギー χ をもつ遷移状態は

$$k^{\ddagger}(\chi) = \frac{1}{2}\frac{(2\chi/\mu)^{1/2}}{\delta} \tag{7.56}$$

の速度で δ を通過し，生成物に至る．ここで，導入した 1/2 の因子は δ を反応物側と生成物側へ等しい確率で移動するからである．

一方，活性分子と遷移状態の定常条件下の平衡濃度比は，両状態のどの量子準位も等しい重率で結ばれるから，それらの準位密度

$g(\varepsilon^\ddagger)$ および $g(\varepsilon)$ の比率となる．すなわち，

$$\left(\frac{[\text{ABC}^\ddagger(\varepsilon_\text{vr}^\ddagger, \chi)]}{[\text{ABC}^*(\varepsilon)]}\right)_\text{eq} = \frac{g(\varepsilon^\ddagger)}{g(\varepsilon)} = \frac{P(\varepsilon_\text{vr}^\ddagger)g_\text{rc}(\chi)}{g(\varepsilon)} \quad (7.57)$$

である．ここで，$P(\varepsilon_\text{vr}^\ddagger)$ は遷移状態の振動回転準位の数，$g_\text{rc}(\chi)$ は反応座標に沿う並進運動の準位密度である．いま，δ の幅の中を1次元で自由運動する換算質量 μ の粒子の量子エネルギーは，

$$\chi = \frac{h^2}{8\mu\delta^2}n^2 \quad (7.58)$$

である．したがって，単位エネルギー当たりの準位数，つまり，準位密度は

$$g_\text{rc}(\chi) = \frac{dn}{d\chi} = \left(\frac{2\mu\delta^2}{h^2\chi}\right)^{1/2} \quad (7.59)$$

である．したがって，式(7.57)より

$$k_\text{a}(\varepsilon) = \sum_{\varepsilon_\text{vr}^\ddagger=0}^{\varepsilon^\ddagger} \frac{1}{2}\left(\frac{2\chi}{\mu\delta^2}\right)^{1/2} \frac{P(\varepsilon_\text{vr}^\ddagger)(2\mu\delta^2/h^2\chi)^{1/2}}{g(\varepsilon)}$$

$$= \frac{1}{hg(\varepsilon)} \sum_{\varepsilon_\text{vr}^\ddagger=0}^{\varepsilon^\ddagger} P(\varepsilon_\text{vr}^\ddagger) = \frac{W(\varepsilon^\ddagger = \varepsilon - \varepsilon_0)}{hg(\varepsilon)} \quad (7.60)$$

を得る．ここで，$W(\varepsilon^\ddagger = \varepsilon - \varepsilon_0)$ は遷移状態の「開いたチャンネル」の振動回転準位の総数である．それは，遷移状態の基準振動を含む構造の情報から計算することができる．これらの状態数の見積もりのための計算方法は，ここでは述べない．実際に RRKM 理論によ

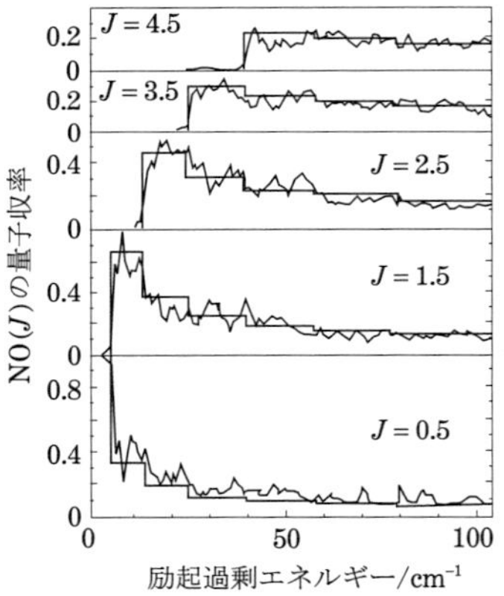

▶ 運動量 p の粒子のド・ブロイ波長は，$\lambda = h/p$ である．δ の幅の中で粒子の波動が定常波となる条件は，$\delta = n(\lambda/2)$ である．ここで，n は正の整数(量子数)である．この条件を満足する粒子の運動量は，$p = n(h/2\delta)$ となり，運動エネルギーは，$\chi = p^2/2\mu = (h^2/8\mu\delta^2)n^2$ である．

図 7-13　$\text{NO}_2(\text{X}^2\text{A}_1, v=0, J_{K_aK_c} = 0_{00}) + h\nu \to \text{NO}(\text{X}^2\Pi_{1/2}, v=0, J) + \text{O}(^2\text{P}_2)$ の光化学反応による各回転準位の NO の生成光量子収率の励起光子エネルギー依存の実験値．各回転準位の NO の生成しきい値は，NO の回転エネルギーに相当し，かつ，量子収率は回転エネルギー準位の重率の比となっている．つまり，遷移状態は，NO は自由回転することができる O 原子との "loose complex" である．[J. Miyawaki, K. Yamanouchi and S. Tsuchiya, *J. Chem. Phys.* **99**, 254 (1993)]

RRKM ミクロカノニカル速度定数の実証

NO_2 は $D_0 = 25128.5\,\text{cm}^{-1}$ 以上のエネルギーをもつ光の吸収によって，$\text{NO}_2 \to \text{NO}(v, J) + \text{O}$ のように解離する．筆者の研究室で単一の回転状態のいろいろな振動励起状態の NO_2 の解離反応，つまり，ミクロカノニカルな分子反応を観測するのに成功した．そのために，極低温の回転基底状態の NO_2 を光励起し，特定の回転量子準位の NO の生成を励起エネルギーの関数で観測した．光子エネルギーから D_0 を差し引いたエネルギーが過剰エネルギー E_ex である．$E_\text{ex} < 5.01\,\text{cm}^{-1}$ の範囲で基底回転準位 $J = 0.5$ の NO の生成量子収率が1である．$E_\text{ex} > 5.01\,\text{cm}^{-1}$ より第2励起状態の $J = 1.5$ が生成する．その量子収率の比率は $[J = 1.5]/[J = 0.5] = 4/2$ である．次の回転準位 $J = 2.5$ の生成は，$E_\text{ex} > 10.03\,\text{cm}^{-1}$ の条件で起こり $J = 0.5, 1.5, 2.5$ の分布比率は統計的なものとなっている．この実験結果を図 7-13 に示す．それは，NO_2 の励起準位が遷移状態の「開いたチャンネル」が増えるごとにそれらのチャンネル内の量子準位が統計的に分布している．つまり，遷移状態が NO⋯O のゆるい錯合体 "loose complex" であって，RRKM 理論の基本的前提を満たした反応であることを意味している．

▶ 近藤保編「大学院講義物理化学」第 II 部反応（幸田清一郎著），東京化学同人（1995）301 頁；K. A. Holbrook, M. J. Pilling and S. H. Robertson, "Unimolecular Reactions", 2nd ed., Wiley(1996).

る速度定数の計算を試みたい読者は左註に挙げた教科書を参照してほしい．

温度平衡状態のカノニカル集合における単分子反応速度定数を求めるには，式(7.40)の $F(\varepsilon)$ に反応分子の実際の分布関数を計算して用い，$k_2(\varepsilon)$ に式(7.60)を代入すればよい．RRKM 理論は単分子反応の圧力漸下曲線を説明するだけではなく，光励起によって励起状態を選択した反応分子の単分子反応速度の検証にその有効性を発揮している．

例題 7.9　ミクロカノニカル単分子反応速度定数を計算する　電子・振動・回転基底状態 ($\tilde{X}^2A_1, \{v_i=0\}, N=0$) にある NO_2 を高分解能レーザー光で電子励起状態 ($^2B_2$) へ励起する．$\tilde{A}$ 状態は $\tilde{X}$ 状態との強い相互作用をするために，NO_2 は実質的に $\tilde{X}$ 状態の高い振動状態へ選択励起される．光子エネルギーが $NO_2 \to NO+O$ の解離しきい値エネルギーを超えると，NO の生成がレーザー分光の手段で観測される．回転基底状態 $N''=0$ にある NO_2 が光励起されて，$NO(X^2\Pi_{1/2}, v=0, N=0,1)$ を生成するミクロカノニカル単分子反応速度を計算せよ．なお，遷移状態は "loose complex" を仮定してよい．また，解離しきい値 (25128.5 cm^{-1}) 付近の振動準位密度は，分光測定によって 4.1 準位/cm^{-1} と定められている．

［答］　NO_2 は電子基底状態の回転基底準位 $N''=0$ から電子励起状態の回転準位 $N''=1$ へ励起されるが，NO_2 は不対電子をもつためスピン量子数が 1/2 である．したがって，励起状態の角運動量量子数は $1\pm1/2=3/2$ または 1/2 である．NO も同じく不対電子をもつ．$N=0,1$ に対応して $J=0.5, 1.5$ となる．いま，反応

$$NO_2(\tilde{X}^2A_1, \{v_i^*\}, J=0.5 \text{ or } 1.5)$$
$$\longrightarrow NO(X^2\Pi_{1/2}, v=0, J=0.5 \text{ or } 1.5) + O(^3P_2) \quad (R7.7)$$

における状態数 W を数える．NO_2 および NO の角運動量の空間配向の自由度 $2J+1$ を考え，表 7-7 にまとめた．

表 7-7　反応分子 NO_2 と生成分子 NO の回転状態の角運動量・縮重度と状態数

J_{NO_2}	縮重度	J_{NO}	縮重度	状態数 W
0.5	2	0.5	2	4
		1.5	4	8
1.5	4	0.5	2	8
		1.5	4	16

ミクロカノニカル RRKM 反応速度定数の計算には，式(7.60)に上記の W を代入すればよい．状態密度は，1 cm^{-1} 当たり 4.1 準位と与えられているが，エネルギー J 当たりに変換する必要がある．1 cm^{-1} = 1.98×10^{-23} J であるから $\rho = 4.1/1.98\times10^{-23}$ J^{-1} となる．したがって，

$$k = \frac{W}{6.6 \times 10^{-34}\,\mathrm{J\,s} \times (4.1/1.98 \times 10^{-23})\,\mathrm{J}^{-1}} = 7.3 \times 10^{9}\,W\,\mathrm{s}^{-1}$$

に表の W を代入すればよい.

$\mathrm{NO}_2(J_{\mathrm{NO}_2}=0.5) \longrightarrow \mathrm{NO}(J=0.5)+\mathrm{O}$　　$W=4$　$k=2.9\times 10^{10}\,\mathrm{s}^{-1}$

$\mathrm{NO}_2(J_{\mathrm{NO}_2}=0.5) \longrightarrow \mathrm{NO}(J=0.5, 1.5)+\mathrm{O}$　$W=12$　$k=8.8\times 10^{10}\,\mathrm{s}^{-1}$

$\mathrm{NO}_2(J_{\mathrm{NO}_2}=1.5) \longrightarrow \mathrm{NO}(J=0.5)+\mathrm{O}$　　$W=8$　$k=5.8\times 10^{10}\,\mathrm{s}^{-1}$

$\mathrm{NO}_2(J_{\mathrm{NO}_2}=1.5) \longrightarrow \mathrm{NO}(J=0.5, 1.5)+\mathrm{O}$　$W=24$　$k=1.8\times 10^{11}\,\mathrm{s}^{-1}$

　NO_2 の解離限界から NO の回転励起状態 $J_{\mathrm{NO}}=1.5$ を生ずるためのエネルギー $5.1\,\mathrm{cm}^{-1}$ のエネルギー間隔の間解離速度は一定で, $5.1\,\mathrm{cm}^{-1}$ の励起エネルギーのとき段階的に解離速度が大きくなる. 筆者らの実験結果では, 明らかな速度定数の段階的増加が観測されている. [J. Miyawaki, K. Yamanouchi and S. Tsuchiya, *J. Chem. Phys.* **99**, 254(1993)]　□

強い衝突の仮定

　単分子反応の圧力依存を表す式(7.38)または(7.39)は, 反応分子が1回の衝突によって活性化または脱活性化するという仮定に立脚している. この仮定を**強い衝突**(strong collision)という. この仮定は反応系が反応分子のみであるとき比較的よい近似である. しかし, より一般的には, 1回の衝突で移動できるエネルギー量は有限である. したがって, 基底状態の反応分子が活性化エネルギーを獲得するためには, 何回かの衝突を経なければならない. このような衝突を**弱い衝突**(weak collision)という. 図7-14に強い衝突と弱い衝突のそれぞれの場合の活性化, 脱活性化の衝突と反応をモデル的に示した. 強い衝突の仮定では, 活性化・脱活性化は1つの素過程である. その場合, 反応分子の各エネルギー準位の分布は温度平衡状態を保つのに十分な衝突効率をもっている. これに対して, 弱い衝突の場合, エネルギー準位を昇降する効率が反応に対して十分でない

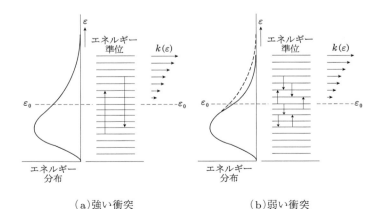

図 **7-14**　強い衝突と弱い衝突のエネルギー移動の結果, 生成する反応分子のエネルギー分布関数の予想.

ならば，活性分子の準位分布は平衡からずれた非平衡なものとなる．とくに，2,3原子分子では，振動準位間隔が広く，準位がまばらに存在するので，弱い衝突の取り扱いが妥当である．

強い衝突の仮定を補正するもっとも簡単な方法は，脱活性化衝突頻度 Z に脱活性化効率 $\lambda(<1)$ を掛けて $k_{-1}=\lambda Z$ とすることである．この結果，圧力漸下曲線は高圧側に $\log\lambda$ だけずれる．低圧限界の2分子反応速度定数 k_{uni}^0 を強い衝突の仮定の場合の $k_{\mathrm{uni}}^{0,\mathrm{sc}}$ と比較したパラメーター β_c を導入して弱い衝突の効果を判断することがある．すなわち，

$$k_{\mathrm{uni}}^0 = \beta_\mathrm{c} k_{\mathrm{uni}}^{0,\mathrm{sc}}$$

で，$\beta_\mathrm{c}=1$ が強い衝突で，$\beta_\mathrm{c}<1$ は弱い衝突である．

弱い衝突の場合の反応をより正確に記述するためには，式(7.38)または(7.39)に代わる速度方程式を立てる必要がある．量子状態エネルギー ε_i をもつ反応分子 A の濃度変化は，$\varepsilon_i \to \varepsilon_j$ のエネルギー移動の衝突による負の寄与と $\varepsilon_j \to \varepsilon_i$ のエネルギー移動の正の寄与と反応によって失われる部分の3項から成る．これを考慮すると，速度式は

$$\frac{\mathrm{d}[\mathrm{A}(\varepsilon_i)]}{\mathrm{d}t} = \sum_{j=0}^{\infty}\{-P(\varepsilon_j,\varepsilon_i)Z(\varepsilon_i)[\mathrm{A}(\varepsilon_i)][\mathrm{M}] \\ + P(\varepsilon_i,\varepsilon_j)Z(\varepsilon_j)[\mathrm{A}(\varepsilon_j)][\mathrm{M}]\} - k(\varepsilon_i)[\mathrm{A}(\varepsilon_i)]$$

(7.61)

となる．ここで，$Z(\varepsilon_i)$ は反応分子 $\mathrm{A}(\varepsilon_i)$ の衝突頻度定数，$P(\varepsilon_j,\varepsilon_i)$ は $\mathrm{A}(\varepsilon_i)$ が $\varepsilon_i \to \varepsilon_j$ のエネルギー移動をする衝突確率，$P(\varepsilon_i,\varepsilon_j)$ は $\mathrm{A}(\varepsilon_j)$ が $\varepsilon_j \to \varepsilon_i$ のエネルギー移動をする衝突確率，$k(\varepsilon_i)$ は $\mathrm{A}(\varepsilon_i)$ の反応速度定数である．この方程式は，衝突によるエネルギー移動を含めた反応速度式で，**マスター方程式**ともよばれる．活性分子のいろいろな量子状態 $\{i\}$ についての速度式の連立微分方程式を解くことによって，エネルギー移動が支配している反応，たとえば，2,3原子分子の解離・再結合反応の解析に適用することができる．

8 溶液中の化学反応

反応物が溶質として溶媒中に溶解した溶液中で起こる化学反応は，2つの点で気相中の化学反応と異なる特徴をもっている．第1は，反応分子を溶媒分子が囲んでおり，反応分子の運動が制約されることである．第2は，溶媒分子のつくる場による影響のために活性化エネルギーが変わったり，反応経路が影響されたりする．この章では，溶液中の化学反応について，その反応機構と速度を支配している因子は何かを学ぶ．

§1 溶液反応の律速過程

ポイント 溶液中で2つの反応分子が出会い反応する速度を律する拡散と活性化を学ぶ．

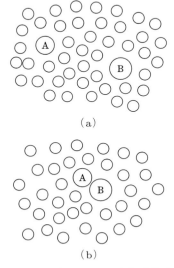

図 8-1 溶液のモデル．(a) 溶媒分子で隔てられている反応分子 A と B．(b) 溶媒ケージ中に閉じこめられた反応分子対 AB．

気相中と溶液中の化学反応の違いは，前者では反応分子が自由な並進運動をするのに対し，後者では溶媒分子が反応分子を取り囲むために反応分子が自由に移動できない点にある．溶液中で反応分子は溶媒分子と接触しながらそのすき間を縫って移動する．それを**拡散**(diffusion)運動という．いま，溶液中に溶質としてAとBの反応化学種が溶けているとする．溶質分子のAとBはそれぞれ溶媒分子に囲まれており，それぞれは溶媒分子の中を拡散し，場合によっては互いに近接することがある．これを**出会い**(encounter)という．AとBがいったん出会うと溶媒分子に囲まれた**かご**(cage)の中に取り込まれた形となって，かごの中でAとBは互いに衝突を繰り返す．これを**かご効果**(cage effect)という．もし，AとBとがかごの中で何回かの衝突の後に反応しなければ，それらは再び拡散運動のために離れ，別の相手分子と出会うことになる．出会いの頻度は大きくないが，反応分子がいったん出会うとかご効果のために長時間2つの分子は互いに近傍に存在する．以上の過程を反応式で書くと次の

ようになる．

$$A + B \xrightarrow{k_d} A \cdot B \tag{R8.1}$$

$$A \cdot B \xrightarrow{k_a} P(生成物) \tag{R8.2}$$

$$A \cdot B \xrightarrow{k_d'} A + B \tag{R8.3}$$

溶媒ケージの中の反応分子対の濃度は定常状態となるから

$$\frac{d[A \cdot B]}{dt} = k_d[A][B] - k_a[A \cdot B] - k_d'[A \cdot B] = 0$$

$$[A \cdot B] = \frac{k_d}{k_a + k_d'}[A][B] \tag{8.1}$$

である．AとBの溶液反応の速度は

$$\frac{d[P]}{dt} = k_a[A \cdot B] = k_r[A][B]$$

と表せるから，反応速度定数は

$$k_r = \frac{k_a k_d}{k_a + k_d'} \tag{8.2}$$

となる．ここで，活性化速度定数 k_a と拡散速度定数 k_d' との比較によって2つの極端な場合が考えられる．

(1) **拡散律速**(diffusion-controlled limit) $k_d' \ll k_a$ の場合：$k_r \sim k_d$ となる．2つの反応分子が拡散運動の結果，相互に出会うと同時に反応して生成物となる．ラジカルの再結合，イオン-分子反応，イオンの再結合反応のように，活性化エネルギーの小さい反応は拡散律速となる．拡散律速反応は次の節の課題である．

(2) **活性化律速**(activation-controlled limit) $k_d' \gg k_a$ の場合：$k_r = k_a(k_d/k_d') = k_a K_{AB}$ (K_{AB} は $A+B \rightleftarrows A \cdot B$ の平衡定数)となって，反応速度は A·B の遷移状態への活性化で定められる．この反応の活性化エネルギーは非常に大きいので，反応速度は拡散による反応分子どうしの出会いの頻度に比べてずっと小さい．衝突当たりの反応確率はきわめて小さいので，どの出会いで起こる衝突であっても等しい確率で反応に寄与すると考えてよい．すると，気相の単純衝突論(第4章§2)と同じような衝突頻度を考えればよい．表8-1に気相やいろいろな溶媒中でのシクロペンタジエンの2量化反応

$$(R8.4)$$

でジシクロペンタジエンを生成する反応速度定数の測定値を示した．速度定数は，気相，液相，溶液でほぼ同じ大きさである．この反応

表 8-1 シクロペンタジエンの 2 量化反応の気相および各種溶媒中の速度定数(20 ℃)

溶媒	$k/10^{-7}\,\mathrm{dm^3\,mol^{-1}\,s^{-1}}$	溶媒	$k/10^{-7}\,\mathrm{dm^3\,mol^{-1}\,s^{-1}}$
気相	6.9	二硫化炭素	9.3
エタノール	19	四塩化炭素	7.9
ニトロベンゼン	13	ベンゼン	6.6
パラフィン油	9.8	液相	5.2

では,反応の途中に極性をもつような構造をとらないので,後に議論するような溶媒効果を受けない.反応分子どうしの衝突という意味では,気相,液相,溶液であっても濃度が同じであれば頻度が同じであることを示している.

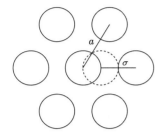

図 8-2 液体分子を球と見なした六方最密充塡構造のモデル.分子間平均距離 a と分子直径 σ の差が分子の移動できる空隙となる.

例題 8.1 液体中の分子の衝突頻度を見積もる 液体中では,図 8-2 に示すように 1 つの分子を他の分子で取り囲んでいる.いま,分子を球形とし,六方最密充塡構造をとっているとする.中心の分子がまわりの分子と衝突する頻度を計算せよ.

[答] 中心の分子を取り囲む分子は半径 r の壁を作っていると考えてもよい.ここで,r は分子が運動できる自由空間の半径で,分子間距離を a,分子球直径を σ とすると,$r = a - \sigma$ である.中心分子は第 4 章 §1 の気体分子運動論で与えられた平均速度で球状の半径 r の空間を運動し,取り囲む分子の壁との衝突を繰り返す.分子は等方的に運動するが,壁面に垂直方向(z 方向)の速度成分の平均値を求め,これに壁の面積を掛けた体積の中に含まれる分子数が壁と衝突する頻度である.気体分子運動論による分布関数を使うと z 方向の速度成分は,

$$\langle v_z \rangle = \left(\frac{m}{2\pi k_B T}\right)^{1/2} \int_0^\infty v_z \exp\left(-\frac{v_z^2}{2k_B T}\right) dv_z = \frac{1}{4}\left(\frac{8k_B T}{\pi m}\right)^{1/2} = \frac{1}{4}\langle v \rangle \tag{8.3}$$

となる.したがって,分子が取り囲む分子の壁と衝突する頻度は

$$Z_c = \frac{1}{4}\langle v \rangle \cdot 4\pi r^2 \left[1 \Big/ \left(\frac{4}{3}\pi r^3\right)\right] = \frac{3}{r}\left(\frac{k_B T}{2\pi m}\right)^{1/2} \tag{8.4}$$

となる.ここで,$4\pi r^2$ は分子が衝突する壁の面積である.分子濃度は自由空間の球体積で分子数 1 を割ったものである.$r = a - \sigma$ は中心球の運動の許される最大振幅なので,その平均値を $(a-\sigma)/2$ とする.すると,衝突頻度は

$$Z_c = \frac{6}{(a-\sigma)}\left(\frac{k_B T}{2\pi m}\right)^{1/2} \tag{8.5}$$

となる.

ここで,四塩化炭素を取り上げる.その密度は常温で $1.6\,\mathrm{g\,cm^{-3}}$ で,分子密度に換算すると $6.4 \times 10^{27}\,\mathrm{molecule\,m^{-3}}$ である.液体を直径 a の最密充塡と考えると,$a^3 = 2^{1/2}/N$(N は分子密度)の関係がある.したがって,$a = 0.61\,\mathrm{nm}$ となる.四塩化炭素のレナード–ジョーンズ分子間ポテンシャルより $r_0 = 0.59\,\mathrm{nm}$ である.これを分子直径 σ と仮定すると,式(8.5)より $1.5 \times 10^{13}\,\mathrm{s^{-1}}$ となる.液体中のエネルギー移動や反応のもっとも速い場合,それ

はピコ秒またはサブピコ秒で進行すると推察される. □

§2 拡散律速反応

ポイント 液体中を2つの反応分子が拡散運動をして互いに出会う頻度が反応速度で,それを見積もる.

溶液中の反応分子は溶媒分子と衝突しながら拡散する.2つの反応分子が拡散運動の結果互いに出会うとただちに反応する場合の拡散律速の反応速度を計算しよう.いま,反応分子Aが中心にあり,反応分子Bがそのまわりにどのように濃度分布するかを考えよう.反応分子BはAと反応するために拡散運動をしてAに近づこうとする.その濃度はAからの距離rの関数$[B]_r$である.反応分子どうしが接触して反応する距離をr_{AB}とする.$r=r_{AB}$で$[B]_r=0$であり,また,$r=\infty$では$[B]_r=[B]$,つまり,量論的に定められた値となる.反応分子BはAと反応するためにAに向かって濃度勾配を生じ,したがって,Aに向かう流れを形成する.フィック(Fick)の**拡散の法則**によれば,**流束**(単位面積,単位時間当たりの物質量)は,

$$J_r = -D_{AB}\frac{d[B]_r}{dr} \tag{8.6}$$

である.ここで,$D_{AB}=D_A+D_B$で,D_A, D_Bは**拡散係数**(単位は$m^2 s^{-1}$)である.拡散係数は,濃度勾配に対してその化学種の流束を定める係数である.分子Aのまわりの半径rの球面の中に入るBの流束は,濃度勾配が等方的であるから式(8.6)に半径rの球面の面積$4\pi r^2$を掛ければ得られる.すなわち,

$$J_B = -4\pi r^2 D_{AB}\frac{d[B]_r}{dr} \tag{8.7}$$

で,これは反応分子Bの全流束となってrによらず一定である.この式を変形して積分すれば

$$\int_r^\infty \frac{J_B}{4\pi r^2 D_{AB}} dr = \int_{[B]_r}^{[B]_\infty} d[B]_r$$

$$[B]_r = [B] + \frac{J_B}{4\pi r D_{AB}} \tag{8.8}$$

となる.いま,$r=r_{AB}$のときAとBはただちに反応して$[B]_r=0$となるから,式(8.8)より

$$J_B = -4\pi r_{AB} D_{AB}[B] \tag{8.9}$$

となり,これを再び式(8.8)に代入すると

$$[B]_r = [B]\left(1 - \frac{r_{AB}}{r}\right) \tag{8.10}$$

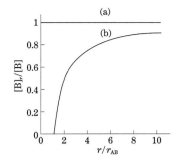

図 8-3 A+B の反応における (a) 活性化律速および (b) 拡散律速の場合の A 分子のまわりの B 分子の濃度分布. r_{AB} は A と B の最近接距離.

を得る. 図 8-3 にこの式をグラフで示した. 活性化律速では, 溶液中の反応分子の濃度は一様であるが, 拡散律速では, 拡散速度が反応に対して遅いので反応分子どうしの周辺の濃度は小さくなる. その場合の総括反応速度は, r_{AB} の境界を横切る B の流束と A の濃度の積に比例する. 反応速度定数を k とすると,

$$-\frac{d[B]}{dt} = k[A][B] = -[A]J_B \tag{8.11}$$

で, 式(8.9)によれば

$$k = 4\pi r_{AB} D_{AB} \tag{8.12}$$

となる.

例題 8.2 拡散律速 2 分子反応速度定数を計算する 水溶液中のイオンの拡散定数は表 8-2 に示すように 10^{-9} m² s⁻¹ のオーダーである. いま, $D_A + D_B = 4 \times 10^{-9}$ m² s⁻¹, $r_{AB} = 0.5$ nm として, 2 分子反応速度定数を計算せよ.

表 8-2 水溶液中のイオンの拡散定数(25 ℃)

イオン	$D/10^{-9}$ m² s⁻¹	イオン	$D/10^{-9}$ m² s⁻¹
H⁺	9.1	OH⁻	5.2
Li⁺	1.0	Cl⁻	2.0
Na⁺	1.3	Br⁻	2.1

[答] 式(8.12)を計算すればよい. 溶液反応では, 濃度単位を mol dm⁻³ とすることが慣習となっている.

$$k = 4 \times 3.14 \times 5 \times 10^{-10} \text{ m} \times 4 \times 10^{-9} \text{ m}^2 \text{ s}^{-1} = 2.5 \times 10^{-17} \text{ m}^3 \text{ s}^{-1}$$
$$= 2.5 \times 10^{-17} \text{ m}^3 \text{ s}^{-1} \times 1000 \times 6.0 \times 10^{23} \text{ mol}^{-1}$$
$$= 1.5 \times 10^{10} \text{ dm}^3 \text{ mol}^{-1} \text{ s}^{-1}$$

この値は拡散律速 2 分子反応の速度定数の代表的なものである. □

例題 8.3 ストークス-アインシュタインの式を使って拡散律速速度定数を計算する 半径 r の球が粘性率 η の液体中を拡散運動するときの定数についてストークス-アインシュタイン(Stokes-Einstein)の式

$$D = \frac{k_B T}{6\pi \eta r} \tag{8.13}$$

が提案されている. この式を仮定して水溶液中の拡散律速 2 分子反応速度定数を計算せよ. ただし, 水の粘性率 $\eta = 1.0 \times 10^{-3}$ N m⁻² s とし, 2 つの反応分子の半径 r_A, r_B は等しいとする.

[答] 式(8.12)にストークス-アインシュタインの式を代入する.

$$k = 4\pi (r_A + r_B)(D_A + D_B) = \frac{2k_B T}{3\eta}(r_A + r_B)\left(\frac{1}{r_A} + \frac{1}{r_B}\right)$$

ここで, $r_A = r_B$ のとき

$$k = \frac{8k_B T}{3\eta} \tag{8.14}$$

となる．したがって，反応速度定数は

$$k = \frac{8 \times 1.38 \times 10^{-23}\,\mathrm{J\,K^{-1}} \times 298\,\mathrm{K}}{3 \times 1.0 \times 10^{-3}\,\mathrm{N\,m^{-2}\,s}} = 1.1 \times 10^{-17}\,\mathrm{m^3\,s^{-1}}$$
$$= 6.6 \times 10^{9}\,\mathrm{dm^3\,mol^{-1}\,s^{-1}}$$

となる．この値も拡散反応の速度定数の典型的な大きさを与えている．なお，いくつかの溶媒の粘性率を表8-3に与えておく．

表 8-3 溶媒の粘性率(20℃)

溶媒	$\eta/10^{-3}\,\mathrm{kg\,m^{-1}\,s^{-1}}$	溶媒	$\eta/10^{-3}\,\mathrm{kg\,m^{-1}\,s^{-1}}$
ヘキサン	0.326	プロパノール-1	2.26
水	1.00	エチレングリコール	19.9
エタノール	1.20	グリセリン	1490

□

イオン間の反応

陽イオンと陰イオンとの間の反応の場合，異種イオン間のクーロン引力，同種イオン間のクーロン斥力によってイオンどうしの接近が加速される．式(8.7)の拡散方程式にクーロンポテンシャルによる移動の効果を加えなければならない．すなわち，

$$J_r = -4\pi r^2 D_{AB}\left(\frac{d[B]_r}{dr} + \frac{[B]_r}{k_B T}\frac{dV(r)}{dr}\right) \quad (8.15)$$

であって，第2項がイオン間の相互作用による移動を表す．ポテンシャルの r 方向の勾配に沿う反応イオン B の流れは $[B]_r(dV/dr)$ であるが，熱運動による攪乱の効果によって移動度は $k_B T$ で割ったものとなる．高温では激しいランダムな運動のためにクーロン力による運動は妨げられる．誘電率が ε_r の溶媒中のイオン間に働くポテンシャルは

$$V(r) = \frac{z_A z_B e^2}{4\pi\varepsilon_0\varepsilon_r r} \quad (8.16)$$

である．ここで，$z_A e, z_B e$ はイオン A, B の電荷，ε_0 は真空の誘電率 ($\varepsilon_0 = 8.854 \times 10^{-12}\,\mathrm{J^{-1}\,C^2\,m^{-1}}$) である．

反応速度は式(8.11)より

$$k[B] = 4\pi r^2 D_{AB}\left(\frac{d[B]_r}{dr} + \frac{[B]_r}{k_B T}\frac{dV(r)}{dr}\right)$$
$$= 4\pi r^2 D_{AB}\,e^{-V(r)/k_B T}\frac{d}{dr}\{[B]_r\,e^{V(r)/k_B T}\} \quad (8.17)$$

となる．この式の両辺を $r^2 \exp(-V(r)/k_B T)$ で割り算して，r_{AB} より ∞ まで積分をすると

$$k[B]\int_{r_{AB}}^{\infty}\frac{e^{V(r)/k_B T}}{r^2}dr = 4\pi D_{AB}\int_{r_{AB}}^{\infty}\frac{d}{dr}\{[B]_r\,e^{V(r)/k_B T}\}dr \quad (8.18)$$

となる．いま，$r \to \infty$ において $V(r) \to 0$，かつ，$[B]_r = [B]$，また，$r = r_{AB}$ において $[B]_r = 0$ であるから

$$\int_{r_{AB}}^{\infty} d\{[B]_r \, e^{V(r)/k_B T}\} = [B]$$

となる．したがって，

$$k = 4\pi D_{AB} \beta \tag{8.19}$$

である．ただし，

$$\beta^{-1} = \int_{r_{AB}}^{\infty} \frac{e^{V(r)/k_B T}}{r^2} dr \tag{8.20}$$

である．ここで，β は距離の次元をもち，イオン間の有効最近接距離と解釈できる．いま，**オンサーガーの逃散距離**(Onsager escape distance) r_c を

$$V(r_c) = k_B T \tag{8.21}$$

によって定義する．r_c はクーロンポテンシャルがちょうど熱エネルギー $k_B T$ と等しくなる距離である．したがって，$V(r)$ は式(8.16)のクーロンポテンシャルであるから

$$V(r) = \frac{r_c}{r} k_B T$$

である．これを式(8.20)に代入して積分をすれば

$$\beta = \frac{r_c}{\exp(r_c/r_{AB}) - 1} \tag{8.22}$$

を得る．

> **例題 8.4** r_c および β を計算する　　水，エタノール，n-ヘキサンの比誘電率はそれぞれ 78.5, 24.3, 1.89 である．また，反応イオンの半径の和 r_{AB} を 0.5 nm とする．r_c および β/r_{AB} を計算せよ．

[答]　式(8.16)によれば $r_c = z_A z_B e^2 / 4\pi \varepsilon_0 \varepsilon_r k_B T$ である．水溶液の場合，$z_A z_B = 1$ のとき

$$r_c = \frac{(1.602 \times 10^{-19} \, \text{C})^2}{4 \times 3.14 \times 8.854 \times 10^{-12} \, \text{C}^2 \, \text{m}^{-1} \, \text{J}^{-1} \times 78.5 \times 1.38 \times 10^{-23} \, \text{J K}^{-1} \times 298 \, \text{K}}$$
$$= 7.2 \times 10^{-10} \, \text{m}$$

である．β は式(8.22)より計算できる．結果を表8-4に与える．

陽・陰イオンの場合，クーロン引力のために $\beta > r_{AB}$ となる．とくに誘電率の小さい溶媒中ではクーロン力は非常に遠距離まで届くので，β は大きい．

表 8-4　オンサーガーの逃散距離 r_c と有効最近接距離 β (25 ℃)

溶媒	比誘電率	$|r_c|$/ nm	β/ nm ($z_A z_B = 1$)	β/ nm ($z_A z_B = -1$)
水	78.5	0.72	0.22	0.9
エタノール	24.3	2.3	0.02	2.3
n-ヘキサン	1.89	29	10^{-23}	29

しかし，実際には誘電率の小さい溶媒にはイオンは溶解しない．一方，同種イオンの場合，クーロン斥力のために $\beta < r_{AB}$ となる．水の場合，イオンが水分子に取り囲まれ水和をしてクーロン力を遮蔽する効果があるため β はそれほど小さくはならない． □

H^+ と OH^- の中和反応

$H^+ + OH^- \to H_2O$ の反応速度は温度ジャンプ法によって測定され，25 °C において $1.4 \times 10^{11}\,\mathrm{dm^3\,mol^{-1}\,s^{-1}}$ である．この反応速度定数は拡散律速としては非常に大きい．水中では水分子は互いに水素結合で結ばれている．H^+ は水分子と結合して H_3O^+ となり，正電荷はどれか1つの水素原子に局在しない．これらの3個の水素原子はそれぞれ水分子と水素結合で結ばれる．そのために，正電荷は水素結合を通してさらに非局在的となり，いわゆる水和構造を形成する．図 8-4 に水素結合を媒介にした H^+, OH^- 高速移動のモデルを示した．水の中では，水素結合は動的平衡にあって，1つの局所的に生じた H_3O^+ の構造の寿命は $10^{-12}\,\mathrm{s}$ の桁であるといわれている．

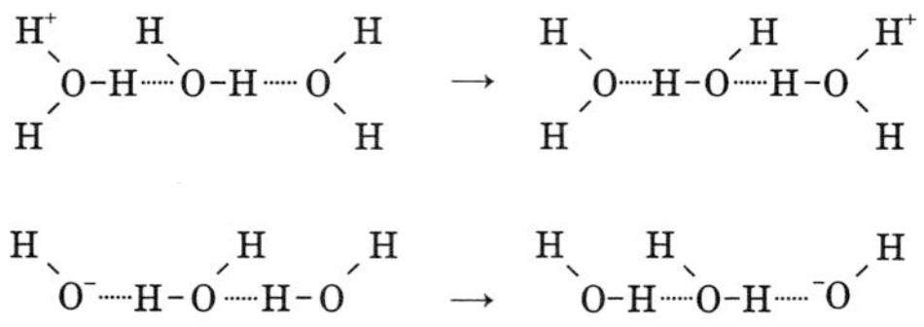

図 8-4 水中の H^+, OH^- の移動のモデル

---

§3 溶媒効果

ポイント 活性化律速の反応について溶媒効果がどのように反応速度を左右するかを探る．

遷移状態理論の適用

活性化エネルギーの大きい反応では，反応分子どうしの衝突当たりの反応確率は小さい．このような反応について第7章で学んだ遷移状態理論を適用しよう．この場合，反応物，遷移状態が溶媒分子に囲まれ，いわゆる**溶媒和**(solvation)状態にあることを考慮しなければならない．

反応分子 A と B が遷移状態 $AB^\ddagger$ を経て生成物に至る反応の速度定数は，遷移状態理論によれば

$$k = \frac{k_B T}{h} \exp\left(-\frac{\Delta G^\ddagger}{RT}\right) \qquad (8.23)$$

である．ここで，$\Delta G^\ddagger$ は溶液中の A, B と遷移状態 $AB^\ddagger$ との間のギブズエネルギー差である．A, B と $AB^\ddagger$ との間には平衡関係が成立し

ている．ここで，平衡を記述するためには濃度ではなく活量(activity)を使わなければならない．Aの活量はその濃度 [A] と活量係数 γ_A の積である．平衡定数は

$$K^{\ddagger} = \exp\left(-\frac{\Delta G^{\ddagger}}{RT}\right) = \frac{[AB^{\ddagger}]}{[A][B]}\frac{\gamma_{AB^{\ddagger}}}{\gamma_A \gamma_B} \quad (8.24)$$

となる．反応速度は $k[A][B]$ のように濃度によって定義されているから速度定数は

$$k = \frac{k_B T}{h} K^{\ddagger} \frac{\gamma_A \gamma_B}{\gamma_{AB^{\ddagger}}} = \frac{k_B T}{h} \exp\left(-\frac{\Delta G^{\ddagger}}{RT}\right) \frac{\gamma_A \gamma_B}{\gamma_{AB^{\ddagger}}} \quad (8.25)$$

となる．活量係数が1であるような溶液中の反応を基準にとってその速度定数を k_0 とすれば

$$k = k_0 \frac{\gamma_A \gamma_B}{\gamma_{AB^{\ddagger}}} \quad (8.26)$$

と書くこともできる．活量係数は基準状態から溶液状態へのギブズエネルギー差と関係づけることができる．すなわち，

$$\Delta G = RT \ln \gamma \quad (8.27)$$

であるから基準状態と溶液中の反応速度定数の比は

$$\ln\left(\frac{k}{k_0}\right) = \frac{\Delta G_A + \Delta G_B - \Delta G_{AB^{\ddagger}}}{RT} \quad (8.28)$$

となる．この式は反応物 A, B と遷移状態 $AB^{\ddagger}$ に対する溶媒効果がどのように反応速度に影響を与えるかを示す式である．

　反応速度の溶媒効果の例を示す．陰イオンと中性分子の反応は大きな溶媒効果を示す．

$$Y^- + RX \rightleftharpoons \{YRX\}^{-\ddagger} \longrightarrow YR + X^- \quad (R8.5)$$

この反応は水やアルコール溶液中に比べて極性非プロトン溶媒中で非常に加速される．表8-5に求核(nucleophilic)置換反応の例を挙げる．遷移状態のギブズエネルギーが溶媒中で小さくなるのが反応の促進の原因である．

　溶媒効果を示すもう1つの例として，中性分子どうしがイオン対を生成する反応

$$(CH_3)_3N + p\text{-}NO_2C_6H_4CH_2Cl \longrightarrow p\text{-}NO_2C_6H_4CH_2N(CH_3)_3{}^+Cl^-$$
$$(R8.6)$$

を挙げる．この反応の遷移状態は

$$\{(CH_3)_3N^{\delta+} \cdots\cdots p\text{-}NO_2C_6H_4CH_2Cl^{\delta-}\}$$

▶ 非プロトン溶媒
H^+(プロトン)を放出したり，水素結合を供与する性質のない溶媒．ほとんど酸性を示さない．極性の大きい溶媒，たとえば，アセトニトリル，ジメチルスルフォキシドなどと，非極性で，酸性も塩基性も弱い四塩化炭素，炭化水素などの不活性溶媒とがある．

表 8-5 $Cl^- + CH_3I \rightarrow CH_3Cl + I^-$ の各種溶媒中での反応速度定数 (25 ℃)

溶媒	H_2O	CH_3OH	CH_3CN	$(CH_3)_2CONH_2$
$k/10^{-6}\,dm^3\,mol^{-1}\,s^{-1}$	3.5	3.1	1.3×10^5	2.5×10^6

のように極性構造をとるので，アセトニトリルのような極性溶媒中で安定化する．

例題 8.5 反応速度定数の溶媒効果を検討する　カークウッド（J.G. Kirkwood）によれば，半径 r の球形の分子が双極子モーメント μ をもつとき，それが比誘電率 ε_r の溶媒に溶解して安定化するために生ずるギブズエネルギー変化は

$$\Delta G = -\frac{\mu^2 N_A}{4\pi\varepsilon_0 r^3}\left(\frac{\varepsilon_r - 1}{2\varepsilon_r + 1}\right) \quad (8.29)$$

である．ここで，ε_0 は真空の誘電率 $8.854\times10^{-12}\,\mathrm{J^{-1}\,C^2\,m^{-1}}$，$N_A$ はアボガドロ定数である．メンシュトキン（Menschutkin）反応

$$(C_2H_5)_3N + C_2H_5I \longrightarrow (C_2H_5)_4N^+ + I^- \quad (\mathrm{R}8.7)$$

の各種溶媒中の反応速度定数を表 8-6 にあげる．式(8.29)を検証せよ．

表 8-6 反応(R8.7)の各種溶媒中の反応速度定数（14℃）

溶媒	比誘電率	$k/10\times10^{-6}\,\mathrm{dm^3\,mol^{-1}\,s^{-1}}$
n-ヘキサン	1.89	0.0135
シクロヘキサン	2.02	0.0216
ジエチルエーテル	4.34	0.354
1,1,1-トリクロロエタン	7.25	3.14
アセトン	20.27	65.4
アセトニトリル	36.2	227

[答] 反応分子を A, B，遷移状態を AB‡ とすると，それぞれがもつ双極子モーメントによって溶媒 M の中で活性化ギブズエネルギーの変化は

$$\Delta G_M^\ddagger = -\frac{N_A}{4\pi\varepsilon_0}\left(\frac{\varepsilon_r - 1}{2\varepsilon_r + 1}\right)\left(\frac{\mu_{AB^\ddagger}^2}{r_{AB^\ddagger}^3} - \frac{\mu_A^2}{r_A^3} - \frac{\mu_B^2}{r_B^3}\right) \quad (8.30)$$

となる．溶液中の反応の活性化ギブズエネルギーは基準状態のそれに溶媒効果による変化を加えた $\Delta G_0^\ddagger + \Delta G_M^\ddagger$ となるから

$$\ln\left(\frac{k}{k_0}\right) = -\frac{\Delta G_M^\ddagger}{RT} \quad (8.31)$$

である．したがって，反応速度定数の対数は $(\varepsilon_r-1)/(2\varepsilon_r+1)$ に対して直線関係になるはずである．図 8-5 にその結果を示した．$\ln k$ と $(\varepsilon_r-1)/(2\varepsilon_r+1)$ の間には相関はあるが直線関係にはならない．それは誘電率をもつ連続媒体によって溶媒効果を完全には説明できないことを示している．　□

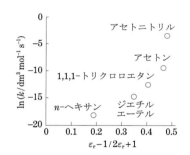

図 8-5 反応(R8.7)の各種溶媒中での反応速度定数と誘電率との相関．

イオン強度の効果

これまで取り上げた溶液反応では，溶質の反応分子と溶媒分子のみを考えてきた．イオン反応の場合，反応に直接関係しないイオンの存在が反応イオンの運動に強く関わる．それはイオン間に働くクーロン相互作用のためである．これを**塩効果**（salt effect）ともいう．すでに溶液中のイオン反応について反応に関与する化学種に対して活量係数を導入した．この活量係数にイオン間のクーロン相互作用

▶ デバイ (P. Debye) とヒュッケル (E. A. J. Hückel) は，強電解質溶液のイオン間のクーロン相互作用が熱運動エネルギーに比べて小さいと仮定して，任意のイオンのまわりの電位に関する微分方程式を解き，クーロン相互作用が熱力学的性質にどのような影響を与えるかを明らかにした (1923 年)．

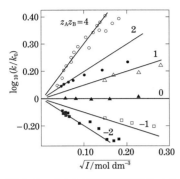

図 8-6 イオン反応速度定数のイオン強度依存性の例．

$z_A z_B = 4$ $2[Co(NH_3)_5Br]^{2+} + Hg^{2+} + 2H_2O \to 2[Co(NH_3)_5H_2O]^{3+} + HgBr_2$

$z_A z_B = 2$ $CH_2BrCOO^- + S_2O_3^{2-} \to [CH_2S_2O_3COO]^{3-} + Br^-$

$z_A z_B = 1$ $NO_2:NCOOC_2H_5^- + OH^- \to N_2O + CO_3^{2-} + C_2H_5OH$

$z_A z_B = 0$ $CH_3COOC_2H_5 + OH^- \to CH_3COO^- + C_2H_5OH$

$z_A z_B = -1$ $H_2O_2 + 2H^+ + 2Br^- \to 2H_2O + Br_2$

$z_A z_B = -2$ $[Co(NH_3)_5Br]^{2+} + OH^- \to [Co(NH_3)_5OH]^{2+} + Br^-$

▶ 熱力学関係式によれば
$$\left(\frac{\partial G}{\partial p}\right)_T = V$$
である．

▶ ル・シャトリエの原理：平衡にある系の温度，圧力などを変化させると，その変化を小さくする方向へ平衡が移動する．圧力の増加に対しては，体積を小さくするよう平衡が移動する．

§3 溶媒効果 —— 175

を含めることができる．その場合のパラメーターはイオン強度
$$I = \frac{1}{2}\sum_i c_i z_i^2 \qquad (8.32)$$
である．ここで，c_i, z_i は溶液中の i 番目のイオンの濃度，電荷である．**デバイ-ヒュッケル (Debye-Hückel) の強電解質理論**によるとイオン強度の小さい場合，イオン A の活量係数 γ_A は
$$\log \gamma_A = -\alpha z_A^2 \sqrt{I} \qquad (8.33)$$
と表される．ここで，水溶液の場合 25 ℃ で $\alpha = 0.509\,\mathrm{dm}^{3/2}\,\mathrm{mol}^{-1/2}$ である．この式を (8.26) に代入すると
$$\begin{aligned}\log k &= \log k_0 + \log \gamma_A + \log \gamma_B - \log \gamma_{AB\ddagger} \\ &= \log k_0 - \alpha\sqrt{I}[z_A^2 + z_B^2 - (z_A + z_B)^2] \\ &= \log k_0 + 2\alpha z_A z_B \sqrt{I}\end{aligned}$$
となり，したがって，
$$\log(k/k_0) = 1.018 z_A z_B (I/\mathrm{mol}\,\mathrm{dm}^{-3})^{1/2} \qquad (8.34)$$
である．この式はいろいろなイオン反応についてその速度定数のイオン強度に対する変化を説明する．図 8-6 にいくつかのイオン反応の $\log k$ を $I^{1/2}$ に対してプロットした．その勾配は $1.018 z_A z_B$ であることが読み取れる．同符号のイオン間反応はイオン強度の増加によって加速され，異符号のイオン間のそれは抑制される．イオンと中性分子の反応の場合，$z_A z_B = 0$ であるからイオン強度に依存しないはずである．実験結果はそれを支持している．

圧力効果・活性化体積

溶液中の反応速度は常圧の範囲の圧力変化に対してほとんど変化しないが，非常に大きな圧力をかけると変化する．遷移状態理論によれば
$$\ln k = \ln\left(\frac{k_B T}{h}\right) - \frac{\Delta G^{\ddagger}}{RT} \qquad (8.35)$$
である．温度一定の条件でこの式を圧力で微分すると
$$\left(\frac{\partial \ln k}{\partial p}\right)_T = -\frac{\Delta V^{\ddagger}}{RT} \qquad (8.36)$$
となる．ここで，$\Delta V^{\ddagger} = V^{\ddagger} - V_A - V_B$ で，溶液中の反応物 A, B の部分モル体積と遷移状態のそれとの差を**活性化体積** (activation volume) という．$\Delta V^{\ddagger} > 0$ の場合，高い圧力下で反応速度定数が小さくなり，逆に $\Delta V^{\ddagger} < 0$ の場合，圧力の上昇とともに反応速度定数は大きくなる．これは，化学平衡についての**ル・シャトリエ** (Le Chatelier) **の原理**から理解できることである．$\Delta V^{\ddagger}$ は反応物から遷移状態へどのような構造変化が起きたかを反映する物理量である．なお，式 (8.36) は濃度の圧力効果について補正の必要がある．反応速度定

数が体積モル濃度で定義されている場合，溶媒のモル体積変化によって濃度が変化するからである．溶媒の圧縮率を

$$\left(\frac{\partial \ln V_0}{\partial p}\right)_T = -\kappa_0 \tag{8.37}$$

と定義する．ここで，V_0 は溶媒のモル体積である．すると，式(8.36)は

$$\left(\frac{\partial \ln k}{\partial p}\right)_T = -\frac{\Delta V^{\ddagger}}{RT} - \kappa_0 \tag{8.38}$$

となる．なお，反応分子 n 個が1つの遷移状態を形成するのであれば，κ_0 の係数として $(1-n)$ を掛ける必要がある．式(8.38)は2分子反応の場合に相当する．κ_0 の値は，水について $1.1 \times 10^{-6}\,\mathrm{m^3\,mol^{-1}}$ で有機溶媒の多くはその数倍となる．

例題 8.6　活性化体積を求める　酢酸メチルの5%水溶液中の加水分解速度定数(14℃)のいろいろな圧力での測定値は下記の通りである．活性化体積を求めよ．

表 8-7　高圧下での酢酸メチルの加水分解速度定数(14℃)

圧力/atm	1	100	200	300	400	500
k_p/k_0	1	1.03	1.07	1.12	1.17	1.21

[答]　上の表より最小2乗法によって，$\ln(k_p/k_0) = -5.81 \times 10^{-3} + 3.95 \times 10^{-4}(p/\mathrm{atm}) = -5.81 \times 10^{-3} + (3.95 \times 10^{-4}/101325)(p/\mathrm{Pa})$ を得る．式(8.38)を適用すると，

$$\Delta V^{\ddagger} = -\frac{8.31\,\mathrm{J\,K^{-1}\,mol^{-1}} \times 287\,\mathrm{K} \times 3.95 \times 10^{-4}}{1.01 \times 10^5\,\mathrm{Pa}} = -9.3 \times 10^{-6}\,\mathrm{m^3\,mol^{-1}}$$
$$= -9.3\,\mathrm{cm^3\,mol^{-1}}$$

となる．この反応では，中性分子がイオン対に分離する．遷移状態における分極相互作用のためその水和錯体の体積の低下が起こると考えられる．そのため，高圧で反応が促進される．なお，この反応は1分子反応であるから溶媒の体積変化は考慮する必要がない．　□

§4　電子移動反応

ポイント　原子・分子・イオン間で直接に電子が移動して酸化還元反応を行うメカニズムを探る．

電子移動反応(electron transfer reaction)は，2つのイオン間で電子が移動する酸化還元反応である．たとえば，

$$\mathrm{Co^{3+} + Cr^{2+} \longrightarrow Co^{2+} + Cr^{3+}} \tag{R8.8}$$

$$\mathrm{Fe^{2+} + Fe^{3+} \longrightarrow Fe^{3+} + Fe^{2+}} \tag{R8.9}$$

である.ここで,各イオンは配位子で囲まれた錯体イオンを形成している.電子移動反応の研究は,金属錯体イオン間の反応について開始されたが,それは電極反応や生体系の光誘起電子移動過程などに関連して重要な研究課題である.

溶液中のイオンには,配位子に囲まれている内側の配位子殻と,外側に溶媒分子が取り囲む層とがある.電子移動反応には2つの機構がある.

(1) **内圏**(inner-sphere)**反応** イオンの1つの配位子が他のイオンの方向へ移動し,遷移状態においてその配位子が電子移動のために架橋した形となっている.反応(R8.8)の例では,

$$(NH_3)_5Co^{III}Cl^{2+} + Cr^{II}(H_2O)_6{}^{2+}$$
$$\longrightarrow [(NH_3)_5Co^{III}\cdots Cl\cdots Cr^{II}(H_2O)_5H_2O]^{4+}$$
$$\longrightarrow Co^{2+} + 5NH_3 + H_2O + Cr^{III}Cl(H_2O)_5{}^{2+}$$

の機構で進むと考えられている.遷移状態において,Co^{3+} の配位子 Cl^- が Cr^{2+} の配位子 H_2O と置換してイオン間の電子移動を橋渡しする役割を果たしている.この反応は配位子の移動を含む電子移動過程であるからその速度定数は大きくはない.

(2) **外圏**(outer-sphere)**反応** イオンを取り囲む配位子の構造はそのままで,外側の溶媒分子の層間の相互作用を通して電子移動が起こる.電子移動は $10^{-14} \sim 10^{-15}$ s の非常に短い時間内に起こる.ここで電子移動反応の速度を支配するのは,反応系の構造変化である.たとえば,

$$Fe^{II}(H_2O)_6{}^{2+} + Fe^{III}(H_2O)_6{}^{3+} \longrightarrow Fe^{III}(H_2O)_6{}^{3+} + Fe^{II}(H_2O)_6{}^{2+}$$
(R8.9′)

の反応において,Fe-O 距離は Fe^{II} と Fe^{III} でそれぞれ 0.221 nm と 0.205 nm である.反応が起こるためには,衝突対において Fe^{II}-O が短縮し,Fe^{III}-O が伸長する必要がある.振動励起状態にある錯体イオン間で電子移動反応が促進されるのはそのためである.

ここで,電子移動反応をモデル化して

$$D + A \rightleftarrows \{DA\} \rightleftarrows \{DA^*\} \rightleftarrows \{D^+A^-\} \rightleftarrows D^+ + A^-$$
(R8.10)

のように書く.この過程を図で示すと図8-7のようになる.横軸は電子移動を可能にする構造変化を表す座標である.その場合,反応系を囲む溶媒分子の再配置も含めた構造変化である.DとAが出会って錯合体を作って反応が起こるが,電子移動反応の進行を表す座標の関数でギブズエネルギーをプロットした.$\{DA^*\}$ は電子移動のための構造変化をした衝突対を表し,座標 q^* で $\{D^+A^-\}$ のポテンシャル曲線と交差する.この交差領域では反応物の $\{DA\}$ と生成

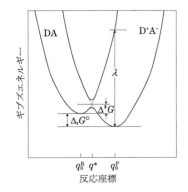

図 8-7 電子移動反応の反応物錯体 DA と生成物錯体 D^+A^- の反応座標 q の関数でのギブズエネルギー曲面.$\Delta_r G^\circ$:反応ギブズエネルギー,$\Delta^\ddagger G$:活性化ギブズエネルギー,λ:再配置ギブズエネルギー.

▶ マーカス理論についてさらに学びたい読者は次の文献を参照するとよい．又賀昇，"有機電子移動プロセス"，日本化学会編「季刊化学総説2」学会出版センター(1988)．

物 {D$^+$A$^-$} の状態が相互作用をして分裂し，反応物のポテンシャル曲線は生成物のそれになだらかに接続する．この曲線を**断熱曲線**という．電子移動は座標 q^* で起こり，D$^+$A$^-$ を生成する．交差点において DA が D$^+$A$^-$ へ電子移動が起こる確率を κ とし，{DA} が q^* に到達する頻度を ν とすると，電子移動の速度定数は

$$k_1 = \kappa\nu \exp\left(-\frac{\Delta^\ddagger G}{RT}\right) \quad (8.39)$$

となる．ここで，$\Delta^\ddagger G$ は初期状態と交差点のギブズエネルギー差である．マーカス(R. A. Marcus, 1923-，この理論の提唱によって1992年度ノーベル化学賞が授与された．)は，DA が D$^+$A$^-$ と同じ構造をとるときの活性化ギブズエネルギー変化 $\Delta^\ddagger G$ を，再配向ギブズエネルギー λ と DA と D$^+$A$^-$ とのギブズエネルギー差 $\Delta_r G^\circ$ で表現する理論を提唱した．すなわち，

$$\Delta^\ddagger G = \frac{(\Delta_r G^\circ + \lambda)^2}{4\lambda} \quad (8.40)$$

である．この式の導き方や電子移動反応についての詳しい解説は参考書を参照されたい．

▶ 吉原経太郎とその共同研究者は，光合成系において電子移動速度とギブズエネルギー差との相関を求めている．[M. Iwaki et al., *J. Phys. Chem.* **100**, 10802(1996)]

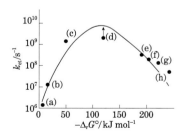

図 8-8 化合物(1)の分子内電子移動反応速度定数 k_{et} の $-\Delta_r G^\circ$ への依存性．反応速度は 2-メチルテトロヒドロフラン溶液(23℃)で測定された．[J. R. Miller, L. T. Calcaterra and G. L. Closs, *J. Am. Chem. Soc.* **106**, 3047(1984)]

例題 8.7　マーカス理論を検証する　電子移動反応の速度は電子供与体 D と電子受容体 A の間隔の関数である．いま，D と A の置換基をもつ1つの分子の中で電子移動反応速度を測定したデータがある．すなわち，次の構造をした分子の中での電子移動の速度の測定がなされた．ここで，A は(a)から(h)の置換基で，D はビフェニル基である．

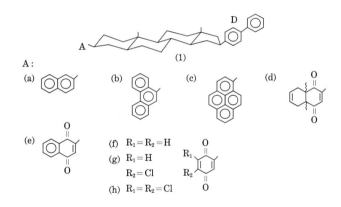

実験は下記の分子溶液(溶媒：2-メチルテトロヒドロフラン)に線形加速器で電子パルス(30 ps 幅)を打ち込み，生じた溶媒和電子が D⋯A にとらえられ，

$$D^- \cdots A \rightleftarrows D \cdots A^- \quad (R8.11)$$

の平衡を達成する．その過程の観測より電子移動反応速度定数 k_{et} を決定した．この結果を $\Delta_r G^\circ$ の関数として図8-8に示す．なぜ $\Delta_r G^\circ$ のある値で k_{et} が最大となるかを説明せよ．

[答] ここで問題にしている分子内電子移動は，DとAの間隔を一定にして，いろいろな受容体の場合の電子移動速度を比較することになる．したがって，図8-7のポテンシャル曲線のDAとD$^+$A$^-$の反応座標の相対位置は一定で，Aを変えることによってギブズエネルギーの相対関係が変わることになる．$-\Delta_r G°$が大きくなることはD$^+$A$^-$のポテンシャル曲線がDAのそれに対して下に位置することである．すると，活性化ギブズエネルギー$\Delta^\ddagger G$は小さくなる．D$^+$A$^-$のポテンシャル曲線がDAのそれの最小点で交差したとき$\Delta^\ddagger G \sim 0$となり，さらに$-\Delta_r G°$が大きくなると逆に$\Delta^\ddagger G$は大きくなる．したがって，電子移動反応速度はある$-\Delta_r G°$のときに最大となる．反応速度が逆に小さくなる領域を逆転領域という．　　□

9

固体表面上の化学反応

化学工業が生み出す製品のほとんどは触媒(catalyst)を用いて製造されたものである．触媒とは，そのごく少量の添加によって特定の化学反応の速度を著しく大きくする物質で，それ自身は反応の前後で変化しないものである．触媒の多くは，金属，その酸化物や粘土鉱物などであって，その固体表面上でそれぞれに固有な化学反応が進行する．この章では，固体表面の特徴と化学反応との関係やその速度を探究する．

§1 固体表面の特徴

ポイント 結晶の構造と表面上の原子の並び方との関連を学ぶ．

結晶の基本構造

固体には，その構造が構造単位の正確な繰り返しから成る**結晶**(crystal)と，周期構造をもたない**アモルファス**(amorphous)固体とがある．ここでは，固体の理解の基本となる結晶を考える．

結晶の周期構造の単位を**単位胞**(unit cell)という．結晶は単位胞を積み重ねた格子から成る．触媒の多くは金属であるが，金属結晶を構成する原子どうしの結合には方向性がないので，原子がもっとも密に配置した**最密充填**(closest packing)構造をとることが多い．原子を球と考えてそれを積み上げると**面心立方**(face-centered cubic, **fcc**)構造と**六方最密充填**(hexagonal close-packing, **hcp**)構造の2つが可能となる．図9-1(a)に面心立方の単位胞の構造を示した．多くの金属，たとえば，銅の結晶はこのような構造をとる．最密充填構造では，1つの原子をとりまく最近接原子の数は12個である．金属結晶のもう1つの構造は，**体心立方**(body-centered cubic, **bcc**)構造で，図9-1(b)にその単位胞を示した．この場合，1つの原子は8個の原子で囲まれている．

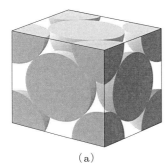

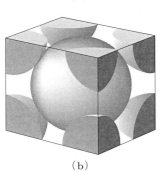

図 9-1 (a)面心立方単位胞と(b)体心立方単位胞の原子球の配置．(a)単位胞の中に原子は，$(1/8) \times 8 + (1/2) \times 6 = 4$ 個存在し，単位胞の立方体の1辺の長さを a とすると，原子球の半径は $\sqrt{2}a/4$ である．単位胞に占める原子球の体積は $4(4/3)\pi(\sqrt{2}a/4)^3 = 0.740 a^3$ である．原子球は74%の空間を占める．(b)例題 9.1 参照．

例題 9.1　体心立方構造をとる原子球の半径を求める　カリウム金属の単結晶は体心立方構造をとる．その密度は 20°C で $0.862\,\mathrm{g\,cm^{-3}}$ である．カリウム原子の原子半径を求めよ．ただし，カリウムの原子量は 39 である．

[答]　単位胞当たりの原子数は $(1/8)\times 8+1=2$ であるから，単位胞 1 個の質量は，$2\times 39\,\mathrm{g\,mol^{-1}}/6.022\times 10^{23}\,\mathrm{mol^{-1}}=1.295\times 10^{-22}\,\mathrm{g}$ となる．したがって，単位胞の体積は，$1.295\times 10^{-22}/0.862=1.503\times 10^{-22}\,\mathrm{cm^3}$ で，その 1 辺の長さは $a=(1.503\times 10^{-22}\,\mathrm{cm^3})^{1/3}=5.316\times 10^{-8}\,\mathrm{cm}=532\,\mathrm{pm}$ である．図 9-1(b) によれば，原子球は単位胞の立方体の中心を通る対角線上で互いに接している．対角線の長さは $\sqrt{3}a$ である．したがって，原子球半径は $r=(\sqrt{3}/4)\times 532\,\mathrm{pm}=230\,\mathrm{pm}$ である．なお，原子球体積は $(4/3)\pi r^3=0.340a^3$ で，原子球は結晶の 68% の空間を占める．　□

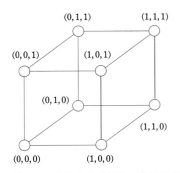

図 9-2　単純立方単位胞の各格子点の座標

単位胞は一般的には平行六面体であるが，そのもっとも基本形である立方体のみを考える．単位胞の各辺の長さ a,b,c（立方体の場合 $a=b=c$）を単位と考え，**格子定数**(lattice constant) という．いま，立方体の各頂点を原子が占有する単純立方単位胞を考え，図 9-2 に示す．底面左隅の格子点を原点とすると，その座標は $0a,0b,0c$ であるが，これを $(0,0,0)$ と書く．すると単純立方単位胞の他の格子点は図 9-2 に示したとおりになる．

結晶面

結晶格子には周期性があるので，格子点を含む等間隔に並ぶ平面の集合として格子を理解することができる．単結晶の表面はこのような格子面から成ると考えてよい．図 9-3 に単純立方格子の場合の格子面を示した．格子面をより一般的に定義するために単位胞の a,b,c 軸を a',b',c' で横切る平面を考える．図 9-3(b) の平面は a 軸を $a'=a$ で，b 軸を $b'=b$ で，c 軸を $c'=\infty$ で横切る平面である．この平面を表すため 3 つの指数

$$h=a/a',\quad k=b/b',\quad l=c/c' \tag{9.1}$$

を定義し，$(h,k,l)=(110)$ 面という．結晶格子内の平行平面を指定するために定義する指数 h,k,l を**ミラー指数**(Miller index) という．

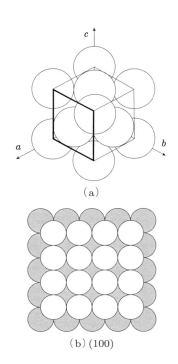

図 9-3　(a) 面心立方格子の単位胞と (100) 面の切り口（太い実線），(b)(100) 面の表面原子の 2 次元構造．1 層目が ○，2 層目が ●．

例題 9.2　結晶面の原子の並び方を調べる　面心立方格子の (110), (111) 面の原子の並び方を図示せよ．

[答]　面心立方格子の単位胞を図 9-4(a) に示した．(110), (111) 面は単位胞の切り口を実線，破線で囲んだ面となる．これを 2 次元表示すると，図 9-4(b), (c) となる．図 9-3(b) で見たように，(100) では 1 辺 a の正方形の対角線方向に原子球が互いに接触して整列して並ぶ．これに対し，(110) 面では，球が互いに接して 1 列に並び，それらは互いに a だけ隔たっている．

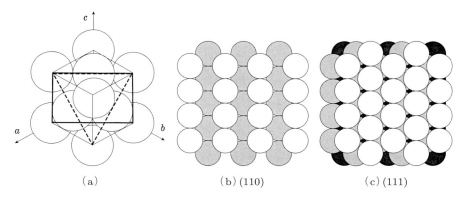

図 9-4 (a) 面心立方格子の単位胞と (110), (111) 面の切り口. (b) (110), (c) (111) 面の表面原子の 2 次元構造. 1 層目が ○, 2 層目が ◎, 3 層目が ●.

(111) 面では,すべての原子球が互いに接して整列する六方最密の形となっている. □

> **例題 9.3 表面空隙率を求める**   原子球モデルの結晶表面において,表面積 S から表面を占める原子球の断面積の和 A を差し引いた $(S-A)$ の S に対する割合 $(S-A)/S$ を**表面空隙率**(surface openess)という.これを面心,体心立方格子の (100), (110), (111) 面について求めよ.

[答] 面心立方格子では,原子球半径は $\sqrt{2}a/4$ で,$S=a^2$ に対して $A=2\pi(\sqrt{2}a/4)^2=0.785a^2$ である.よって空隙率は 0.215 となる.同様な計算をした結果を表 9-1 にまとめた.

表 9-1 表面の空隙率

表面	面心立方格子	体心立方格子
(100)	0.215	0.411
(110)	0.445	0.167
(111)	0.092	0.660

□

表面のミクロ構造

多くの金属において,結晶を結晶面で切断したとき,その表面における原子の配置は結晶内の各面と同じ 2 次元格子構造となっている.たとえば,Pt(111) 面の 2 次元格子はその結晶面の配置と同じである.それを 1×1 構造といい,Pt(111)1×1 と書く.

表面が分子気体に接していれば分子と表面原子との結合によって,表面の 2 次元格子の周期構造が変化する可能性がある.図 9-5 に面心立方格子の (111) 結晶面の例を示した.2 次元格子点の各原子に反応分子が規則的に結合したときに作られる格子単位を破線で示し,

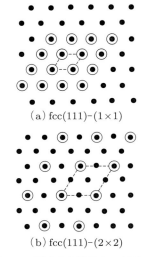

(a) fcc(111)-(1×1)

(b) fcc(111)-(2×2)

図 9-5 面心立方格子 (111) 面への分子の吸着構造．点が面心立方格子を形成する原子の中心で，○で囲まれている原子に分子が吸着している．

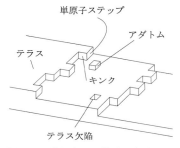

図 9-6 結晶表面の構造の欠陥

反応分子が吸着結合した表面原子を丸で囲んで印をつけてある．結晶面の 2 次元格子の単位が $n \times m$ 倍になる場合，$n \times m$ 構造と表現する．

面心立方格子の場合，結晶中では 1 つの原子は 12 個の隣接する原子に囲まれており，配位数は 12 である．これに対し，結晶表面では，図 9-3, 9-4 を参照すると，(100) で 8，(110) で 6，(111) で 9 となり，いずれも結晶中の 12 より小さい．つまり，結晶表面の原子は結合において不飽和度が大きい．そのために，表面原子どうしが結合を作って表面を再構成することがある．

表面のミクロな構造は欠陥によって乱されることがある．**表面欠陥**(surface defect)のモデル的な説明図を図 9-6 に与える．表面の 1 原子層の段差を**ステップ**(step)という．ステップの折れ曲がりを**キンク**(kink)という．また，ステップ間の平らな部分を**テラス**(terrace)という．ステップやキンクの欠陥は滑らかな表面に比べて反応活性が大きいことが多く，触媒反応はこのような欠陥部分により多く依存しているといわれている．

> **例題 9.4　清浄表面を維持する圧力環境を求める**　固体表面が 25 ℃，1 Torr (= 133 Pa) の窒素気体に接しているとき単位面積当たりの衝突頻度を求めよ．また，固体表面が面心立方格子(格子定数 $a = 360$ pm)の (111) 面であるとして，表面原子 1 個当たりの衝突頻度を求めよ．

［答］ 表面の単位面積当たりの衝突頻度は，高さが表面の垂直方向の平均速度成分 $\langle v_z \rangle = (1/4)\langle v \rangle$ で，底面が単位面積の筒の中に存在する分子数である(例題 8.1 参照)．したがって，衝突頻度は

$$Z = \frac{1}{4}\left(\frac{8k_\mathrm{B}T}{\pi m}\right)^{1/2} N \tag{9.2}$$

ここで，m は窒素の質量，N は窒素の分子密度である．$N = p/k_\mathrm{B}T$ であるから

$$Z = \left(\frac{1}{2\pi m k_\mathrm{B}T}\right)^{1/2} p \tag{9.3}$$

である．$m = 28 \times 10^{-3}$ kg mol^{-1} /6.02×10^{23} mol^{-1} = 4.65×10^{-26} kg，$p = 1$ Torr = 133 Pa を代入すると

$$Z = 3.8 \times 10^{24} \text{ m}^{-2}\text{ s}^{-1}$$

である．$a = 360$ pm の面心立方格子を構成する原子の半径は $r = \sqrt{2}a/4$ である．したがって，球の露出面積は，$\pi r^2 = 5.1 \times 10^{-20}$ m^2．したがって，表面原子は 1 秒間に $3.8 \times 10^{24} \times 5.1 \times 10^{-20} = 1.9 \times 10^5$ 回衝突する．1×10^{-10} Torr の超高真空(ultrahigh vacuum, UHV)の条件であれば，1 原子当たりの衝突頻度は 1.9×10^{-5} s^{-1} となる．衝突間の時間間隔は 5.3×10^4 s = 14 h となって，ほぼ，無衝突の条件を維持できる．固体表面を清浄に保つためには超高真空を実現しなければならない． □

> **例題 9.5　1L の露出量を定義する**　25℃, 1×10^{-6} Torr の分子気体が 1s の時間間隔だけ固体表面に露出したとき，その露出量(exposure)を 1L (ラングミュア) と定義する．いま，表面原子が互いに 0.4 nm 離れて 2 次元正方格子を構成するとし，分子(窒素分子とする)が表面原子との衝突によって必ず吸着するとき，1L の露出によって被覆率はいくらになるか？

［答］　例題 9.4 によって，1×10^{-6} Torr の窒素気体が 1s の間に表面と衝突する回数は

$$Z = 3.8\times10^{18}\,\mathrm{m}^{-2}$$

である．いま，面積 $(0.4\times10^{-9})^2\,\mathrm{m}^2$ ごとに吸着サイトがあるから，1L の露出による被覆率 θ は

$$\theta = 3.8\times10^{18}\times(0.4\times10^{-9})^2 = 0.61$$

となる．1L はおよそ 1 層の吸着層をつくる露出量に相当する．なお，ラングミュア単位は SI 誘導単位ではないので，使用は推奨されない． □

§2　吸着と脱離

ポイント　分子が固体表面上にいかに結合し，また，この結合を切断するかを考える．

物理吸着と化学吸着

固体表面が分子気体に接しているとき分子が表面に衝突し，表面原子との引力的相互作用によって表面上に分子が捕獲される．この過程を**吸着**(adsorption)という．また，吸着している分子が表面を離れる過程を**脱離**(desorption)という．吸着は発熱過程であるから吸着エンタルピー $\Delta_{\mathrm{ads}}H$ は負である．

吸着過程には 2 種類ある．1 つは，表面と分子の間の長距離引力 (van der Waals 力) による**物理吸着**(physisorption)である．その場合，吸着エンタルピーは $-20\,\mathrm{kJ\,mol}^{-1}$ 以下で，分子と表面との結合距離は化学結合のそれよりもずっと大きい．物理吸着は気体分子の凝縮に近い現象である．もう 1 つは，吸着分子と表面原子との間に化学結合を生ずる**化学吸着**(chemisorption)である．化学吸着では，吸着分子の結合が大きく変わり，表面原子との間に新しい結合を形成する．場合によると，吸着分子が解離し，その断片と表面原子とが結合する．吸着エンタルピーは $-40\sim-800\,\mathrm{kJ\,mol}^{-1}$ で，その結合距離は普通の化学結合と同様である．

化学吸着では，表面原子との間の化学結合を作るから，吸着分子層は単一である．これに対し，物理吸着では多層吸着が可能である．図 9-7 に表面と吸着分子 A_2 との van der Waals 引力ポテンシャル

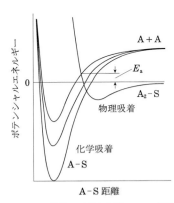

図 9-7　等核 2 原子分子 A_2 の表面 S との相互作用ポテンシャルの模式図．A-S の化学結合エネルギーのいろいろな値に対する物理吸着から化学吸着への遷移の活性化エネルギーの変化に注目するとよい．

および分子 A_2 が解離して生成した原子 A と表面原子との化学結合ポテンシャルを示した．表面原子を S とすると van der Waals 力による A_2-S のポテンシャル曲線と A-S の化学結合ポテンシャル曲線との交点の高さが化学吸着のための活性化エネルギーとなる．また，A-S のポテンシャル曲線の最小点から上記の交点までのエネルギー差は，脱離の活性化エネルギーとなる．A-S の化学結合エネルギーが大きくなるにつれ，化学吸着のための活性化エネルギーは小さくなり，ついにはゼロとなる．

吸着平衡

分子気体と固体表面が接している系において，一定温度での気体の表面への吸着量と圧力の関係を**吸着等温式**(adsorption isotherm)という．吸着等温式を最初に導いたのはラングミュア(I. Langmuir, 1881-1957)である．吸着脱離過程は次の化学式で書くことができる．

$$A(g) + S(s) \underset{k_d}{\overset{k_a}{\rightleftarrows}} A(ads) \qquad (R9.1)$$

ここで，気体分子は A(g)，表面の吸着サイトは S(s)，分子の吸着したサイトは A(ads) の記号で表している．化学吸着は表面の吸着サイトの数によって制限される．吸着サイトが気体分子によって占められている割合を**被覆率**(fractional coverage) θ とよび，

$$\theta = \frac{\text{吸着分子で占有された吸着サイト数}}{\text{表面の吸着サイト数}} \qquad (9.4)$$

で定義する．ラングミュアは，吸着分子どうしは互いに相互作用をしないこと，吸着エンタルピーは被覆率 θ に依存しないこと，分子吸着する固体表面のサイト数は有限であることを前提として，吸着等温式を導いた．この前提によれば，吸着と脱離の速度定数 k_a, k_d は θ によらない．いま，σ_0 を吸着サイトの総数とする．すると吸着分子に占有されていない空席のサイト数は $(1-\theta)\sigma_0$ で，占有されている数は $\theta\sigma_0$ である．したがって，吸着速度は圧力と空席のサイト数に比例するから

$$\text{吸着速度} \qquad v_a = k_a(1-\theta)\sigma_0 p_A$$

で，また脱離速度は吸着分子数に比例し

$$\text{脱離速度} \qquad v_d = k_d\theta\sigma_0$$

である．平衡状態では，両者の速度は等しい．いま，吸着平衡定数 $K_{ads} = k_a/k_d$ を定義すれば，

$$\theta = \frac{K_{ads}p_A}{1+K_{ads}p_A} \qquad (9.5)$$

となる．この式をラングミュアの**吸着等温式**という．図 9-8 に被覆率の圧力依存性を示した．被覆率は吸着気体の圧力とともに大きく

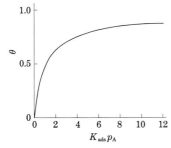

図 **9-8** ラングミュアの吸着等温式における被覆率と気体圧力との関係

§2 吸着と脱離 —— 187

なり，$\theta \to 1$ へ収束する．

> **例題 9.6　単分子層被覆量と吸着サイト数を求める**　吸着量は気体体積($0\,°C$, $1\,atm$)に換算して表すことが多い．下記の表は，$0\,°C$において$1\,g$の無定形炭素に吸着した一酸化炭素の量を測定し，$0\,°C$, $1\,atm$の体積に換算したものである．ラングミュア吸着等温式を用いて，単分子層吸着量と吸着サイト数を求めよ．
>
> | $p/\,\mathrm{Torr}$ | 10 | 20 | 30 | 50 | 100 |
> |---|---|---|---|---|---|
> | $V/\,\mathrm{cm^3}$ | 45.0 | 55.9 | 60.2 | 64.7 | 68.4 |

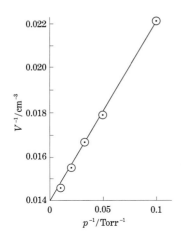

図 9-9　無定形炭素への一酸化炭素の吸着量の測定値をラングミュア吸着等温式へ適用する $1/V$ vs. $1/p$ のプロット

［答］　単分子層吸着量を V_m とすると，被覆率 $\theta = V/V_\mathrm{m}$ である．これを式(9.5)に代入すると

$$\frac{1}{V} = \frac{1}{V_\mathrm{m}} + \frac{1}{K_\mathrm{ads} V_\mathrm{m}} \frac{1}{p}$$

となる．$1/V$ を $1/p$ に対してプロットすると図9-9のようになる．直線の勾配は $1/K_\mathrm{ads} V_\mathrm{m}$ で，切片が $1/V_\mathrm{m}$ となる．切片より $V_\mathrm{m} = 73\,\mathrm{cm^3}$ を得，これを分子数に換算すると $73/10^6 \times 0.0244 = 1.8 \times 10^{21}$ である．これが，全吸着サイト数となる．COの分子直径を $0.4\,\mathrm{nm}$ とすると，全吸着サイトの面積は，$\pi(0.4 \times 10^{-9}\,\mathrm{m})^2 \times 1.8 \times 10^{21} = 230\,\mathrm{m^2}$ となる．これが $1\,g$ の無定形炭素の吸着表面積のおよその見積もりである．　□

酸素分子が白金表面に化学吸着する場合，酸素分子は解離して酸素原子が白金表面に吸着する．同様に多くの分子が解離吸着をする．その吸着過程を反応式で書くと

$$\mathrm{A_2(g)} + 2\mathrm{S(s)} \underset{k_\mathrm{d}}{\overset{k_\mathrm{a}}{\rightleftarrows}} 2\mathrm{A(ads)} \qquad (\mathrm{R9.2})$$

となる．吸着速度 v_a と脱離速度 v_d は

$$v_\mathrm{a} = k_\mathrm{a} p_{\mathrm{A}_2}(1-\theta)^2 \sigma_0^2$$

$$v_\mathrm{d} = k_\mathrm{d} \theta^2 \sigma_0^2$$

となる．平衡状態では，この両者は等しいから

$$\theta = \frac{K_\mathrm{ads}^{1/2} p_{\mathrm{A}_2}^{1/2}}{1 + K_\mathrm{ads}^{1/2} p_{\mathrm{A}_2}^{1/2}} \qquad (9.6)$$

となる．

> **例題 9.7　分子の解離吸着を確かめる**　$25\,°C$ において銅粉末 $1\,g$ に吸着する水素をいろいろな圧力下で測定し，その吸着量を $0\,°C$, $1\,atm$ の体積に換算した結果を下記の表に示す．水素が解離吸着していることを示し，完全被覆に相当する吸着量を求めよ．
>
> | $p/\,\mathrm{Pa}$ | 129 | 253 | 540 | 1000 | 1593 |
> |---|---|---|---|---|---|
> | $V/\,\mathrm{cm^3}$ | 0.163 | 0.221 | 0.321 | 0.411 | 0.471 |

［答］　式(9.6)の逆数をとると

$$\frac{1}{\theta} = 1 + \frac{1}{K_\mathrm{ads}^{1/2} p_{\mathrm{A}_2}^{1/2}}$$

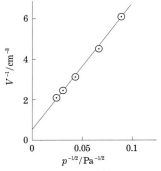

図 9-10　$1/V$ vs. $1/p^{1/2}$ のプロット

となる．表面の完全被覆に対応する吸着気体体積を V_m とすると，$\theta = V/V_\mathrm{m}$ であるから

$$\frac{1}{V} = \frac{1}{V_\mathrm{m}} + \frac{1}{V_\mathrm{m} K_\mathrm{ads}^{1/2} p_{\mathrm{A}_2}^{1/2}}$$

となる．したがって，$1/V$ を $1/p^{1/2}$ の関数でプロットすると，直線が得られる．$1/V$ 軸との切片が $1/V_\mathrm{m}$ となる．プロットを図 9-10 に示す．この図から水素は解離吸着していると結論できる．完全被覆に対応する気体体積は $V_\mathrm{m} = 2.41\ \mathrm{cm}^3$ である．　　□

吸着エンタルピー

気体分子の固体表面への吸着は発熱過程である．吸着にともなうエンタルピー変化を**吸着エンタルピー** $\Delta_\mathrm{ads} H°$ という．その値は吸着平衡定数の温度変化から求めることができる．ラングミュアの吸着等温式によると $K_\mathrm{ads} p = \theta/(1-\theta)$ であるから両辺の対数をとると $\ln K_\mathrm{ads} + \ln p = \ln \dfrac{\theta}{1-\theta}$ である．ここで，$\theta = $ 一定 の条件で温度変化をとると

$$\left(\frac{\partial \ln p}{\partial T}\right)_\theta = -\left(\frac{\partial \ln K_\mathrm{ads}}{\partial T}\right) \tag{9.7}$$

を得る．熱力学関係式のファント・ホッフの式によれば

$$\left(\frac{\partial \ln p}{\partial T}\right)_\theta = -\frac{\Delta_\mathrm{ads} H}{RT^2} \tag{9.8}$$

で，この式は，$\mathrm{d}(1/T) = -\mathrm{d}T/T^2$ であることに注意すると

$$\left(\frac{\partial \ln p}{\partial (1/T)}\right)_\theta = -\frac{\Delta_\mathrm{ads} H}{R} \tag{9.9}$$

を得る．したがって，$\theta = $ 一定 の条件を満たす吸着気体圧力をいろいろな温度で求めることによって**吸着等量エンタルピー**（isosteric enthalpy of adsorption）を求めることができる．一般に，吸着エンタルピーは θ が大きくなると小さくなる．それは吸着分子どうしが引力的な相互作用をするからである．したがって，吸着分子が互いに独立であるとするラングミュアの吸着モデルは厳密には正しくない．

分子吸着の場合，表面と分子との結合エネルギーは吸着エンタルピーと等しい．すなわち，

$$D(\mathrm{A_2\text{-}S}) = -\Delta_\mathrm{ads} H \tag{9.10}$$

であるが，解離吸着では，結合エネルギーは $\mathrm{A\text{-}S} \to (1/2)\mathrm{A_2(g)} + \mathrm{S}$ の変化のために必要なエネルギーと定義され，一方，吸着過程は $\mathrm{A_2(g)} + \mathrm{S} \to 2\mathrm{A\text{-}S}$ であるから

$$D(\mathrm{A\text{-}S}) = \frac{1}{2}[-\Delta_\mathrm{ads} H + D(\mathrm{A_2})] \tag{9.11}$$

となる．ここで，$D(\mathrm{A_2})$ は $\mathrm{A_2}$ 分子の解離エネルギーである．なお，吸着エンタルピーは負の値である．表 9-2 にいくつかの例を示した．

表 9-2 水素，酸素，一酸化炭素の金属表面への吸着エンタルピーと結合エネルギー

金属表面	気体	$-\Delta_{\text{ads}}H/\text{kJ mol}^{-1}$	$D(\text{A-S})/\text{kJ mol}^{-1}$
Ag	O_2	175	335
Pt	O_2	280	387
W	O_2	770	632
Cu	H_2	42	237
Ni	H_2	96	264
Mo	H_2	113	273
Ag	CO	27[1]	—
Ni	CO	125[1]	—
W	CO	389	732[2]

[1] 分子吸着，他は解離吸着　[2] C-S，O-S の平均結合エネルギー

例題 9.8　吸着エンタルピーを求める　銀表面に解離吸着する O_2 の被覆率を $\theta=1$ に保つとき，700 K で O_2 圧力は 100 Pa，800 K で 3600 Pa であった．吸着等量エンタルピー $\Delta_{\text{ads}}H$ を求めよ．

[答] 式(9.9)を積分すると

$$\ln p = \frac{\Delta_{\text{ads}}H}{RT} + \text{const}$$

である．したがって，

$$\ln\left(\frac{100\,\text{Pa}}{3600\,\text{Pa}}\right) = \frac{\Delta_{\text{ads}}H}{R}\left(\frac{1}{700\,\text{K}} - \frac{1}{800\,\text{K}}\right)$$

となり，

$$\Delta_{\text{ads}}H = \frac{8.314\,\text{J K}^{-1}\,\text{mol}^{-1} \times \ln(100\,\text{Pa}/3600\,\text{Pa})}{[(1/700\,\text{K}) - (1/800\,\text{K})]} = -167\,\text{kJ mol}^{-1}$$

である．　□

化学吸着の吸着エンタルピーは，基質の金属原子の電子構造と関係する．図 9-11 には遷移金属への酸素の吸着エンタルピーが原子番号の順にプロットしてある．遷移金属は，d 軌道に電子配置する点に特徴があるが，図を見ると d 軌道に空席のある金属原子ほど強い結合をすることがわかる．それはそれらの空軌道が O 原子からの電子を受容するような相互作用を行うからと考えられる．なお，この図のデータは多結晶金属のもので，吸着エンタルピーはいろいろな結晶面の平均的な値となっている．すでに説明したように，結晶面によって金属原子の配位数は違っている．したがって，単結晶では結晶面の違いによっても結合エネルギーの相違が観測されている．

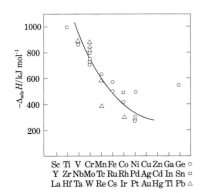

図 9-11　O_2 の多結晶遷移金属表面への吸着エンタルピーの測定値

吸着・脱離の速度

ラングミュアの吸着モデルでは，気体分子が表面へ衝突して直接吸着状態に至る．その場合，分子が表面の吸着サイトに付着する確率を

$$P_{\text{ads}} = \frac{\text{分子の表面への吸着頻度}}{\text{分子の表面との衝突頻度}}$$

のように定義する．付着確率の値はいろいろである．たとえば，COと遷移金属の場合 $P_{\text{ads}} = 0.1 \sim 1.0$ であるが，N_2 とロジウム（Rh）の場合 $P_{\text{ads}} < 0.01$ で，吸着のためには100回以上の衝突を必要とする．当然のことであるが，付着確率は表面の形態にも依存する．吸着サイトに衝突した分子は，多くの場合物理吸着を前駆状態とし，表面上で空席の吸着サイトへ移動して化学吸着へ移行する．例題9.5で1Lの露出量は付着確率が1であればほぼ単一層の吸着に相当すると述べた．したがって，気体圧力が 1×10^{-6} Torr で $1/P_{\text{ads}}$ s の露出によって飽和吸着が達成されることになる．

脱離は吸着分子の単分子過程で，その速度定数はアレニウス式で表されると考えられる．すなわち，

$$k_{\text{d}} = A \, e^{-\Delta_{\text{ads}} H / RT} \tag{9.12}$$

となる．吸着分子の吸着サイトにおける滞在時間を

$$\tau = \frac{1}{k_{\text{d}}} = \tau_0 \, e^{\Delta_{\text{ads}} H / RT} \tag{9.13}$$

と定義する．ここで $\tau_0 = 1/A$ で，吸着分子と表面との間の結合の伸縮振動の振動数の逆数の程度と考えることができる．物理吸着の弱い結合では，$\tau_0 = 10^{-12}$ s の程度で，化学吸着の強い結合で $\tau_0 = 10^{-14}$ s と予想される．

> **例題 9.9 吸着分子の滞在時間を見積もる**　COのパラジウムへの吸着エンタルピーは -146 kJ mol^{-1} である．300 K と 500 K におけるパラジウム表面における CO 分子の滞在時間を見積もれ．ただし，$\tau_0 = 1.0 \times 10^{-13}$ s とする．

［答］

300 K　$\tau = 1.0 \times 10^{-13}$ s $\exp(146 \times 10^3$ J mol$^{-1}/8.3$ J K^{-1} mol$^{-1} \times 300$ K$)$
　　　　 $= 2.7 \times 10^{12}$ s

500 K　$\tau = 1.0 \times 10^{-13}$ s $\exp(146 \times 10^3$ J mol$^{-1}/8.3$ J K^{-1} mol$^{-1} \times 500$ K$)$
　　　　 $= 180$ s

滞在時間は温度に非常に敏感である．なお，物理吸着では，吸着エンタルピーは 30 kJ mol^{-1} 以下であるから滞在時間はずっと短い．　□

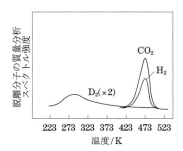

図 9-12 Cu(110) に吸着した重水素化ギ酸の昇温脱離スペクトル．[R. J. Madix, *Surf. Sci.* **89**, 540 (1979)]

昇温脱離法

吸着平衡状態にある固体表面試料の温度を一定速度で上昇させながら，脱離する気体の種類やその量を質量分析法などの手段で測定する．すると脱離量を温度の関数で見る 1 つのスペクトルとなる．脱離量が特定の温度でピークに達すれば，それはいわば脱離の活性化エネルギーを表現していることになる．

1 つの例として，Cu(110) 面に吸着した重水素化ギ酸（HCOOD）の昇温脱離スペクトルを図 9-12 に示す．D_2 の脱離が室温以下で見られ，より高温で CO_2 と H_2 の脱離が同時に起こる．ここで，HD の生成が見られないことは，ギ酸の吸着でヒドロキシ基からの脱プロトン化が起こっていると結論できる．すなわち，

HCOOD(ads) ⟶ HCOO(ads) + D(ad)
2D(ads) ⟶ D_2(g)　（275 K のピーク）
2HCOO(ads) ⟶ 2CO_2(g) + H_2(g)　（475 K のピーク）

の反応機構が裏付けされる．

昇温脱離（temperature-programmed desorption, TPD）法は表面における吸着状態が被覆率に依存することや表面再構成などについて有用な情報を与える．

吸着分子の移動

固体表面に吸着した分子は表面上を拡散移動する．それは，吸着分子どうしが表面上で互いに出会い，反応するための重要な過程である．吸着分子が表面上を移動する場合，吸着分子は表面から完全に離れることなしに，ポテンシャルエネルギー曲面の山の間の谷を通って移動する．拡散移動の活性化エネルギーは結合エネルギーの 1/5〜1/10 程度で，その値は被覆率に依存する．拡散移動は固体表面がどの結晶面にあるかによって変わるし，また，表面の欠陥にも大きく影響される．いま，被覆率 θ の吸着分子の拡散係数 D はアレニウス式

$$D(\theta, T) = D_0 \exp\left(-\frac{E_a(\theta)}{RT}\right) \quad (9.14)$$

で表すことができる．ここで，D_0 は**拡散移動度**とよばれる．吸着分子が時間 t の間に拡散移動する平均距離 $\langle x \rangle$ を定義すると

$$\langle x \rangle = (Dt)^{1/2} \quad (9.15)$$

である．そこで，吸着分子の平均移動距離 $\langle x \rangle$ をいろいろな温度で測定すれば，式 (9.14) を適用して D_0 と E_a を求めることができる．表 9-3 に測定例を示した．

例題 9.10　平均拡散移動距離を求める　表 9-3 の系について $T = 300\,\text{K}$ における $\langle x \rangle$ を計算せよ．

▶ フィックの法則の式 (8.6) は，定常的な拡散流束が密度勾配に比例することを表すものであった．ここでは，時間にも依存する拡散を考える．式 (8.6) は $J = -D\dfrac{\partial n(x,t)}{\partial x}$ となる．密度 n の時間変化は，拡散速度で決まる．したがって，

$$\frac{\partial n(x,t)}{\partial t} = \frac{J(x,t) - J(x+\Delta, t)}{\partial x}$$
$$= -\frac{\partial J(x,t)}{\partial x}$$

である．拡散流束の式を代入すると，拡散方程式は，

$$\frac{\partial n(x,t)}{\partial t} = D\frac{\partial^2 n(x,t)}{\partial x^2}$$

となる．これを**フィックの第 2 法則**という．$t=0$ において $x=x_0$ であるとすると，拡散方程式の解は，ガウス関数

$$n(x,t) = \frac{1}{2\sqrt{\pi D t}} \exp[-(x-x_0)^2/4Dt]$$

となる．時間間隔 t における拡散運動による移動距離の平均値は，

$$\langle x^2 \rangle = \int_{-\infty}^{\infty}(x-x_0)^2 n(x,t)\,\mathrm{d}x = 2Dt$$

となる．

表 9-3　表面拡散移動の活性化障壁 E_a と拡散移動度 D_0

系	$E_a/\mathrm{kJ\,mol^{-1}}$	$D_0/\mathrm{m^2\,s^{-1}}$
O/W(110)	59	1×10^{-11}
Xe/W(110)	5	7×10^{-12}
H/Ni(100)	15	2×10^{-7}
CO/Ni(100)	20	5×10^{-6}

［答］　式(9.14)によって D を計算し，$t=1\,\mathrm{s}$ として式(9.15)から $\langle x\rangle$ を計算する．

系	$D/\mathrm{cm^2\,s^{-1}}$	$\langle x\rangle/\mathrm{m}$
O/W(110)	5.3×10^{-22}	2.3×10^{-11}
Xe/W(110)	9.4×10^{-13}	9.7×10^{-7}
H/Ni(100)	4.9×10^{-10}	2.2×10^{-5}
CO/Ni(100)	1.6×10^{-9}	4.1×10^{-5}

吸着結合エネルギーの大きい O–W の場合を除けば，拡散移動の速度は非常に大きい．たとえば，W(110) 上の Xe は，1 s で 970 nm 移動する．それは，数千個の単位胞を飛び越したことになる．　　□

§3　表面上の反応速度論

ポイント　表面吸着分子が関与する化学反応の速度の特徴を把握する．

吸着分子の単分子反応

対象とする分子は，気相中で単分子分解反応を行わないが，表面に吸着されると分解反応を行う．表面は分解反応における触媒の役割を果たしている．分子を A とすると

$$\mathrm{A(g)} \xrightarrow{k_{\mathrm{ads}}} \mathrm{A(ads)} \xrightarrow{k_1} \mathrm{B(g)} \qquad (\mathrm{R}9.3)$$

の機構で表面上の単分子反応で B を生成し，B はただちに脱離する．反応速度は

$$\frac{\mathrm{d}[\mathrm{B}]}{\mathrm{d}t} = k_1[\mathrm{A(ads)}] \qquad (9.16)$$

である．いま，表面の吸着サイト数を σ_0 とすると，被覆率 θ を用いて $[\mathrm{A(ads)}]=\theta\sigma_0$ と書ける．ラングミュアの吸着等温式を適用すると

$$\frac{\mathrm{d}[\mathrm{B}]}{\mathrm{d}t} = k_1\frac{\sigma_0 K p_\mathrm{A}}{1+Kp_\mathrm{A}} \qquad (9.17)$$

を得る．反応気体の圧力が低いとき $Kp_\mathrm{A}\ll 1$ で，反応速度は反応物の圧力に比例し，1 次反応

$$\frac{d[B]}{dt} = k_1 \sigma_0 K p_A \tag{9.18}$$

となる．一方，圧力が高いとき $Kp_A \gg 1$ で，反応速度は反応物についてゼロ次

$$\frac{d[B]}{dt} = k_1 \sigma_0 \tag{9.19}$$

となる．この反応では，圧力が高くなるにつれ，反応速度は上限に近づく形式となる．それはちょうど，ラングミュアの吸着等温式に対応している．

例題 9.11　固体表面上の単分子反応を確かめる　856℃に加熱したタングステン線上でのアンモニアの分解反応を圧力測定によって追跡した．$NH_3 \rightarrow (1/2)N_2+(3/2)H_2$ の反応によって圧力は増加する．下記の表は初期圧力 200 Torr の NH_3 気体の圧力変化を時間の関数で測定したものである．アンモニアの分解速度を分圧の関数で求めよ．

t/s	100	200	300	400	500	600	800	1000	1200	1400	1800	2000
$p-p_0$/Torr	14	27	38	48.5	59	70	92	112	132	149	178	187

[答]　アンモニアが α の割合で解離すると，全圧は $p=(1+\alpha)p_0$ となる．また，アンモニアの分圧 $p(NH_3)=(1-\alpha)p_0=2p_0-p$ である．上のデータより $-\Delta p(NH_3)/\Delta t$ を求め，下記の表に示し，図 9-13 にアンモニアの分解反応速度をアンモニア分圧の関数でプロットした．式 (9.17) によれば，アンモニア分圧の高い反応初期では，反応速度は一定で，アンモニア分圧に対してゼロ次となるはずである．図はその関係をほぼ満足している．

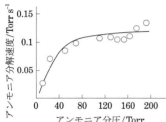

図 9-13　856℃に加熱したタングステン線上でのアンモニア分解反応速度のアンモニア分圧による変化．

t/s	100	200	300	400	500	600	800	1000	1200	1400	1800	2000
$p(NH_3)$/Torr	186	172	162	152	140	130	108	88	68	50	22	12
$[-\Delta p(NH_3)/\Delta t]$/Torr s^{-1}	0.14	0.13	0.11	0.105	0.105	0.11	0.11	0.10	0.10	0.085	0.075	0.025

□

表面上の 2 分子反応

反応物 A と B がともに固体表面上に吸着し，吸着分子どうしが相互に拡散移動をして互いに出会い，2 分子反応を行う．これを**ラングミュア-ヒンシェルウッド**(Langmuir-Hinshelwood)**機構**という．A と B にラングミュアの吸着等温式を適用すると

$$\theta_A = \frac{K_A p_A}{1+K_A p_A + K_B p_B} \tag{9.20}$$

$$\theta_B = \frac{K_B p_B}{1+K_A p_A + K_B p_B} \tag{9.21}$$

となる．ここで，反応分子 A と B が共通の吸着サイトを占めることに注意する必要がある．いま，吸着サイト数を σ_0 とすれば，反

応速度は

$$v = k\sigma_0^2 \theta_A \theta_B = \frac{k\sigma_0^2 K_A K_B p_A p_B}{(1 + K_A p_A + K_B p_B)^2} \quad (9.22)$$

となる．この式によれば，$K_A p_A, K_B p_B \ll 1$ のとき反応速度は A, B の圧力の積に比例する．また，反応物 B が吸着サイトの大部分を占める場合，反応速度は $v \propto p_A/p_B$ となって B の圧力を増すと反応速度は小さくなる．それは表面のほとんどが B で占められているため，B の分圧の増大は A の吸着を妨げるからである．

ラングミュア–ヒンシェルウッド機構では，反応速度はある温度で極大となるような温度依存性を示す．温度が上昇すると吸着平衡が気相側へ移動し，吸着分子の数が減少する．一方，反応速度定数 k は温度上昇とともに大きくなるのが一般的である．低温では，K が大きく，$Kp \gg 1$ となるため反応速度は k に比例し，温度とともに反応速度が増大する．しかし，高温になると $Kp \ll 1$ となって反応速度は kK に比例して，温度とともに減少する．したがって，反応速度はある温度で極大となる．

表面に吸着した反応物 A が気相の反応物 B と反応して生成物をもたらす反応機構を**エリー–リディール**(Eley-Rideal)**機構**という．反応速度は

$$v = k\sigma_0 \theta_A p_B = \frac{k\sigma_0 K_A p_A p_B}{1 + K_A p_A + K_B p_B} \quad (9.23)$$

となる．ここでは，B も吸着するが，反応には直接関わらないと仮定している．

例題 9.12 解離吸着の反応物の場合の速度式を求める 白金表面上での CO の酸化反応では，O_2 は解離吸着し，表面上で同じく吸着した CO を酸化する．すなわち，

$$CO(g) \rightleftarrows CO(ads)$$
$$O_2(g) \rightleftarrows 2O(ads)$$
$$CO(ads) + O(ads) \longrightarrow CO_2(g)$$

である．反応速度式を求めよ．

［答］ O_2 の解離吸着平衡式は

$$\theta_O = \frac{K_{O_2}^{1/2} p_{O_2}^{1/2}}{1 + K_{O_2}^{1/2} p_{O_2}^{1/2} + K_{CO} p_{CO}} \quad (9.24)$$

である．ここで，CO が競争的に吸着することに注意する．また，CO の吸着平衡式は

$$\theta_{CO} = \frac{K_{CO} p_{CO}}{1 + K_{O_2}^{1/2} p_{O_2}^{1/2} + K_{CO} p_{CO}} \quad (9.25)$$

であるから，反応速度は

$$v = k\sigma_0^2 \theta_O \theta_{CO} = \frac{k\sigma_0^2 K_{O_2}^{1/2} K_{CO} p_{O_2}^{1/2} p_{CO}}{(1 + K_{O_2}^{1/2} p_{O_2}^{1/2} + K_{CO} p_{CO})^2} \quad (9.26)$$

である. □

触媒反応

固体表面を利用した触媒反応は合成化学工業の基本を成している.たとえば,ハーバー–ボッシュ(Harber-Bosch)法のアンモニア合成,一酸化炭素と水素からの炭化水素の合成,炭化水素の接触分解や芳香族化などである.

触媒は化学平衡を効率よく達成するための反応場を提供する.すなわち,反応を媒介した後それ自身を再生し,再び反応を媒介する.この繰り返しによって反応を推進する.そこで,ある一定の反応条件(反応物比率,圧力,温度)のもとで,触媒の効率を表現するために**ターンオーバー頻度**(turnover frequency, TOF)
$R/\mathrm{molecule\,cm^{-2}\,s^{-1}} =$ 単位時間・単位面積当たりの生成分子の数
を定義する.触媒表面の吸着サイトがわかっているときには,ターンオーバー頻度をサイト当たりに定義することもある.するとサイトに入射する反応分子当たりの反応確率

$$RP = \frac{生成分子の生成速度}{反応分子の入射速度}$$

を定義することもできる.

> **例題 9.13 触媒反応の速度** Ni 粉末を触媒とするエタンの水素化分解反応 $C_2H_6 + H_2 \to 2CH_4$ のターンオーバー頻度は 250 ℃ において $2 \times 10^{13}\,\mathrm{molecule\,cm^{-2}\,s^{-1}}$ である. 1 g の触媒が 1 時間に水素化分解できるエタンの量は 0.1 mol であった. Ni 粉末が等しい球形粒子から成ると仮定して,その半径を推定せよ. ただし, Ni の密度は $8.9\,\mathrm{g\,cm^{-3}}$ である.

[答] 1 g の Ni 粉末の総表面積を S とすると, 1 時間の水素分解反応の生成量より

$$S = \frac{0.1\,\mathrm{mol} \times 6 \times 10^{23}\,\mathrm{mol^{-1}}}{2 \times 10^{13}\,\mathrm{molecule\,cm^{-2}\,s^{-1}}} \times 60\,\mathrm{min} \times 60\,\mathrm{s} = 8.3 \times 10^5\,\mathrm{cm^2} = 83\,\mathrm{m^2}$$

である. Ni 粉末を構成する粒子球の半径を r, その総数を N とすると

$$N = \frac{S}{4\pi r^2}$$

で,その総質量(1 g)は

$$\frac{3}{4}\pi r^3 \times 8.9\,\mathrm{g\,cm^{-3}} \times N = 1\,\mathrm{g}$$

である.これを前式に代入して, r を計算すると

$$r = \frac{3}{8.9}\,\mathrm{g\,cm^{-3}}(S/\mathrm{m^2}) = 4 \times 10^{-7}\,\mathrm{cm} = 400\,\mathrm{nm}$$

となる.

固体触媒の表面積は $1 \sim 10^3 \mathrm{~m^2\,g^{-1}}$ である．それは触媒がきわめて小さい粒子の集合体であるか，または，粒子中に微細孔が多くあって多孔質となっているためである．微細な粒子は，そのままでは反応系で安定に保持することが難しいので，たとえば，酸化物表面に固定した担持触媒とすることが多い． □

窒素と水素からアンモニアを合成する反応は，Fe 触媒によって可能となった．反応初期段階において反応速度は窒素圧力に比例する．したがって，窒素の吸着解離が律速であると結論できる．反応機構は次のようになる．

$$(1/2)\mathrm{H_2(g)} + \mathrm{S} \rightleftharpoons \mathrm{H(ads)}$$
$$(1/2)\mathrm{N_2(g)} + \mathrm{S} \rightleftharpoons \mathrm{N(ads)}$$
$$\mathrm{N(ads)} + \mathrm{H(ads)} \rightleftharpoons \mathrm{NH(ads)}$$
$$\mathrm{NH(ads)} + \mathrm{H(ads)} \rightleftharpoons \mathrm{NH_2(ads)}$$
$$\mathrm{NH_2(ads)} + \mathrm{H(ads)} \rightleftharpoons \mathrm{NH_3(ads)}$$
$$\mathrm{NH_3(ads)} \rightleftharpoons \mathrm{NH_3(g)}$$

この触媒反応の過程を量子化学計算をした結果を図 9-14 に示す．解離吸着した N と H が相互に反応するラングミュア-ヒンシェルウッド型の反応機構となっている．

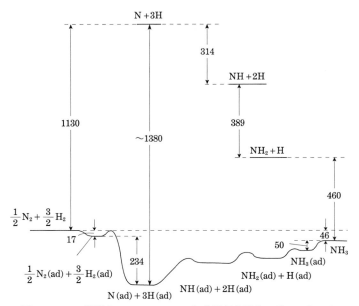

図 9-14 Fe 触媒上でのアンモニア合成反応中間体のポテンシャルエネルギー（$\mathrm{kJ\,mol^{-1}}$）の量子化学計算と気相反応中間体のポテンシャルエネルギーとの比較．

例題 9.14　固体表面構造と触媒反応効率の関係を探る　ソモジャイ(G. R. Somorjai)の研究室では，$N_2 : H_2 = 1 : 3$ の混合気体 673 K，20 atm の条件で，Fe の体心立方単結晶表面におけるアンモニア合成反応速度を測定した．結果は表面の種類によって著しく異なる．

表面	(111)	(100)	(110)
NH_3 生成速度/10^9 molecule cm^{-2} s^{-1}	13	1.9	~0

[N. D. Spencer, R. C. Schoonmaker and G. A. Somorjai, *J. Catal.* **74**, 129(1982)]

この結果を表面における Fe 原子の並びと関係づけて説明せよ．

［答］体心立方格子結晶のそれぞれの面に垂直方向から原子の並びを観察する．すると図9-15のようになる．体心立方格子の場合，1つの原子を8個の原子で囲んでいる．つまり，配位数は8である．表面を構成する原子は配位数がこれよりも小さくなっている．

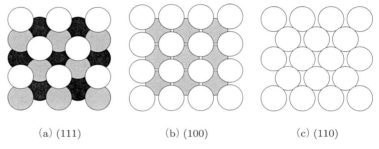

(a) (111)　　　(b) (100)　　　(c) (110)

図 9-15　体心立方格子結晶の，(a) (111) 面，(b) (100) 面，(c) (110) 面，における原子の並び．第1層原子：○，第2層原子：◐，第3層原子：●．

(111) 面では，表面の第1層原子の並びは疎で，第2層の原子が表面に露出している．その上，第3層の原子も表面から到達可能である．その配位数は第1層で4，第2, 3層で7である．一方，(110) 面では，原子の並びは密で，その配位数は6である．また，第2層原子へは第1層原子に遮られて，表面から到達できない．配位数7の Fe 原子が N_2 の解離吸着の活性をもつと仮定すると実験結果を説明できる．なお，実際の工業触媒では，Fe に Al_2O_3，K_2O が添加されている．Al_2O_3 の添加は活性な表面構造を形成するために有効であり，K_2O は反応機構における電子移動の効果を与えるものと考えられている．　　□

付　録

§A1　ボルツマン因子と分配関数

化学反応速度定数のアレニウス式で，活性化エネルギーを含む指数因子 $\exp(-E_a/RT)$ は，温度 T のもとで E_a 以上のエネルギーをもつ反応分子の割合であると解釈した．温度が高いと分子の運動が激しくなるので，この因子は直感的にも理解できる．これを統計的な方法で初めて解明したのがボルツマン(L. Boltzmann, 1844-1906)である．すなわち，分子の量子準位エネルギーを $\varepsilon_1, \varepsilon_2, \varepsilon_3, \cdots$ とするとき，分子がエネルギー ε_j の量子状態をとる確率は

$$p_j \propto \exp(-\varepsilon_j/k_B T) \qquad (A1.1)$$

で，指数関数部分を**ボルツマン因子**とよぶ．ここで，k_B はボルツマン定数，T は絶対温度である．各量子状態に対する確率の総和は 1 であるから

$$q = \sum_i \exp(-\varepsilon_j/k_B T) \qquad (A1.2)$$

とすると，(A1.1)の規格化定数は $1/q$ である．ここで，q を**分配関数**(partition function)という．

ボルツマン因子は，N 個の分子が $\varepsilon_0, \varepsilon_1, \varepsilon_2, \varepsilon_3, \cdots$ のエネルギーをもつ量子状態に分布する場合の数が最大となるような分布に対して定められる．その場合，次の前提を考える．

(1) すべての分布において分子の総数 N および全エネルギーは等しい．

(2) どの分布状態も等しい確率で実現される．

N 個の分子を各量子状態に分布させる場合の数を計算しよう．それは N 個の分子を $\varepsilon_0, \varepsilon_1, \varepsilon_2, \varepsilon_3, \cdots$ のエネルギーをもつグループに仕分ける場合の数である．量子エネルギー ε_0 をもつ分子数を n_0，ε_1 をもつ分子数を n_1，ε_2 をもつ分子数を n_2，$\cdots$ とする．そのような仕分けの仕方の数は

$$W = \frac{N!}{n_0! \, n_1! \, n_2! \cdots} \qquad (A1.3)$$

である．温度 T のもとでもっとも実現可能性の高い分布状態は W を最大とするものである．もちろん，その場合，上に述べた条件を満たす必要がある．その条件を式で表すと

▶ まず，N 個の分子を並べる仕方の数は $N!$ である．次にそれを量子エネルギー $\varepsilon_0, \varepsilon_1, \varepsilon_2, \cdots$ に対応して分子を $n_0, n_1, n_2, \cdots$ 個を仕分けする．同じエネルギーをもつ分子どうしには区別がないので，その並び方の $n_0!, n_1!, n_2!, \cdots$ 通りには区別がない．つまり，$N!$ の並び方は，分布の仕方の数としては過大評価であり，$N!/n_0! \, n_1! \, n_2! \cdots$ が実質的な分布の仕方の数である．

$$N = \sum_i n_i \qquad (A1.4)$$

$$E = \sum_i n_i \varepsilon_i \qquad (A1.5)$$

である．この条件を満たし，かつ W を最大にする分布 $\{n_i\}$ を探せばよい．ここで，N 個の分子の分布の仕方と $2N$ 個の分子の分布の仕方とを比較しよう．$2N$ 個の分子の W は，N 個の分子の W の2乗の程度の大きさとなる．もし，われわれが W を反映するような状態量を考えるのであれば，分子数に比例するような分布の仕方を反映した量を取り扱うことが望ましい．いま，W の代わりに $\ln W$ とすれば，それは分子数に比例する量である．しかも，W の最大は $\ln W$ の最大でもある．その上，大きい n の値についてスターリングの公式

$$\ln n! = n\ln n - n \qquad (A1.6)$$

を用いることができる．式(A1.3)の自然対数をとり，スターリングの公式を適用すると

$$\ln W = N\ln N - \sum n_i \ln n_i \qquad (A1.7)$$

となる．ここで $\ln n! \approx n\ln n$ という近似をした．$\ln W$ の最大値は $n_i \to n_i + dn_i$ の微小変化に対する $\ln W$ の微小変化量 $d\ln W$ がゼロとなるという条件で成立する．すなわち，(A1.7)の微分量をとると

$$d\ln W = -\sum(\ln n_i + 1)dn_i = 0 \qquad (A1.8)$$

となる．この式を(A1.3)と(A1.4)の条件のもとで解かねばならない．それらの条件式の微分形は

$$\sum dn_i = 0 \qquad (A1.9)$$

$$\sum \varepsilon_i dn_i = 0 \qquad (A1.10)$$

である．この2つの条件のもとでの最大値問題はラグランジュの未定係数法を用いて解くことができる．それは (A1.8)+α×(A1.9)+β×(A1.10) を満たす $\{n_i\}$ を探せばよい．すなわち，

$$\sum(\ln n_i + \alpha + \beta\varepsilon_i)dn_i = 0$$

が条件式である．どのような dn_i に対してもこの式が成立するためには

$$\ln n_i + \alpha + \beta\varepsilon_i = 0 \qquad (A1.11)$$

であればよい．したがって，

$$n_i = \exp(-\alpha - \beta\varepsilon_i)$$

である．分子の総数を求めると

$$N = \sum \exp(-\alpha - \beta\varepsilon_i) = e^{-\alpha} \sum \exp(-\beta\varepsilon_i) = e^{-\alpha} q \qquad (A1.12)$$

である．ここで，分配関数

$$q = \sum_i \exp(-\beta\varepsilon_i) \qquad (A1.13)$$

▶ W を反映する状態量は，ボルツマンによって提案されたエントロピー $S = k_B \ln W$ である．

を定義する．各量子準位への分布数は

$$n_i = \frac{N}{q}\exp(-\beta\varepsilon_i) \qquad (\text{A1.14})$$

である．なお，i 番目の量子準位が g_i 重に縮重しているとき分布数は重率だけ増えるので式(A1.13),(A1.14)は

$$q = \sum_i g_i \exp(-\beta\varepsilon_i) \qquad (\text{A1.13}')$$

$$n_i = \frac{N}{q} g_i \exp(-\beta\varepsilon_i) \qquad (\text{A1.14}')$$

となる．ここで，β を定めるための議論は行わないが

$$\beta = \frac{1}{k_\text{B} T} \qquad (\text{A1.15})$$

である．ここで，k_B はボルツマン定数である．ボルツマン定数はミクロな気体定数といってよく，気体定数 R をアボガドロ定数 N_A で割ったものである．すなわち，

$$N_\text{A} k_\text{B} = R \qquad (\text{A1.16})$$

である．

並進運動の分配関数

長さ L の1次元の空間に閉じ込めた分子(質量 m)の並進運動の量子エネルギー準位エネルギーをまず計算しよう．分子のド・ブロイ波長は

$$\lambda = \frac{h}{p}$$

である．長さ L の1次元空間で分子が定在波を形成する条件は，量子数を n_x とすると，L が半波長の整数倍となることであるから

$$\frac{2L}{\lambda} = n_x$$

である．すると

$$p_x = \frac{h}{2L} n_x$$

で，運動エネルギーは

$$\varepsilon_x = \frac{p^2}{2m} = \frac{h^2}{8mL^2} n_x^2 \qquad n_x = 1,2,\cdots \qquad (\text{A1.17})$$

のように量子化される．1次元運動の分配関数は，

$$q_{\text{trans},x} = \sum_{n_x=1}^{\infty} \exp\left(-\frac{h^2}{8mL^2} n_x^2 / k_\text{B} T\right) \qquad (\text{A1.18})$$

である．ここで，L は容器の大きさであってマクロな大きさであるから $\frac{h^2}{8mL^2} \ll k_\text{B} T$ である．すると上式の和は n_x を変数とする積分に置き換えることができる．すなわち，

▶ 定積分 $I = \int_0^\infty e^{-x^2} dx$ の求め方.
I^2 を直交する 2 つの独立座標 x, y を用いて表現する.
$$I^2 = \int_0^\infty e^{-x^2} dx \int_0^\infty e^{-y^2} dy$$
直交座標 x, y を極座標 r, θ に変換する.
$$x^2 + y^2 = r^2, \quad dxdy = rdrd\theta$$
を用いると
$$I^2 = \int_0^{\pi/2} \int_0^\infty e^{-r^2} rdrd\theta$$
$$= \left[-\frac{e^{-r^2}}{2}\right]_0^\infty [\theta]_0^{\pi/2} = \frac{\pi}{4}$$
となる.したがって,$I = \sqrt{\pi}/2$ となる.

$$q_{\text{trans},x} = \int_0^\infty \exp(-x^2) dx$$

で,$x = (h^2/8mL)n_x$ である.したがって,

$$q_{\text{trans},x} = \frac{(8mk_\text{B}T)^{1/2}}{h} L \tag{A1.19}$$

である.気体分子を 3 次元の容器に入れたとき x, y, z 方向の運動は独立と考えてよいから

$$q_{\text{trans}} = q_{\text{trans},x} q_{\text{trans},y} q_{\text{trans},z} = \frac{(8mk_\text{B}T)^{3/2}}{h^3} L^3 = \frac{(8mk_\text{B}T)^{3/2}}{h^3} V \tag{A1.20}$$

である.ここで,$V = L^3$ で気体容器の体積である.

回転運動の分配関数

2 原子分子の回転運動について,例題 5.11 で分配関数をすでに計算した.

$$q_{\text{rot}} = \frac{k_\text{B}T}{hcB} \tag{A1.21}$$

ここで,B は波数単位の回転定数である.

振動運動の分配関数

調和振動のエネルギー準位は
$$\varepsilon_v = hc\tilde{\nu}(v + 1/2)$$
である.したがって,振動運動に対する分配関数は
$$q_{\text{vib}} = \sum_{v=0}^\infty \exp\left(-\frac{hc\tilde{\nu}}{k_\text{B}T}v\right)$$
である.なお,ここで $v=0$ のときのエネルギーを基準として分配関数を考える.この式は等比級数であるから

$$q_{\text{vib}} = \frac{1}{1 - \exp\left(-\dfrac{hc\tilde{\nu}}{k_\text{B}T}\right)} \tag{A1.22}$$

いま,s 個の振動モードをもつ多原子分子であれば

$$q_{\text{vib}} = \prod_{i=1}^{i=s} \frac{1}{1 - \exp\left(-\dfrac{hc\tilde{\nu}_i}{k_\text{B}T}\right)} \tag{A1.23}$$

となる.

理想気体中の分子集団の分配関数

式 (A1.13) の分配関数は,1 個の分子が i 番目の準位をとる確率を与えるための規格化定数の逆数と解釈できる.N 個の分子系に対す

る分配関数は，分子が識別できるかどうかで変わってくる．分子結晶の場合には，分子が格子点を占めるのでその位置によって分子を区別することができる．しかし，気体や液体では，分子の占める位置は絶えず変わるので，分子を識別することはできない．たとえば，3つの識別可能な箱 1, 2, 3 に状態 a, b, c の分子を入れるとき，(abc), (acb), (bac), (bca), (cab), (cba) の 6 通り（$= 3!$）の分布が可能である．気体ではこれらの分布は区別できない．気体の 1 つの分布に対して結晶では $N!$ 通りの識別できる分布が可能である．分子に対する分配関数 q を用いて N 個の分子系の分配関数を考えるとき，結晶のように分子が局在している分子系と気体のように非局在的な分子系とでは $N!$ だけの因子が違ってくる．局在系の分配関数は，

$$Q_{\text{局在系}} = q^N \qquad (\text{A1.24})$$

で，非局在系に対しては

$$Q_{\text{非局在系}} = \frac{q^N}{N!} \qquad (\text{A1.25})$$

である．

理想気体中の N 個の分子集団の分配関数は，

$$Q = \frac{1}{N!} q_{\text{trans}}{}^N q_{\text{rot}}{}^N q_{\text{vib}}{}^N \qquad (\text{A1.26})$$

である．

§A2 化学反応速度の測定方法

静 置 法

反応容器を一定温度に保ち，反応物を導入し，反応を開始させる．一定時間後に反応物または生成物を定量分析する．その場合，反応系から一部をとり出して化学分析することもできる．この方法では，反応の速さを示す半減期が分の桁になるような遅い反応についてのみ適用可能である．その場合，反応分子が容器表面上で行う反応に注意を払う必要がある．容器表面が反応に関与しているかどうかを調べるのに，反応容器の内容積と表面積の比率 S/V の異なる容器を準備して，反応速度に対して表面の影響があるかどうかを確かめる方法がある．例題 2.3 のショ糖の転化反応や例題 2.6 の過酸化ジ t-ブチルの熱分解反応は静置法による実験である．

流 通 法

反応気体や溶液を管中を高速度で流通させ，反応時間の経過を管の流れ方向の距離に置き換える方法である．いま，図 A2-1 のよう

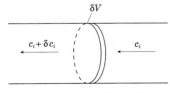

図 **A2-1** 流通法の原理

に反応管中を気体が流速 u で流れるとする．管に垂直に切りとった微小体積 $\mathrm{d}V$ に i 番目の成分が濃度 c_i で入り，$c_i+\mathrm{d}c_i$ で出るとする．i 番目の成分について反応速度 $r_i=\mathrm{d}c_i/\mathrm{d}t$ を定義すると，δV 中の i 番目の成分の濃度変化は

$$\delta V \frac{\mathrm{d}c_i}{\mathrm{d}t} = r_i \delta V - u \delta c_i \tag{A2.1}$$

と表される．反応する流れは，時間によらない定常状態となっている．したがって，$\mathrm{d}c_i/\mathrm{d}t=0$ である．したがって，

$$\delta c_i = r_i \frac{\delta V}{u} \tag{A2.2}$$

が成立する．つまり，$\delta V/u = \delta t$ は反応時間の微小変化に相当する．したがって，流速 u が大きくなれば，時間分解能もよくなる．反応管の断面は普通一定である．断面積を S とすれば，$\delta V = S\delta x$ である．x は管の流れ方向にとった座標で，

$$v = \frac{u}{S} \tag{A2.3}$$

を流れの線速度とすれば，式(A2.2)は

$$\delta c_i = r_i \frac{\delta x}{v} \tag{A2.4}$$

であって，反応速度は

$$r_i = v \frac{\delta c_i}{\delta x} \tag{A2.5}$$

となる．管の流れる方向に沿って反応物または生成物を定量すれば，反応速度を測定することができる．線速度は条件によるが $1\sim100$ $\mathrm{m\,s^{-1}}$ 程度が可能である．管の流れ方向の分析の空間的分解能を 1 cm 程度とすれば，$10^{-2}\sim10^{-3}$ s 程度の時間分解能で反応の進行を観測できる．この場合，定常条件を満足しているから，流れを乱さないかぎり，試料をとり出すなどの分析法も応用できる．

化学緩和法

化学平衡状態にある系に微小な温度変化を加えると新しい平衡状態へ移行する．この移行速度を決定するのが緩和法である．ここで，簡単のために 1 次反応の正逆反応

$$\mathrm{A} \underset{k_{-1}}{\overset{k_{+1}}{\rightleftharpoons}} \mathrm{B} \tag{RA2.1}$$

を考える．化学平衡状態では

$$\frac{[\mathrm{B}]_{\mathrm{eq}}}{[\mathrm{A}]_{\mathrm{eq}}} = \frac{k_{+1}}{k_{-1}} = K \tag{A2.6}$$

の関係がある．平衡状態に外部から加熱などの摂動が加えられたとき，新しい平衡状態への移動が起こる．つまり，

$$[A] = [A]_e - x \tag{A2.7}$$
$$[B] = [B]_e + x$$

の濃度変化が起こる．速度式は

$$\begin{aligned}\frac{dx}{dt} &= k_{+1}([A]_e - x) - k_{-1}([B]_e + x) \\ &= -(k_{+1} + k_{-1})x \\ &= -k_{-1}(K+1)x = -(1/\tau)x\end{aligned} \tag{A2.8}$$

である．この式は，摂動前の平衡状態から摂動後の新しい平衡状態への変化を表す速度式で，摂動による新平衡状態へは，**緩和時間**（relaxation time）τ で指数関数的に接近する．他のいくつかの平衡反応の場合の緩和時間と速度定数の関係を表 A2-1 にまとめておいた．例題 3.3 に $H^+ + HO^-$ の中和反応の緩和法による測定例を示した．

表 A2-1 いくつかの化学平衡反応における緩和時間

化学反応	反応速度式 dx/dt	緩和時間 τ
$A \rightleftharpoons C$	$k_1(a_0-x) - k_{-1}x$	$1/(k_1+k_{-1})$
$A+A \rightleftharpoons C$	$k_1(a_0-2x)^2 - k_{-1}x$	$1/(4k_1 a_e + k_{-1})$
$A+B \rightleftharpoons C$	$k_1(a_0-x)(b_0-x) - k_{-1}x$	$1/[k_1(a_e+b_e)+k_{-1}]$
$A \rightleftharpoons C+D$	$k_1(a_0-x) - k_{-1}(c+x)(d+y)$	$1/[k_1 + k_{-1}(c_e+d_e)]$
$A+B \rightleftharpoons C+D$	$k_1(a_0-x)(b_0-x) - k_{-1}(c_0+x)(d_0+y)$	$1/[k_1(a_e+b_e)+k_1(c_e+d_e)]$

ここで，a_0, b_0, c_0, d_0 は化学種 A, B, C, D の反応初期濃度，a_e, b_e, c_e, d_e はそれらの平衡濃度．

分子変調法（位相差検出法）

反応をある一定時間に開始させ，反応の進行の時間変化を調べる緩和法は時間領域（time-domain）の測定法である．これに対し分子変調法では，反応を周期的に繰り返して起こし，反応の進行を周期の位相遅れとして観測する．これは周波数領域（frequency-domain）の測定法に対応する．いま，分子 A が光照射によって解離して原子またはラジカル R を生成するとする．ここで，照射する光の強度を周波数 f の正弦波となるよう変調する．すなわち，光の強度は，次の式で表すことができる．

$$I = \frac{I_0}{2}(1 + \sin \omega t) \tag{A2.9}$$

$\omega = 2\pi f$ は角周波数，I_0 は光強度の短形波振幅である．化学反応は

$$A + h\nu \longrightarrow R + R' \tag{RA2.2}$$
$$R + B \longrightarrow 生成物 \tag{RA2.3}$$

を仮定する．A が光吸収をして分解する速度は，第 5 章で説明したように入射光の強度と光解離吸収断面積の積となる．R についての

速度方程式は,

$$\frac{d[R]}{dt} = I\sigma[A] - k[B][R] \tag{A2.10}$$

となる．ここで，I は光強度で単位時間，単位断面積当たりに入射する光子数で，σ は光吸収の確率(断面積)を表す．いま，反応セルに反応物 A と B が流れており，光分解による濃度変化は小さく，定常濃度を保つものと仮定する．式(A2.10)に変調光の式(A2.9)を代入し，[R] について

$$[R] = a + b\sin(\omega t - \phi)$$

の周期解を仮定して，式(A2.10)に代入すると

$$b\omega\cos(\omega t - \phi) = (I_0/2)\sigma[A](1 + \sin\omega t) - k[B][a + b\sin(\omega t - \phi)]$$

となる．ここで，定常値，$\sin\omega t$ の係数，$\cos\omega t$ の係数について上記の 2 つの式を比較すると

$$a = \frac{I_0\sigma[A]}{2k[B]} \tag{A2.11}$$

$$b = \frac{(I_0/2)\sigma[A]}{\omega\sin\phi + k[B]\cos\phi} \tag{A2.12}$$

$$\tan\phi = \frac{\omega}{k[B]} = \omega\tau \tag{A2.13}$$

が得られる．すなわち，原子・ラジカル濃度は，次の周期解をもつ.

$$[R] = \frac{I_0\sigma[A]}{2k[B]} + \frac{I_0\sigma[A]}{2[(k[B])^2 + \omega^2]^{1/2}}\sin(\omega t - \phi) \tag{A2.14}$$

ここで，ϕ は位相遅れ角であって，$t = 1/k[B]$ は R の反応による寿命である．原子・ラジカルを光吸収，ESR などの手段で検出し，その交流成分の変調照射光に対する位相遅れ角を位相敏感増幅器(ロックイン増幅器)によって測定すれば，原子・ラジカルの反応速度定数を求めることができる．

▶ $\sin\omega t$ に同期する交流信号とそれから位相角が 90°遅れた $\cos\omega t$ の交流信号を測定する増幅器．前者の信号強度で後者のそれを割り算すると $\tan\phi$ が求められる．

衝 撃 波 法

気体の大きな圧力波は非線形効果によってほとんど垂直に切り立った波となる．この波は超音速の速さで進行する．音の速度 a は，気体の圧力 p，密度 ρ，温度 T の関数で，

$$a = \left(\frac{\gamma p}{\rho}\right)^{1/2} = (\gamma RT)^{1/2} \tag{A2.15}$$

となる．ここで，γ は定圧熱容量と定積熱容量の比である．圧力波の波面では断熱圧縮が起きている．したがって，圧力の高い波面の温度は低い波面の温度よりも高い．すると波面の進行の度合いは図 A2-2 に示すように圧力の高い波面が大きくなり，波面は垂直に切

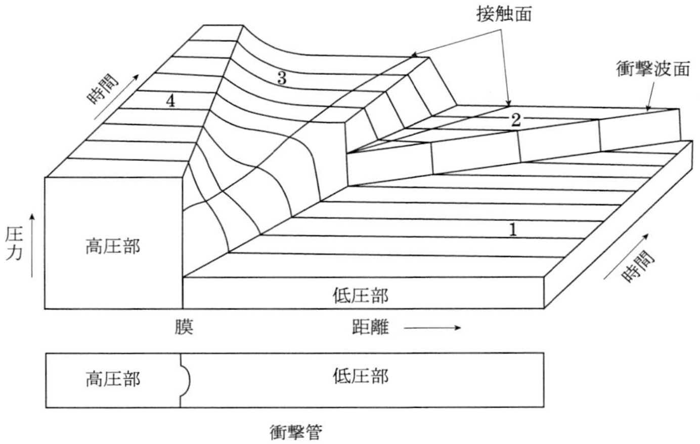

図 A2-2 衝撃波の発生と進行を模式的に説明した図．管の中が高圧部(4)と低圧部(1)に膜によって隔てられており，時間ゼロの瞬間に膜を破ると，低圧部に向かって圧力波が音速で進行するが，それはただちに衝撃波に成長して，超音速で進行する．低圧部の(1)の気体は，衝撃波通過後(2)の高温気体となって波面の進行にともなって超音速で進行する．衝撃波が管の末端で反射すると(2)の気体は反射衝撃波によってさらに加熱され，静止する．この図では，管の末端での衝撃波の反射を描いていない．

り立つ**衝撃波**(shock wave)へ成長する．衝撃波の波面はきわめて薄く，瞬間的に常温から数千Kに気体を加熱することができる．

衝撃波管装置では，管を膜で高圧部と低圧部に分け，高圧部には水素のような分子量の小さい気体を，低圧部には反応物を含む不活性気体を詰め，瞬間的に膜をとり除く．すると，大きな圧力波が管中を進行し，それは衝撃波へ成長する．衝撃波は低圧部の管中を超音速で進行する．衝撃波の通過後の瞬間的温度上昇によって気体の反応が開始する．その場合，気体温度はマイクロ秒以下の時間に数千度も上昇する．反応の進行を何らかの手段で計測すれば高温における反応速度を求めることができる．

衝撃波は，主として熱分解反応や燃焼・爆発反応の研究に応用されている．また，衝撃波加熱気体を単に高温反応物気体と考え，ここに紫外レーザーを照射して原子やラジカルを生成し，高温におけるそれらの活性種の反応研究に応用することもある．

閃光分解法

光パルスの照射などによって原子・ラジカルの前駆体を瞬間的に光解離し，生成した原子やラジカルの反応の進行を分光法などによって追跡する方法である．反応(R2.6)のO原子とシクロヘキサン

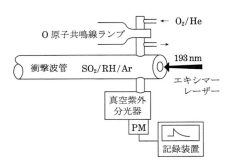

図 **A2-3** 衝撃波管とエキシマーレーザーを用いた閃光分解反応装置.

の反応速度測定はこの方法によってなされた．例題 2.5 のレーザー光照射による酸素原子の生成とその消滅を測定した装置の概略を図 A2-3 に示す．Ar 中に SO_2 とアルカンを微量混合した気体を衝撃波加熱し，ここに 193 nm の紫外光パルス（エキシマーレーザー）を管端の窓を通して照射する．その結果，SO_2 が光解離をして O 原子がパルス的に生成し，アルカンとの反応が開始する．O_2 を微量含む He 気体のマイクロ波放電から発する O 原子の共鳴線（第 5 章参照）の反応気体による吸収強度の時間変化（図 2-4）から，O 原子の反応速度を求めることができる．このように，パルス光で反応を開始させ，反応の進行を時間的に追跡する実験方法を**閃光分解**（flash photolysis）**法**という．

　通常の紫外レーザーパルスは，10 ns 程度の時間幅で，反応の進行を観測する時間分解能はその幅の程度となる．その時間幅は分子間の衝突時間よりも長く，分子気体は反応の途中で十分衝突を繰り返し，均一な分子集団として反応する．つまり，この方法である温度のもとの反応速度を測定できる．一方，時間幅が 10^{-14} s のレーザーパルスで反応を開始させ，フェムト秒（10^{-15} s）の時間分解能で反応を観察すると，それは光励起した分子内での反応ダイナミックスを追跡することになる．なぜなら，分子間の衝突の時間よりもずっと短い時間スケールで反応を追跡しているからである．つまり，フェムト秒の反応追跡は，ミクロなレベルで反応を探究する方法となる．

流通停止法

　2 つの溶液を短時間に混合し，混合溶液の流れを停止してそこで起こる反応の進行を測定する．混合の瞬間から反応測定の開始までに要する時間が適用可能な反応速度を決める．反応時間が 0.1～1 ms 以上となる反応が研究対象となる．図 A2-4 に標準的な流通停止法の概念を示す．2 つの溶液をそれぞれ別の筒に入れ，これを高圧ガ

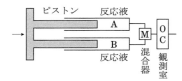

図 **A2-4** 流通停止法の原理図．反応液を急速混合し，観測室で主として分光測定を行う．

スで駆動するピストンで混合器へ押し出し，観測室へ流入させる．ピストンは一定距離だけ走行して停止する．停止後の混合溶液中の反応の進行をたとえば光吸収の時間変化によって測定する．ピストンの代わりにガス圧によってごく少量(約 $0.05\,\mathrm{cm}^3$)の2つの溶液を混合し，反応測定を行うこともある．これを周期的に繰り返し，光学測定の信号を加算平均してより正確な測定を行う工夫もなされている．

参 考 書

(1) 物理化学全般

- P. W. Atkins, *Physical Chemistry*, 7th ed., Oxford Univ. Press, 2002. 千原秀昭・中村亘男 訳『アトキンス物理化学 上下(第6版)』東京化学同人, 2001.
- G. M. Barrow, *Physical Chemistry*, 6th ed., McGraw-Hill, 1996. 大門寛・堂免一成 訳『バーロー物理化学 上下(第6版)』東京化学同人, 1999.
- D. A. McQuarrie and J. D. Simon, *Physical Chemistry*, *A molecular approach*, University Science Book, 1997. 千原秀昭・江口太郎・斎藤一弥 訳『マッカーリ・サイモン物理化学——分子論的アプローチ 上下』東京化学同人, 1999.

3冊とも物理化学の基礎を学ぶ上で適切な教科書である．演習問題も豊富に準備されている．化学反応論についても本書に匹敵するほどの詳しい記述がある．とくに，最後の本は各章にその分野に寄与した研究者を紹介するページがあって興味深い．

(2) 化学反応論

- 笛野高之『化学反応論』朝倉書店, 1975. わが国で最初に出版された反応ダイナミックスを中心とした教科書であったが，残念ながら絶版となっている．
- J. I. Steinfeld, J. S. Francisco and W. L. Hase, *Chemical Kinetics and Dynamics*, Prentice-Hall, 1989. 佐藤伸 訳『化学動力学』東京化学同人, 1995. 日本語で手に入る唯一の反応ダイナミックスの教科書．論文引用も多くあり，大学院向け．問題の解答がないのが残念である．
- 近藤保 編『大学院講義物理化学』第II部反応(幸田清一郎 執筆)東京化学同人, 1997. 150ページの中に反応ダイナミックスの実験・理論をコンパクトにまとめてある．丁寧な解答を付した例題が多く，参考書として好適である．
- 日本化学会 編『実験化学講座(第4版) 11 反応と速度』丸善, 1993. 実験方法についての解説書．

外国で出版された反応論の教科書から次の2つを挙げておく．1つめは本書と同じレベルで学部学生向け，2つめはやや高度，大学院学生向け．

- M. J. Pilling, P. W. Seakins, *Reaction Kinetics*, Oxford Univ. Press, 1995.
- P. L. Houston, *Chemical Kinetics and Reaction Dynamics*, McGraw-Hill, 2001.

(3) レーザー化学

- 土屋荘次 編『レーザー化学——分子の反応ダイナミックス入門』学会出版センター, 1984. レーザー分光による反応ダイナミックスの研究の解説書．最近の進歩が含まれて

いないが，基礎を学ぶ上で参考になろう．
・片山幹郎『レーザー化学 I, II』裳華房，1985. 量子エレクトロニクスについての詳しい解説とその化学への応用を原著論文に準拠して解説している．大学院学生向け．
・佐藤博保『レーザー化学』化学同人，2003. レーザー化学についての啓蒙書．

(4) 遷移状態理論
・T. Fueno ed., *The Transition State – A theoretical approach*, Kodansha, 1999. 著者が組織した文部省科学研究費補助金総合研究班のプログレスレポート．
・D. G. Truhlar, B. C. Garrett and S. J. Klippenstein, "Current Status of Transition-State Theory", *J. Phys. Chem.* **100**, 12771(1996). 遷移状態理論について 800 以上の文献を引用した詳細なレビュー．

(5) 衝突論・反応ダイナミックス
・高柳和夫『電子・原子・分子の衝突(改訂版)』培風館，1996. 衝突の物理をコンパクトにわかりやすくまとめてある．
・R. D. Levine and R. B. Bernstein, *Molecular Reaction Dynamics and Chemical Reactivity*, Oxford Univ. Press, 1987. 井上鋒朋 訳『分子衝突と化学反応』学会出版センター，1976. 反応ダイナミックスを実験・理論を対比しながら解説した好著．翻訳は初版．

(6) 表面の反応
・田中虔一・田丸謙二『触媒の科学』産業図書，1988. 啓蒙書．
・岩澤康裕・小間篤 編『表面の化学(表面科学シリーズ 6)』丸善，1994. 基礎と最近の進歩についての解説．
・村田好正『表面の科学』岩波書店，2002. 分子レベルでの表面反応を著者の研究成果を中心にトピックスとしてまとめた．

(7) 化学反応速度のデータベース
・日本化学会 編『化学便覧(改訂 4 版)基礎編 II 11 化学反応』丸善，1993.
・NIST Kinetics Database: http://kinetics.nist.gov/
・IUPAC Subcommittee for Gas Kinetic Data Evaluation: http://www.iupac-kinetic.ch.cam.ac.uk/

(8) 化学反応研究の歴史
・日本化学会 編『化学の原典 5 反応速度論』学会出版センター，1975.
・日本化学会 編『化学の原典 6 化学反応論』学会出版センター，1976.
反応研究の原点となる論文を翻訳し，その歴史的意義について解説を付してある．

索　引

ab initio 量子化学計算　114
bcc　181
CTST　137
fcc　181
hcp　181
HOMO　99
L（ラングミュア）　185
LEP 曲面　116
LEPS 法　115, 117
LUMO　99
n 次反応　8
RRK 理論　153
RRKM 理論　158
SI　8
TOF　195
TST　137
VTST　151
V-T エネルギー移動　132
V-V エネルギー移動　133

あ 行

アインシュタインの自然放出係数　80
アインシュタインの誘導放出係数　79
アモルファス　181
アレニウス　15
アレニウス式　15
アレニウスの反応速度式　14
アレニウスプロット　15
暗準位　135
鞍点　112
異性化反応　27
位相空間　124
位相差検出法　205
1 次同位体効果　147
1 次反応　10
一重項　99
鋭系列　87
エリー–リディール機構　194
塩効果　174
オンサーガーの逃散距離　171
温度平衡下の遷移状態理論　137

か 行

外圏反応　177
会合反応　27, 32
回転　94
回転数　48

回転定数　94
解離反応　27
化学活性化　32
化学緩和法　204
化学吸着　185
化学種　1
化学発光　119
可逆反応　25
拡散　165
拡散移動　191
拡散移動度　191
拡散係数　168
拡散律速　166
かご　165
かご効果　165
重なり積分　115
硬い活性錯合体　145
活性化エネルギー　15
活性化体積　175
活性化律速　166
活性錯合体　112, 138
感度係数　45
緩和時間　26, 205
擬 1 次反応　13
基準座標　93
基準振動　93
基本系列　87
吸収　79
吸収断面積　82
吸着　185
吸着エンタルピー　188
吸着等温式　186
吸着等量エンタルピー　188
共鳴線　102
キンク　184
グロトリアン図　86
グローリー散乱　69
クーロン積分　115
蛍光　80, 99
蛍光寿命　80
結合性　88
結晶　181
原子価結合法　115
原子の再結合反応　35
項間交差　99
交換積分　115
交換反応　27

後期障壁型　121
光子　77
格子定数　182
酵素　46
光束　82
後方散乱　128
国際単位系　8
固有反応座標　113

さ 行

再結合反応　27
最大確率速度　57
最密充塡　181
サプライザル　125
三重項　99
3分子反応　27, 32, 35
しきい値エネルギー　72
磁気量子数　86
自触媒反応　50
自然放出　79
質量補正座標　118
自由エネルギー直線関係　146
周波数　78
主系列　87
シュテルン-フォルマーの式　102
寿命　10
主量子数　86
昇温脱離法　191
衝撃波　207
衝撃波法　206
消光　102
消光剤　102
詳細釣り合いの原理　131
状態から状態への反応　130
状態和　124
衝突断面積　60, 62
衝突パラメーター　67
触媒　46
触媒反応　195
振動運動　90
振動数　78
振動する化学反応　50
ステップ　184
ストークス-アインシュタインの式　169
スピン多重度　87
スピン量子数　86
スペクトル項　86
静置法　203
遷移状態　16, 113
遷移状態理論　137
遷移双極子モーメント　81
漸下圧　29, 152
漸下曲線　152
前期解離　106
閃光分解法　2, 207, 208
総括反応　2

早期障壁型　120
速度分布関数　55
素反応　2, 21

た 行

第3体　27
第3体気体　17
体心立方　181
脱離　185
脱励起　79
単位胞　181
ターンオーバー数　48
ターンオーバー頻度　195
弾性衝突　67
断熱曲線　178
単分子反応　27, 151
置換反応　27
逐次反応　22
チャプマン機構　108
調和振動　91
調和ポテンシャル　91
強い衝突　162
出会い　165
定常状態の近似　24
デバイ-ヒュッケルの強電解質理論　175
テラス　184
電子移動反応　176
同位体効果　146
透過係数　140
統計因子　142
等方散乱　70
閉じた系　50
鈍系列　87
トンネル効果　149

な 行

内圏反応　177
内部転換　100
にじ散乱　69
2次同位体効果　147
2次反応　12
2分子反応　27, 30, 32
ニュートンダイアグラム　127
燃焼　42
年代決定　11
濃度の単位　8

は 行

パウリの原則　88
爆発　42
波数　78
波長　78
ハメット係数　146
反結合性　88
半減期　10, 18
反転分布　83

反応開始　19
反応機構　1
反応座標　138
反応次数　8
反応速度　7
反応速度測定　20
反応速度定数　8
反応速度定数の単位　8
反応速度の積分形　9
反応速度の微分形　9
反応断面積　71
反応物の混合　19
光増感反応　104
引き抜き反応　27, 30
非弾性衝突　67
非調和性　92
被覆率　186
微分散乱断面積　70
標準活性化エンタルピー　144
標準活性化エントロピー　144
標準活性化ギブズエネルギー　144
表面空隙率　183
表面欠陥　184
開いた系　50
頻度因子　15, 18, 61
フィックの拡散の法則　168
フィックの第2法則　191
付加反応　27, 32
複合反応　21, 40
複合反応の電算機シミュレーション　44
物理吸着　185
フランク-コンドン因子　97
フランク-コンドン原理　97
フリーラジカル　2
分岐比　25
分子間ポテンシャル　65
分子間力　65
分子数　27
分子線　127
分子内振動エネルギー再分配　135
分子変調法　205
フントの規則　88
分配関数　199
平均自由行程　60
並列反応　25
ベローゾフ-ザボチンスキー反応　52
変分遷移状態理論　151
方位量子数　86
ポテンシャルエネルギー曲面　111
ポラニ-エバンス規則　31
ボルツマン因子　199
ボルツマン定数　54
ポンプ・プローブ法　129

ま 行

マクスウェル-ボルツマン分布　57

マクロ　3
マスター方程式　163
マッセイパラメーター　131
ミカエリス定数　47
ミカエリス-メンテンの式　47
ミクロ　3
ミクロカノニカル分布　123
ミクロな可逆性　130
ミラー指数　182
明準位　135
メーザー　84
面心立方　181
もり打ち反応　128

や 行

誘導期　23
誘導放出　79
遊離基　2
ゆるい活性錯合体　145
溶媒和　172
弱い衝突　162
4中心反応　38

ら 行

ラインウィーバー-バークプロット　48
ラジカル　2
ラプラス変換　22
ラングミュアの吸着等温式　186
ラングミュア-ヒンシェルウッド機構　193
ランベルト-ベールの法則　83
律速　17
律速段階　24
立体因子　62
流束　168
流通停止法　208
流通法　203
リュードベリ定数　86
量子欠損　87
量子収率　100
量子数　86
りん光　99
リンデマン機構　27, 151
ル・シャトリエの原理　175
励起　79
零点エネルギー　91
レーザー　84
レナード-ジョーンズ(12,6)ポテンシャル　66
連鎖担体　40
連鎖長　41
連鎖反応　40
連鎖分岐　42
ローカルモード　134
露出量　185
六方最密充填　181
ロンドン方程式　116

■岩波オンデマンドブックス■

はじめての化学反応論

```
2003 年 9 月 26 日   第 1 刷発行
2013 年 7 月 25 日   第 4 刷発行
2017 年 4 月 11 日   オンデマンド版発行
```

著 者　土屋荘次(つちや そうじ)

発行者　岡 本　厚

発行所　株式会社　岩波書店
　　　　〒101-8002　東京都千代田区一ツ橋 2-5-5
　　　　電話案内　03-5210-4000
　　　　http://www.iwanami.co.jp/

印刷／製本・法令印刷

© Soji Tsuchiya 2017
ISBN 978-4-00-730599-3　　Printed in Japan